华章程序员书库

Hands-On Design Patterns and
Best Practices with Julia

Julia 设计模式

[美] 汤姆·邝（Tom Kwong）著
方明 译

机械工业出版社
China Machine Press

图书在版编目（CIP）数据

Julia 设计模式 /（美）汤姆 · 邝（Tom Kwong）著；方明译 . -- 北京：机械工业出版社，2021.8
（华章程序员书库）
书名原文：Hands-On Design Patterns and Best Practices with Julia
ISBN 978-7-111-68949-2

I. ① J… II. ①汤… ②方… III. ①程序语言 - 程序设计 IV. ① TP312

中国版本图书馆 CIP 数据核字（2021）第 162634 号

本书版权登记号：图字 01-2020-1938

Julia 设计模式

出版发行：机械工业出版社（北京市西城区百万庄大街 22 号 邮政编码：100037）

责任编辑：王春华 李美莹　　责任校对：殷 虹
印 刷：三河市宏达印刷有限公司　　版 次：2021 年 9 月第 1 版第 1 次印刷
开 本：186mm × 240mm 1/16　　印 张：23.25
书 号：ISBN 978-7-111-68949-2　　定 价：129.00 元

客服电话：（010）88361066 88379833 68326294　　投稿热线：（010）88379604
华章网站：www.hzbook.com　　读者信箱：hzit@hzbook.com

Foreword 序　言

设计模式是编程语言的负空间，这些技术是开发人员为了撬动某一编程语言，以补偿它的不足而想出来的。不管是有意还是无意，其实我们都在使用设计模式。出自四人组（Gang of Four，GoF）的 *Design Patterns: Elements of Reusable Object-Oriented Software*㊀收录了我们已经使用的设计模式，并进行分类编目，更重要的是，该书命名了常见的设计模式，这样开发人员就可以轻松快速地理解常见模式。它给软件开发这个行业的工具提供了共同语言。

传统的设计模式书籍都以熟练掌握编程语言为前提，几乎只专注于模式本身，而本书兼顾 Julia 编程语言的优势和不足。本书介绍模式所依赖的编程语言特性，即使那些不熟悉 Julia 编程的读者也能快速上手。此外，本书将深入讨论那些被 Julia 魔法化的著名的设计模式。当你读完本书，一定会掌握这门编程语言。不过话说在前头，与其他经典的编程书籍一样，你可能需要反复阅读才能完全掌握本书内容。

创建一个被广泛使用的编程语言，有趣的一点是看到人们利用它做出非凡且令人惊讶的事情。这包括人们用 Julia 构建的令人难以置信甚至会改变世界的应用程序——从指定 FAA 的下一代防撞系统到绘制所有可见宇宙的天体，再到以前所未有的准确性和分辨率对气候变化进行建模。它还包括人们想出巧妙的编程技巧来帮助自己达到目标。

我最喜欢的是（Tim）Holy Traits 技术，它利用了 Julia 可以根据需要有效分配任意数量的参数这一特性，以解决该语言缺乏多重继承的问题，这一点我们将在第 5 章中讨论。Julia 不仅能做好工作，而且很多时候都能超出预期。比如特质（trait）可以依赖于类型的计算属性，允许表示多继承不能表示的关系等。这表明 Julia 仅用一个聪明的设计模式就成功解锁了这个语言的强大功能。

㊀ 该书已由机械工业出版社引进出版，书名为《设计模式：可复用面向对象软件的基础》，书号为 978-7-111-61833-1。——编辑注

Tom的背景使他对编程语言及设计模式提出了专业、细致且平衡的观点。他最开始使用BASIC编程，但是从那时起，他就在专业环境中使用多种语言，包括C++、Java、Python、TypeScript、Scheme，还有Julia。他也将这些编程语言应用到了诸多行业，如金融、搜索引擎、电子商务、内容管理和资产管理。Julia在许多领域都获得了广泛认可，特别是那些有密集计算需求的领域，这可能并不是巧合。

我们的个人经历往往造就了我们看待这个世界的方式，有时你会发现某个新的工具就是为你量身打造的。某个时候，你遇到一个新的编程语言，突然意识到这就是你一直梦寐以求的编程语言。对Tom和许多人来说，Julia就是这样一门语言。期望它对你来说也一样。

无论你是第一次尝试Julia编程，还是已经使用Julia多年，如果想学习更多的高级技术，你会在本书中找到你想要的。享受用Julia编程的乐趣吧！

Stefan Karpinski

Julia语言联合创始人

Julia计算公司（Julia Computing, Inc.）联合创始人

Preface 前　言

Julia 是一个为开发出高性能应用程序而设计的高级编程语言，旨在提高开发人员的生产力。其动态特性可以让你快速做一个小规模的测试，然后移植到大的应用程序中。它的内省工具可以通过分析高级代码如何翻译成低级代码及机器码来实现性能优化。它的元编程更能帮助高级开发人员为特定领域的使用建立自定义的语法。它的多重分派和泛型方法功能使得开发人员可以轻松地在已有的方法上扩展新功能。鉴于以上优点，Julia 是可以在许多行业广泛使用的优秀程序开发语言。

这本书满足了那些期望编写高效代码、提升系统性能以及设计出易维护软件的 Julia 开发人员的需求。从 Julia 语言诞生到 2018 年 8 月的里程碑版本 1.0，许多源于 Julia 核心开发人员和 Julia 资深用户的优秀设计模式都已尽收囊中。这些设计模式有时在博客或峰会中被提及，有时出现在 Julia 的 Discourse 论坛的某一次讨论中，还有时出现在 Julia Slack 社区成员间的非正式谈话中。本书收录了这些设计模式，阐述了设计高质量的 Julia 应用程序的最佳实践。

本书的首要目标是规范这些被充分证明过的设计模式，以便于 Julia 开发者社区吸收和利用。

总结和命名这些模式有如下好处：

- 能让开发者之间的交流变得更加容易。
- 能让开发者更好地理解和使用这些设计模式的代码。
- 能让开发者明确何时正确地使用设计模式。

本书的目标简单但十分强大，读完本书，你会在使用 Julia 语言设计和开发软件时变得轻松。除此之外，本书提供的材料对未来关于 Julia 设计模式的讨论十分有用。根据以往经验，新的设计模式将会随着 Julia 语言的持续演化不断地加入进来。

希望你能尽享阅读本书的乐趣！

本书的读者对象

本书的目标读者是那些想为大型应用程序编写符合 Julia 语言特性的代码的初中级 Julia 开发人员。本书不是一本基础书籍，所以希望你有一定的编程基础。如果你对面向对象编程范式很熟悉，会发现本书非常有用，它会告诉你如何采用不同的方法解决同一个问题，而 Julia 的方式常常是更好的。

本书提及的许多设计模式广泛适用于所有领域和使用场景。不管你是数据科学家、研究员、系统开发人员还是企业软件开发者，都会因在你的项目中使用这些设计模式而获益。

本书结构

第 1 章介绍设计模式的历史和如何利用设计模式开发应用程序。它包含了一些适用于任何编程语言和编程范式的工业级软件设计原则。

第 2 章探讨如何规划大型程序及如何管理其依赖关系，其中解释了如何开发新的数据类型和表示层级关系。

第 3 章解释函数是如何定义的以及多重分派是如何运行的，还讨论了参数化方法和接口。针对这些方法和接口，不同的函数可以基于预定契约彼此正确地工作。

第 4 章介绍宏和元编程以及如何将源代码转换成另外一种形式，还描述了一些高效开发和调试宏的技巧。

第 5 章介绍与代码重用相关的设计模式，包含通过组合实现代码重用的委托模式、更正式的 Holy Traits 模式，以及从参数化的数据结构创建新类型的参数化类型模式。

第 6 章介绍与提高系统性能相关的设计模式，包含更好的类型稳定的全局常量模式、通过数据重排达到最佳布局的数组结构模式、通过并行计算优化内存的共享数组模式、缓存前面计算结果的记忆模式，以及通过函数特化提升性能的闸函数模式。

第 7 章介绍与代码可维护性相关的设计模式，包含便于管理大型代码库的子模块模式、便于创建数据类型的关键字定义模式、用较少代码定义许多相似函数的代码生成模式，以及为特殊领域创建新的语法规则的领域特定语言模式。

第 8 章介绍帮助你编写更加安全的代码的设计模式，包含为字段提供标准访问权限的访问器模式、控制字段的访问的属性模式、限制变量范围的 let 块模式，以及处理错误的异常处理模式。

第 9 章介绍前面提到的几类模式之外的设计模式，包含动态分派的单例类型分派模式、构建独立测试的打桩 / 模拟模式，以及建立线性数据处理流水线的函数管道模式。

第 10 章介绍需要避免的设计模式。最主要的反模式就是海盗反模式，例如为数据类型定义和扩展那些不属于你的函数，还包含降低系统性能的窄参数类型反模式和分散的非具体字段类型反模式。

第 11 章介绍 GoF 的 *Design Patterns: Elements of Reusable Object-Oriented Software* 中描述的设计模式，还探讨在 Julia 中如何简化或以不同方式实现这些设计模式。

第 12 章探讨 Julia 如何支持继承，以及为什么在 Julia 中继承会被设计为和主流面向对象编程语言中的完全不同。然后讨论类型变体（关于多重分派使用的数据类型之间的子类型关系的重要概念）。

如何充分利用本书

你可以在 Julia 的官方网站（https://julialang.org/）下载最新版本。

本书每章所提及的代码都在 Github 中如“技术要求”所述。编写本书时，这些代码都在 Julia 1.3.0 上通过了测试。克隆这些项目的操作如下所示。

```
$ git clone https://github.com/PacktPublishing/Hands-on-Design-Patterns-and-
Best-Practices-with-Julia.git
Cloning into 'Hands-on-Design-Patterns-and-Best-Practices-with-Julia' ...
remote: Enumerating objects: 31, done.
remote: Counting objects: 100% (31/31), done.
remote: Compressing objects: 100% (24/24), done.
remote: Total 862 (delta 10), reused 18 (delta 7), pack-reused 831
Receiving objects: 100% (862/862), 3.44 MiB | 377.00 KiB/s, done.
Resolving deltas: 100% (377/377), done.
```

你最好在阅读的过程中运行和体验这些示例代码。这些代码都是以如下格式存储的：

- Julia 源代码中的代码片段，这些片段可以复制并粘贴到 REPL。
- 代码属于某个包目录，这个包可以像下面一样被实例化，例如第 5 章中的内容。

```
[$ cd Hands-on-Design-Patterns-and-Best-Practices-with-Julia
[$ cd Chapter05
[$ cd DelegationPattern
[$ ls -l
total 16
-rw-r--r--  1 tomkwong  wheel  3581 Jan 16 20:04 Manifest.toml
-rw-r--r--  1 tomkwong  wheel   318 Jan 16 20:04 Project.toml
drwxr-xr-x  3 tomkwong  wheel    96 Jan 16 20:04 misc
drwxr-xr-x  6 tomkwong  wheel   192 Jan 16 20:04 src
drwxr-xr-x  4 tomkwong  wheel   128 Jan 16 20:04 test
```

要使用这些 `DelegationPattern` 的代码，直接在该目录中使用 `--project=.` 命令行参数启动一个 Julia REPL。

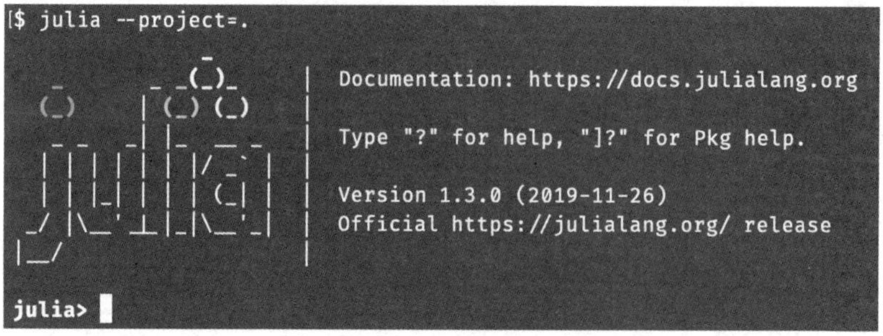

```
$ julia --project=.
               _
   _       _ _(_)_     |  Documentation: https://docs.julialang.org
  (_)     | (_) (_)    |
   _ _   _| |_  __ _   |  Type "?" for help, "]?" for Pkg help.
  | | | | | | |/ _` |  |
  | | |_| | | | (_| |  |  Version 1.3.0 (2019-11-26)
 _/ |\__'_|_|_|\__'_|  |  Official https://julialang.org/ release
|__/                   |

julia>
```

然后进入包模式，输入 `instantiate` 命令来实例化包。

```
(DelegationPattern) pkg> instantiate
```

之后就可以正常使用包了。

```
julia> using DelegationPattern
[ Info: Precompiling DelegationPattern [03117b61-9e61-518c-8c62-ec09d203ee1c]
```

如果这是测试目录，你可以读取并运行这些测试脚本。

下载示例代码

本书的代码在 Github 的 https://github.com/PacktPublishing/Hands-on-Design-Patterns-and-Best-Practices-with-Julia 中。任何修改都会更新到 Github 的代码仓库中。

排版约定

本书中使用了以下排版约定。

代码体：指示文本中的代码，例如变量名、函数名、数据类型等。例如“`format` 函数采用格式化程序和数值 `x`，并返回格式化的字符串”。

代码块设置如下：

```
abstract type Formatter end
struct IntegerFormatter <: Formatter end
struct FloatFormatter <: Formatter end
```

REPL 的任何实验或输出均显示为屏幕截图。

```
julia> using HTTP

julia> url = "https://hacker-news.firebaseio.com/v0/topstories.json";

julia> response = HTTP.request("GET", url);

julia> typeof(response)
HTTP.Messages.Response
```

表示重要说明。

表示提示和技巧。

作者简介 About the Author

汤姆·邝（Tom Kwong），注册金融分析师。他是一位经验丰富的软件工程师，拥有超过25年行业编程经验。他的大部分职业生涯都投身在金融服务行业。他的专长包括软件架构、软件设计、交易系统和风控系统开发。

从2017年开始，他发现了Julia编程语言并贡献了许多开源包，包括`SASLib.jl`。

现在他在一家专门从事固定收入投资服务的资产管理公司（Western Asset Management Company）工作。1993年他从加利福尼亚大学圣巴巴拉分校获得计算机科学硕士学位，并在2009年获得注册金融分析师的认证。

我想感谢Western Asset的同事们，尤其是DevOps团队的Nebula，还有许多风控经理，感谢他们鼓励与支持我使用Julia开发。他们是：Sal Kadam、Chandra Subramani、Rony Chen、Kevin Yen、Khairil Iqbal、Michael Li、Anila Kothapally、Porntawee Nantamanasikarn、Ramesh Pandey、Louie Liu、Patrick Colony、John Quan等。我还要感谢Jacqueline Farrington教授给了我宝贵的人生课程，例如拥有发展的心态以使自身不断改变。

我要感谢JuliaLang Slack的社区成员和Discourse论坛的成员在许多Julia编程技能方面的耐心指导。此外，还要感谢Tamas Papp、David Anthoff、Scott P. Jones、David P. Sanders、Mohamed Terek、Chris Elrod、Lyndon White (oxinabox)、Cédric St. Jean、Twan Koolen、Milan Bouchet-Valat、Chris Rackauckas、Stefan Karpinski、Kristoffer Carlsson、Fredrik Ekre和Yichao Yu。

About the Reivewer 审校者简介

Zhuo Qingliang（网名 KDR 2）目前在 paodingai.com 工作，这是一家专注于利用人工智能技术提升金融服务能力的中国创业公司。他有超过 10 年的工作经验，涵盖 Linux、C、C++、Python、Perl 和 Java 开发。他对编程很感兴趣，还参与开源社区的咨询、建设和编程，其中包括 Julia 社区。

目　录 Contents

序言
前言
作者简介
审校者简介

第一部分　从设计模式开始

第1章　设计模式和相关原则 …… 2
1.1 设计模式的历史 …… 2
1.1.1 设计模式的兴起 …… 3
1.1.2 关于 GoF 模式的更多思考 …… 3
1.1.3 在本书中我们如何描述设计模式 …… 4
1.2 软件设计原则 …… 4
1.2.1 SOLID 原则 …… 5
1.2.2 DRY 原则 …… 6
1.2.3 KISS 原则 …… 6
1.2.4 POLA 原则 …… 7
1.2.5 YAGNI 原则 …… 7
1.2.6 POLP 原则 …… 8
1.3 软件质量目标 …… 8
1.3.1 可重用性 …… 8
1.3.2 性能 …… 9
1.3.3 可维护性 …… 10
1.3.4 安全性 …… 11
1.4 小结 …… 11
1.5 问题 …… 12

第二部分　Julia 基础

第2章　模块、包和数据类型 …… 14
2.1 技术要求 …… 14
2.2 程序开发中不断增长的痛点 …… 15
2.2.1 数据科学项目 …… 15
2.2.2 企业应用程序 …… 15
2.2.3 适应增长 …… 16
2.3 使用命名空间、模块和包 …… 16
2.3.1 理解命名空间 …… 17
2.3.2 创建模块和包 …… 17
2.3.3 创建子模块 …… 23
2.3.4 在模块中管理文件 …… 24
2.4 管理包的依赖关系 …… 24

2.4.1 理解语义版本控制方案 …… 24
2.4.2 指定 Julia 包的依赖关系 …… 25
2.4.3 避免循环依赖 …… 28
2.5 设计抽象类型和具体类型 …… 29
2.5.1 设计抽象类型 …… 29
2.5.2 设计具体类型 …… 33
2.5.3 使用类型运算符 …… 37
2.5.4 抽象类型和具体类型的差异 …… 39
2.6 使用参数化类型 …… 39
2.6.1 使用参数化复合类型 …… 40
2.6.2 使用参数化抽象类型 …… 42
2.7 数据类型转换 …… 43
2.7.1 执行简单的数据类型转换 …… 44
2.7.2 注意有损转换 …… 44
2.7.3 理解数字类型转换 …… 45
2.7.4 重温自动转换规则 …… 45
2.7.5 理解函数分派规则 …… 47
2.8 小结 …… 48
2.9 问题 …… 49

第3章 设计函数和接口 …… 50

3.1 技术要求 …… 50
3.2 设计函数 …… 51
3.2.1 用例——太空战争游戏 …… 51
3.2.2 定义函数 …… 51
3.2.3 注释函数参数 …… 52
3.2.4 使用可选参数 …… 55
3.2.5 使用关键字参数 …… 57
3.2.6 接受可变数量的参数 …… 58
3.2.7 splatting 参数 …… 59
3.2.8 第一类实体函数 …… 60
3.2.9 开发匿名函数 …… 61
3.2.10 使用 do 语法 …… 62
3.3 理解多重分派 …… 63
3.3.1 什么是分派 …… 63
3.3.2 匹配最窄类型 …… 64
3.3.3 分派多个参数 …… 65
3.3.4 分派过程中可能存在的歧义 …… 67
3.3.5 歧义检测 …… 68
3.3.6 理解动态分派 …… 70
3.4 利用参数化方法 …… 71
3.4.1 使用类型参数 …… 71
3.4.2 使用类型参数替换抽象类型 …… 72
3.4.3 在使用参数时强制类型一致性 …… 73
3.4.4 从方法签名中提取类型信息 …… 74
3.5 使用接口 …… 75
3.5.1 设计和开发接口 …… 75
3.5.2 处理软契约 …… 79
3.5.3 使用特质 …… 80
3.6 小结 …… 81
3.7 问题 …… 81

第4章 宏和元编程 …… 82

4.1 技术要求 …… 83
4.2 理解元编程的需求 …… 83
4.2.1 使用 @time 宏测量性能 …… 83
4.2.2 循环展开 …… 84

4.3 使用表达式 ··· 86
4.3.1 试用解析器 ··· 86
4.3.2 手动构造表达式对象 ··· 88
4.3.3 尝试更复杂的表达式 ··· 90
4.3.4 计算表达式 ··· 93
4.3.5 在表达式中插入变量 ··· 94
4.3.6 对符号使用 QuoteNode ··· 95
4.3.7 在嵌套表达式中插值 ··· 96
4.4 开发宏 ··· 97
4.4.1 什么是宏 ··· 97
4.4.2 编写第一个宏 ··· 98
4.4.3 传递字面量参数 ··· 98
4.4.4 传递表达式参数 ··· 99
4.4.5 理解宏扩展过程 ··· 100
4.4.6 操作表达式 ··· 101
4.4.7 理解卫生宏 ··· 104
4.4.8 开发非标准字符串字面量 ··· 105
4.5 使用生成函数 ··· 107
4.5.1 定义生成函数 ··· 108
4.5.2 检查生成函数参数 ··· 109
4.6 小结 ··· 110
4.7 问题 ··· 110

第三部分　实现设计模式

第5章　可重用模式 ··· 114
5.1 技术要求 ··· 114
5.2 委托模式 ··· 114
5.2.1 在银行用例中应用委托模式 ··· 115
5.2.2 现实生活中的例子 ··· 119
5.2.3 注意事项 ··· 120
5.3 Holy Traits 模式 ··· 120
5.3.1 重温个人资产管理用例 ··· 121
5.3.2 实现 Holy Traits 模式 ··· 122
5.3.3 重温一些常见用法 ··· 126
5.3.4 使用 SimpleTraits.jl 包 ··· 129
5.4 参数化类型模式 ··· 130
5.4.1 在股票交易应用程序中使用删除文本参数化类型 ··· 132
5.4.2 现实生活中的例子 ··· 135
5.5 小结 ··· 138
5.6 问题 ··· 139

第6章　性能模式 ··· 140
6.1 技术要求 ··· 141
6.2 全局常量模式 ··· 141
6.2.1 使用全局变量对性能进行基准测试 ··· 141
6.2.2 享受全局常量的速度 ··· 143
6.2.3 使用类型信息注释变量 ··· 143
6.2.4 理解常量为何有助于性能 ··· 144
6.2.5 将全局变量作为函数参数传递 ··· 145
6.2.6 将变量隐藏在全局常量中 ··· 145
6.2.7 现实生活中的例子 ··· 146
6.2.8 注意事项 ··· 147
6.3 数组结构模式 ··· 147
6.3.1 使用业务领域模型 ··· 148
6.3.2 使用不同的数据布局提高性能 ··· 150
6.3.3 注意事项 ··· 155

6.4 共享数组模式 …… 155
6.4.1 风险管理用例介绍 …… 156
6.4.2 准备示例数据 …… 157
6.4.3 高性能解决方案概述 …… 158
6.4.4 在共享数组中填充数据 …… 159
6.4.5 直接在共享数组上分析数据 …… 161
6.4.6 理解并行处理的开销 …… 163
6.4.7 配置共享内存使用情况 …… 164
6.4.8 确保工作进程可以访问代码和数据 …… 166
6.4.9 避免并行进程之间的竞态 …… 167
6.4.10 使用共享数组的约束 …… 167
6.5 记忆模式 …… 168
6.5.1 斐波那契函数介绍 …… 168
6.5.2 改善斐波那契函数的性能 …… 169
6.5.3 自动化构造记忆缓存 …… 171
6.5.4 理解泛型函数的约束 …… 172
6.5.5 支持具有多个参数的函数 …… 173
6.5.6 处理参数中的可变数据类型 …… 174
6.5.7 使用宏来记忆泛型函数 …… 176
6.5.8 现实生活中的例子 …… 177
6.5.9 注意事项 …… 178
6.5.10 使用 Caching.jl 包 …… 178
6.6 闸函数模式 …… 180
6.6.1 识别类型不稳定的函数 …… 181
6.6.2 理解性能影响 …… 182
6.6.3 开发闸函数 …… 183
6.6.4 处理类型不稳定的输出变量 …… 183
6.6.5 使用 @inferred 宏 …… 186
6.7 小结 …… 187
6.8 问题 …… 187

第7章 可维护性模式 …… 188

7.1 技术要求 …… 188
7.2 子模块模式 …… 189
7.2.1 理解何时需要子模块 …… 189
7.2.2 理解传入耦合与传出耦合 …… 190
7.2.3 管理子模块 …… 191
7.2.4 在模块和子模块之间引用符号和函数 …… 191
7.2.5 删除双向耦合 …… 193
7.2.6 考虑拆分为顶层模块 …… 195
7.2.7 理解使用子模块的反论点 …… 195
7.3 关键字定义模式 …… 195
7.3.1 重温结构定义和构造函数 …… 196
7.3.2 在构造函数中使用关键字参数 …… 196
7.3.3 使用 @kwdef 宏简化代码 …… 197
7.4 代码生成模式 …… 198
7.4.1 文件日志记录器用例介绍 …… 199
7.4.2 函数定义的代码生成 …… 201
7.4.3 调试代码生成 …… 202
7.4.4 考虑代码生成以外的选项 …… 204
7.5 领域特定语言模式 …… 205
7.5.1 L 系统介绍 …… 206
7.5.2 为 L 系统设计 DSL …… 207
7.5.3 重温 L 系统核心逻辑 …… 208
7.5.4 实现 L 系统的 DSL …… 210
7.6 小结 …… 215

7.7 问题 ························ 215

第8章 鲁棒性模式 ························ 216

8.1 技术要求 ························ 217

8.2 访问器模式 ························ 217

8.2.1 识别对象的隐式接口 ························ 217

8.2.2 实现 getter 函数 ························ 218

8.2.3 实现 setter 函数 ························ 219

8.2.4 禁止直接访问字段 ························ 220

8.3 属性模式 ························ 220

8.3.1 延迟文件加载器介绍 ························ 220

8.3.2 理解用于字段访问的点符号 ························ 222

8.3.3 实现读取访问和延迟加载 ··· 223

8.3.4 控制对对象字段的写入访问 ························ 226

8.3.5 报告可访问字段 ························ 227

8.4 let 块模式 ························ 228

8.4.1 网络爬虫用例介绍 ························ 228

8.4.2 使用闭包将私有变量和函数隐藏起来 ························ 230

8.4.3 限制长脚本或函数的变量范围 ························ 232

8.5 异常处理模式 ························ 233

8.5.1 捕捉和处理异常 ························ 233

8.5.2 处理各种类型的异常 ························ 233

8.5.3 在顶层处理异常 ························ 235

8.5.4 跟随栈帧 ························ 236

8.5.5 理解异常处理对性能的影响 ························ 238

8.5.6 重试操作 ························ 239

8.5.7 异常时选用 nothing ························ 241

8.6 小结 ························ 242

8.7 问题 ························ 243

第9章 其他模式 ························ 244

9.1 技术要求 ························ 244

9.2 单例类型分派模式 ························ 245

9.2.1 开发命令处理器 ························ 245

9.2.2 理解单例类型 ························ 245

9.2.3 使用 Val 参数化数据类型 ··· 246

9.2.4 使用单例类型进行动态分派 ························ 247

9.2.5 理解分派的性能优势 ························ 249

9.3 打桩 / 模拟模式 ························ 251

9.3.1 什么是测试替身 ························ 251

9.3.2 信贷审批用例介绍 ························ 252

9.3.3 使用打桩执行状态验证 ························ 253

9.3.4 使用 Mocking 包实现打桩 ························ 255

9.3.5 将多个打桩应用于同一函数 ························ 256

9.3.6 使用模拟执行行为验证 ························ 257

9.4 函数管道模式 ························ 259

9.4.1 Hacker News 分析用例介绍 ························ 260

9.4.2 理解函数管道 ························ 264

9.4.3 设计可组合函数 ························ 265

9.4.4 为平均得分函数开发函数管道 ························ 266

9.4.5 在函数管道中实现条件逻辑 ························ 269

9.4.6 沿函数管道进行广播 ························ 270

9.4.7 有关使用函数管道的注意事项……271
9.5 小结……272
9.6 问题……272

第10章 反模式……273

10.1 技术要求……273
10.2 海盗反模式……274
10.2.1 I 类海盗——重新定义函数……274
10.2.2 II 类海盗——不用自己的类型扩展……275
10.2.3 III 类海盗——用自己的类型扩展，但目的不同…277
10.3 窄参数类型反模式……279
10.3.1 考虑参数类型的多种选项……279
10.3.2 评估性能……284
10.4 非具体字段类型反模式……285
10.4.1 理解复合数据类型的内存布局……285
10.4.2 设计复合类型时要考虑具体类型……287
10.4.3 比较具体字段类型和非具体字段类型的性能……288
10.5 小结……289
10.6 问题……289

第11章 传统的面向对象模式……290

11.1 技术要求……290
11.2 创建型模式……291
11.2.1 工厂方法模式……291
11.2.2 抽象工厂模式……292
11.2.3 单例模式……294
11.2.4 建造者模式……296
11.2.5 原型模式……297
11.3 行为型模式……298
11.3.1 责任链模式……298
11.3.2 中介者模式……300
11.3.3 备忘录模式……302
11.3.4 观察者模式……304
11.3.5 状态模式……305
11.3.6 策略模式……306
11.3.7 模板方法模式……308
11.3.8 命令模式、解释器模式、迭代器模式和访问者模式…310
11.4 结构型模式……310
11.4.1 适配器模式……310
11.4.2 组合模式……313
11.4.3 享元模式……314
11.4.4 桥接模式、装饰器模式和外观模式……316
11.5 小结……316
11.6 问题……317

第四部分 进阶主题

第12章 继承与变体……320

12.1 技术要求……320
12.2 实现继承和行为子类型化……321
12.2.1 理解实现继承……321
12.2.2 理解行为子类型化……323
12.2.3 正方形－矩形问题……324

12.2.4 脆弱的基类问题 ………… 326
12.2.5 重温鸭子类型 …………… 327
12.3 协变、不变和逆变 …………… 328
12.3.1 理解不同种类的变体 …… 328
12.3.2 参数化类型是不变的 …… 328
12.3.3 方法参数是协变的 ……… 331
12.3.4 剖析函数类型 …………… 331
12.3.5 确定函数类型的变体 …… 333
12.3.6 实现自己的函数类型分派 ……………………… 335
12.4 再谈参数化方法 ………………… 336
12.4.1 指定类型变量 …………… 337
12.4.2 匹配类型变量 …………… 337
12.4.3 理解对角线规则 ………… 338
12.4.4 对角线规则的例外 ……… 339
12.4.5 类型变量的可用性 ……… 339
12.5 小结 ……………………………… 340
12.6 问题 ……………………………… 341
问题答案 …………………………………… 342

第一部分 Part 1

从设计模式开始

本部分的目的是向你介绍一般如何使用设计模式以及Julia与面向对象编程范式的不同之处。

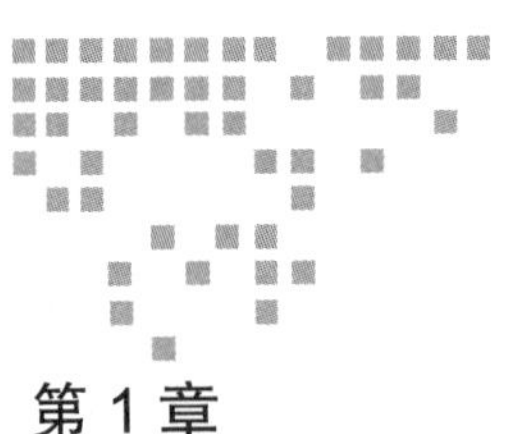

Chapter 1 第1章

设计模式和相关原则

现如今学习和应用设计模式是软件工程的一个重要方面。设计模式对于软件工程就像水对于生命一样——你的生存不能没有水。你还不信？你问一下人事经理就会发现许多职位公告都有设计模式，同样面试中也会有设计模式相关的问题。"设计模式是软件开发的重要组成部分"已经成为一个每个人都得知道的常识。

本章将提供一些背景信息，说明设计模式为何有用以及在过去几十年中它们如何为我们提供良好的服务。通过理解设计模式背后的动机，我们将能够提出一套开发软件的指导原则。

本章将探讨以下主题：

- 设计模式的历史
- 软件设计原则
- 软件质量目标

让我们开始吧！

1.1 设计模式的历史

设计模式对开发人员来说并不是一个新的概念。在个人计算机变得便宜和流行的20世纪80年代，编程这个职业兴起后，开发人员为不同的应用程序编写了大量的代码。

记得在我14岁那年，学习BASIC程序的GOTO语句是一件超酷的事情。它能够让我在任何时候控制程序执行到其他的代码块中。也许这并不奇怪，当我在大学学习结构化编程和Pascal语言时，我开始意识到GOTO语句是如何产生混乱无序的意大利面条式代码的。使用 GOTO 进行分支是一种模式。它不是一个好的模式，因为它让代码变得很难理解、跟踪和调试。它按现在通俗的说法叫作反模式。当涉及结构化编程技术时，以小的函数组织代码也是一种模式，这种模式已被视为编程课程中的主流学科。

当我大学毕业时，我开始了我的编程生涯，并花费了大量时间进行“黑客入侵”。我有机会进行各种研究，并了解系统的设计方式。比如，我了解到 UNIX 操作系统的设计非常漂亮。那是因为它包含了许多小的程序，每个小的程序并没有大量的函数，但是你可以用多种不同的方式组合这些程序，让它们去解决更加复杂的问题。我也喜欢出自麻省理工学院人工智能实验室的 Scheme 编程语言。这种语言的简洁和函数多样性一直令我惊叹。Scheme 的发展可以追溯到 Lisp 语言，而 Lisp 对 Julia 的设计也有一定的影响。

1.1.1　设计模式的兴起

1994 年，在我沉浸于 C++ 和金融应用的分布式计算时，4 位软件专家，也就是著名的四人组（Gang of Four，GoF），走到一起并出版了一本设计模式的书，这本书如暴风雨般地在面向对象编程社区流行。他们收集并分类了开发大型系统时通常使用的 23 种设计模式，还选择使用统一建模语言（UML）以及 C++ 和 Smalltalk 解释概念。

这是设计模式第一次被收集、组织和解释，并广泛传授给软件开发人员。将这些模式组织在高度结构化且易于使用的格式中也许是 GoF 最重要的决定之一。从那时起，开发人员之间就能够轻松地交流如何设计软件了，而且他们可以通过通用符号直观地展示软件的设计。当一个人谈论 Singleton 模式时，另一个人可以立即理解甚至在他的脑海中想象组件工作。这样不是非常方便吗？

更令人惊讶的是，当谈到构建好的软件时，设计模式突然变成了福音。有些情况下，设计模式甚至被认为是编写优秀软件的唯一方法。GoF 模式在整个开发社区中广为传播，以至于许多人到处使用，且无故滥用。就像当你拿着一把锤子时，一切看起来都像钉子！并不是所有问题都可以用相同的模式解决，也并不是所有的问题都应该用相同的模式解决。当设计模式被过度使用或滥用时，代码将变得更加抽象、更加复杂且难以管理。

那么，我们从过去的经历中学到了什么呢？我们认识到，每一种抽象都是有代价的。每个设计模式都有其自身的优缺点。本书的主要目的之一是不仅讨论如何使用，还要讨论为什么用、为什么不用，以及在什么情况下应该使用或不应该使用模式。作为软件专业人员，我们用这些信息武装自己的头脑，能够对何时应用这些模式做出正确的判断。

1.1.2　关于 GoF 模式的更多思考

GoF 模式主要分为 3 类：

- **创建型模式**：这种模式包含如何以各种方式构造对象。由于面向对象的编程将数据和行为组合在一起，并且一个类可以继承祖先类的结构和行为，因此在构建大型应用程序时会涉及一些复杂性。创建型模式有助于在各种情况下标准化对象创建方法。

- ❑ **结构型模式**：这种模式包含对象如何扩展或组成更大的对象。它的目的是允许软件组件更容易重用或替换。
- ❑ **行为型模式**：这种模式包含如何设计出用来执行不同任务并相互通信的对象。大型应用程序可以分解为独立的组件，并且代码变得更易于维护。面向对象的编程范式要求对象之间进行密切的交互。这些模式的目的是使软件组件更灵活，更便于彼此协作。

其中一种思想流派认为创建设计模式是为了解决其各自编程语言中的限制。GoF 的书出版两年后，Peter Norvig 研究发现 23 种设计模式中的 16 种不是必需的，或者可以使用诸如 Lisp 之类的动态编程语言进行简化。这是一个非常重要的发现。在面向对象程序设计的上下文中，从类层次结构进行的其他抽象要求软件设计人员考虑如何实例化对象以及如何彼此交互。在强类型的静态类型语言（比如 Java）中，甚至有必要对对象的行为和交互进行推敲。在本书第 11 章中，我们将回到这个主题，并讨论与面向对象编程相比，Julia 工作方式的不同之处。

现在我们将从基础知识入手，并回顾一些软件设计原则。这些原则就像北极星一样指导我们构建应用程序。

1.1.3 在本书中我们如何描述设计模式

如果你不熟悉 Julia 编程，那么本书将帮助你了解如何编写更加通用的 Julia 代码。我们还将重点介绍现有开放源 Julia 生态系统中已经使用的一些最有用的模式。其中包括 Julia 自己的 Base 和 `stdlib` 包，因为 Julia 运行时很大程度上是用 Julia 本身编写的。我们还将引用其他用于数值计算和 Web 编程的包。

为了便于参考，我们按名称组织模式。例如，“Holy Traits”模式是指实现特质的特定方法。领域特定语言模式讨论如何构建新语法来表示特定领域概念。名称的唯一目的只是为了便于参考。

当我们在本书中讨论这些设计模式时，我们将尝试了解它们背后的动机。我们要解决什么具体问题？设计模式能发挥作用的现实情况是什么？然后，我们将详细介绍如何解决这些问题。有时，可能有几种方法可以解决相同的问题，在这种情况下，我们将研究每种可能的解决方案并讨论其优缺点。

话虽如此，对我们而言重要的是要了解使用设计模式的最终目标是什么。为什么我们首先要想到使用设计模式？要回答这个问题，首先了解一些关键的软件设计原则会很有用。

1.2 软件设计原则

尽管本书没有涵盖面向对象的编程，但是一些面向对象的设计原则是通用的，可以应用于任何编程语言和编程范式。

在这里，我们将了解一些最著名的设计原则。具体地，我们将介绍以下内容：

- SOLID 原则：单一职责原则、开放 / 关闭原则、里氏替换原则、接口隔离原则、依赖反转原则
- DRY 原则：不要重复代码
- KISS 原则：保持简单
- POLA 原则：最小惊讶原则
- YAGNI 原则：你不会需要它
- POLP 原则：最小权限原则

让我们从 SOLID 原则开始！

1.2.1 SOLID 原则

SOLID 原则包括以下内容：

- S: Single Responsibility Principle（单一职责原则）
- O: Open/Closed Principle（开放 / 关闭原则）
- L: Liskov Substitution Principle（里氏替换原则）
- I: Interface Segregation Principle（接口隔离原则）
- D: Dependency Inversion Principle（依赖反转原则）

让我们来详细理解这些概念。

单一职责原则

单一职责原则规定，每个模块、类和函数都应对一个功能目标负责。你对其进行更改的原因应该只有一个。

单一职责原则的好处：

- 开发人员可以在开发过程中专注于单个上下文
- 每个组件都很小
- 代码容易理解
- 代码容易测试

开放 / 关闭原则

开放 / 关闭原则是指每个模块都对扩展开放，对修改关闭。这里有必要区分一下强化和扩展。强化是对现有模块的核心改进，而扩展是为提供附加功能而增加的组件。

开放 / 关闭原则的好处：

- 现有组件可以被重用来增加新的功能
- 组件之间是松耦合的，在不影响现有功能的情况下很容易将它们替换

里氏替换原则

里氏替换原则是指接受 T 类型的程序也可以接受 S 类型（它是 T 的子类型），而不会改

变行为或预期结果。

里氏替换原则的好处：

- 可以为参数中传递的任何子类型重用函数

接口隔离原则

接口隔离原则是指不应强迫客户端实现不需要使用的接口。

接口隔离原则的好处：

- 软件的组件更具模块化和可重用性
- 可以更轻松地创建新的实现

依赖反转原则

依赖反转原则是指高层次的类不应依赖于低层次的类，而是依赖于它实现。

依赖反转原则的好处：

- 组件间更加解耦
- 系统变得更加灵活，可以更轻松地适应变化。替换低级别的组件却不会影响高级别的组件

1.2.2　DRY 原则

现在我们将介绍 DRY 原则：

- D: Don't
- R: Repeat
- Y: Yourself

这个缩写是提醒开发人员重复代码是不好的。显然重复的代码经常是难以维护的，每当更改逻辑时，代码中的多个地方都会受到影响。

发现重复代码该怎么办？那就是消除重复，构建可从多个源文件重复使用的通用函数。另外，有时代码不是 100% 复制，而是 90% 相似。这是一种很常见的情况。在这种情况下，请考虑重新设计相关组件，可以将代码重构为公共接口。

1.2.3　KISS 原则

让我们看一下 KISS 原则：

- K: Keep
- I: It（它即代码）
- S: Simple
- S: Stupid!

在设计软件时，我们通常喜欢超前考虑并尝试应对未来的各种情况。构建这种面向未来的软件的问题在于正确设计和编写代码需要花费更多的精力。这实际上是一个很难解决

的问题，因为技术、业务和人员的变化，没有100%的面向未来的解决方案。而且，过度设计可能导致过多的抽象和间接性，使系统更难以测试和维护。

除此之外，在使用软件开发的敏捷方法时，我们认为更快、更高质量的交付胜过完美或过度的设计。保持设计和代码简单是每个开发人员都应牢记的一点。

1.2.4 POLA原则

我们来看下POLA原则：

- P: Principle
- O: Of
- L: Least
- A: Astonishment

POLA是指软件的组件应该易于理解，并且其行为绝不会给客户端带来惊喜（或更准确地说，是令客户端惊讶）。那我们该怎么做？

下面这几点需要牢记：

- 确保模块、函数或函数自变量的名称清晰无误
- 确保模块大小合适且维护良好
- 确保接口小且易于理解
- 确保函数具有较少的位置参数

1.2.5 YAGNI原则

让我们来看一下YAGNI原则：

- Y: You
- A: Aren't
- G: Gonna
- N: Need
- I: It

YAGNI是指你只应开发当前所需的软件。该原则来自极限编程（XP）。极限编程的共同发起人Ron Jeffries在他的博客中写道：

始终在实际需要时才实现，永远不要在预见到你需要它时就实现。

有时，软件工程师倾向于觉得客户将来会需要某个功能而去开发，但一次又一次地被证明这不是开发软件的最有效方法。请考虑以下情形：

- 因为客户永远不需要该功能，所以这块代码永远不会被用到。
- 业务环境发生了变化，必须重新设计或更换系统。
- 技术发生了变化，必须升级系统才能使用新的库、新的框架或新的语言。

最没有价值的软件是你还未编写的软件，因为你并不需要它。

1.2.6 POLP 原则

现在看一下 POLP 原则

- P: Principle
- O: Of
- L: Least
- P: Privilege

POLP 是指必须仅授予客户端访问其所需信息或函数的权限。POLP 是构建安全应用程序的最重要支柱之一，并且已被亚马逊、微软和谷歌等云基础架构供应商广泛采用。

使用 POLP 原则有许多好处：

- 敏感数据受到保护，不会暴露给没有权限的用户。
- 由于测试用例数量有限，因此可以更轻松地测试系统。
- 系统不太容易被滥用，因为只给出了有限的访问权限，并且接口也更加简单。

SOLID、DRY、KISS、POLA、YAGNI 和 POLP 都只是一串软件设计原则的缩写词，它们在设计更好的软件时很有用。尽管 SOLID 原则来自面向对象的编程范式，但是 SOLID 的概念仍可以应用于其他语言和环境。在阅读本书的其余各章时，我鼓励你记住它们。

1.3 节将介绍设计软件时的一些软件质量目标。

1.3 软件质量目标

每个人都喜欢精美的设计，包括我。设计模式使软件不仅只是看起来很好。我们所做的一切都应该是有目的。

GoF 将面向对象的设计模式分类为创建型、结构型和行为型。对于 Julia，让我们采取不同的观点，并按照各自的软件质量目标对模式进行分类，如下所示：

- 可重用性
- 性能
- 可维护性
- 安全性

让我们在以下各节中了解每一个目标。

1.3.1 可重用性

人们在设计软件时经常谈论自上而下和自下而上的方法。**自上而下的方法**从一个大问题开始，然后将其分解为一系列较小的问题。之后，如果问题还不够小（正如我们在研究“单一职责原则”时所讨论的那样），我们会将问题进一步分解为更小的问题。重复这个过程，直到问题小到可以进行设计和编码。

自下而上的方法刚好相反。有了领域知识，你就可以开始创建基础模块，然后通过将这些基础模块进行组合来创建复杂的模块。不管怎么做，最终都会有一组相互配合的组件，从而构成应用程序的基础。

我喜欢这个比喻。即使是5岁的孩子也可以仅用几种乐高积木构建各种结构。想象力才是限制因素。你是否想知道为什么它如此强大？好吧，如果你还记得，每个乐高积木都有一组标准的连接器：1个、2个、4个、6个、8个或更多。使用这些连接器，每个积木都可以轻松插入另一个积木。创建新结构时，可以将其与其他结构组合以创建更大、更复杂的结构。

在构建应用程序时，关键的设计原理是创建可插拔的接口，以便轻松地重用每个组件。

可重用组件的特征

以下是可重用组件的重要特征：

- 每个组件都只有一个目的（SOLID中的单一职责原则）。
- 每个组件都有明确的定义，可以重复使用（SOLID中的开放/关闭原则）。
- 专门为父子关系设计的抽象类型层次结构（SOLID中的里氏替换原则）。
- 接口被定义成一组较小函数的合集（SOLID中的接口隔离原则）。
- 接口用于在组件之间桥接（SOLID中的依赖反转原则）。
- 模块和函数在设计时考虑到了简单性（KISS）。

可重用性很重要，因为它意味着我们可以避免重复代码和浪费精力。我们编写的代码越少，维护软件所需的工作就越少。这不仅包括开发工作，还包括时间测试、打包和升级。可重用性也是开源软件如此成功的原因之一。特别是Julia生态系统包含许多开源包，它们倾向于相互借鉴功能。

接下来我们讨论另一个软件质量目标——性能。

1.3.2 性能

Julia语言是为高性能计算而设计的，但并非随意写出的代码就具有高性能。在性能方面，需要练习编写对编译器更友好的代码，从而使程序更有可能转换为优化的机器代码。

在过去的几十年中，计算机的变化一年比一年快。使用现在的硬件，可以更轻松地解决曾经存在的性能瓶颈。同时由于数据爆炸，我们也面临更多挑战。一个很好的例子是大数据和数据科学领域。随着数据量的增长，我们需要更强大的计算能力来处理这些新的用例。

不幸的是，计算机的速度增长并不像过去那样快。摩尔定律说：微芯片上的晶体管数量大约每18个月翻一番，自1960年以来，它与CPU速度的增长相关。但是，众所周知，由于物理上的限制（可以安装在芯片上的晶体管数量和制造工艺的精度），摩尔定律很快将不再适用。

为了满足当今的计算需求，特别是在人工智能、机器学习和数据科学领域的计算需求，从业人员一直在努力实现横向扩展策略，做法是在许多服务器上利用多个 CPU 核心，充分利用 GPU 和 TPU 的效率。

高性能代码的特征

下面就是高性能代码的特征：

- 函数小，容易进行优化（SOLID 中的单一职责原则）。
- 函数包含简单逻辑而不是复杂逻辑（KISS）。
- 数字数据被放置在连续的内存空间中，使编译器可以充分利用 CPU。
- 内存分配应保持最小，以减少深度垃圾回收。

性能对任何软件项目来说都是一个重要的指标。对于数据科学、机器学习和科学计算用例而言，性能尤其重要。很小的设计更改可能会产生巨大的影响，例如某些情况下，可能会将 24 小时的执行过程优化为 30 分钟。它还可以提升用户使用 Web 应用程序时的体验，而不是一个“请稍候……”的弹出框。

接下来我们将讨论另一个软件质量目标——软件的可维护性。

1.3.3 可维护性

如果设计正确，则可以更轻松地维护软件。一般而言，如果你能够有效地使用前面列出的设计原则（SOLID、KISS、DRY、POLA、YAGNI 和 POLP），那么你的应用程序就更有可能是为了便于长期维护而精心设计的。

可维护性是大规模应用的重要组成部分。一个研究院的研究项目是不会持续很长时间的，但企业应用程序可能会持续数十年。我最近从一个同事那里听说，COBOL 仍在使用中，并且 COBOL 的开发人员仍然过着不错的生活。

我们经常听到技术债，与现实生活中的债务一样，技术债是代码更改时必须付出的东西。而且技术债持续的时间越长，你所花费的精力就越多。

请考虑这样一个例子，假如有一个模块，该模块中存在重复的代码或不必要的依赖关系。每当添加新功能时，都必须更新源代码的多个部分，并且必须对系统的较大区域执行回归测试。因此，每次更改代码后，你最终都要偿还债务（根据编程时间和精力），直到债务全部清偿为止（即代码完全重构）。

可维护代码的特征

以下是可维护代码的特征：

- 没有无用的代码（YAGNI）。
- 没有重复的代码（DRY）。
- 代码短小精炼（KISS）。
- 代码清晰易懂（KISS）。
- 每个函数都只有一个目的（SOLID 中的单一职责原则）。

- 每个模块都包含相互关联、相互协作的函数（SOLID 中的单一职责原则）。

可维护性是任何应用程序的重要方面。如果设计合理，即使是大型应用程序也可以频繁、轻松地进行更改而无须担心出现问题。应用程序也可以服务很长时间，从而降低软件成本。

接下来我们讨论另一个软件质量目标——软件的安全性。

1.3.4　安全性

"安全性——避免遭受或造成伤害或损失的状态。"

——《韦氏词典》

我们期望应用程序正常运行。当应用程序发生故障时，可能会产生不良后果，其中一些可能是致命的。例如 NASA 使用的关键任务火箭发射子系统。单个缺陷可能会导致发射延迟，在最坏的情况下，它可能导致火箭在空中爆炸。

编程语言旨在提供灵活性，但同时提供安全功能使软件工程师可以减少错误。例如，编译器的静态类型检查确保将正确的类型传递给需要这些类型的函数。此外，大多数计算机程序都是对数据进行操作，而数据并不总是干净或可用的，所以能够正确处理错误或数据丢失是衡量软件质量的重要方面。

安全的应用程序的特征

安全的应用程序的一些特征如下：

- 每个模块都暴露最少的类型、函数和变量。
- 每个函数都带有参数，以使各个类型实现该函数的预期行为（SOLID 中的里氏替换原则、POLA）。
- 函数的返回值是明确和文档化的（POLA）。
- 丢失的数据可以被正确处理（POLA）。
- 变量的使用限制在最小范围内。
- 异常应该被捕获并合理地处理。

安全性是软件的重要质量目标之一。错误的应用程序可能会导致重大灾难，甚至可能会使公司损失数百万美元。2010 年，由于防抱死制动系统（ABS）的软件缺陷，丰田召回约 40 万辆混合动力汽车。1996 年，欧洲航天局发射的阿丽亚娜 5 号火箭在发射后仅 40 秒就爆炸了。当然，这些只是一些极端的例子。通过利用最佳实践，我们可以避免陷入此类尴尬而代价高昂的事件中。

1.4　小结

在本章中，我们从回顾设计模式的历史开始，讨论了为什么设计模式对软件专业人员有用，以及鉴于过去的经验在本书中我们如何组织设计模式。

我们讨论了可以在任何编程语言中普遍应用的几种关键软件设计原则，使用 Julia 编写代码和应用设计模式时，需要牢记这些原则。我们介绍了 SOLID、DRY、KISS、POLA、YAGNI 和 POLP 原则。这些设计原则是面向对象的编程社区众所周知且普遍接受的。

最后，我们讨论了希望通过使用设计模式来实现的一些软件质量目标。在本书中，我们决定将重点放在可重用性、可维护性、性能和安全性目标上。我们也高度评价了这些目标的好处，并回顾了实现这些目标的一般准则。

第 2 章令人期待！我们将动手实践，研究 Julia 程序的组织方式和如何使用 Julia 的类型系统，以及学习有关 Julia 的一些基础知识。

1.5 问题

1. 使用设计模式有什么好处？
2. 列举一些关键的设计原则。
3. 开放 / 关闭原则解决了什么问题？
4. 为什么接口隔离原则对软件的可重用性很重要？
5. 开发可维护软件的最简单方法是什么？
6. 有哪些好的实践可以避免过度设计和膨胀的软件？
7. 内存使用情况如何影响系统性能？

第二部分 Part 2

Julia 基础

本部分内容的目的是使你快速了解Julia编程语言的基本概念和基础功能。熟悉Julia的基础对于你能够充分理解我们在接下来的章节中介绍的设计模式至关重要。

Chapter 2 第2章

模块、包和数据类型

本章讨论开发大型应用程序的几种组织方法。这通常是容易被忽视的事情。在开发应用程序时，我们通常专注于构建数据类型、函数、控制流等。但同样重要的是，正确组织代码，使代码整洁且易于维护。

在本章的后半部分，我们将介绍Julia的类型系统。数据类型是任何应用程序中最基本的构成部分。与其他编程语言相比，Julia的类型系统是其最强大的功能之一。对类型系统的深入了解将使我们能够实现更好的设计。

本章将涵盖以下主题：

- 程序开发中不断增长的痛点
- 使用命名空间、模块和包
- 管理包的依赖关系
- 设计抽象类型和具体类型
- 使用参数化类型
- 数据类型转换

在本章的最后，你应该知道如何创建自己的包，将代码划分为单独的模块，为应用程序创建新的数据类型。让我们开始吧！

2.1 技术要求

本章中的示例源代码位于https://github.com/PacktPublishing/Hands-on-Design-Patterns-and-Best-Practices-with-Julia/tree/master/Chapter02。

该代码在 Julia 1.3.0 环境中进行了测试。

2.2　程序开发中不断增长的痛点

“从现在开始，用你所拥有的，尽你所能去做。”

——Arthur Ashe

每个人的经历都不一样。Julia 是一种通用的动态编程语言，可以在许多有趣的用例中使用。更具体地说，你可以使用它轻松地编码和解决问题，而无须过多地考虑系统架构和设计。对于小型研究项目，这通常就足够了。但是，当项目的业务逐渐变得复杂且重要时，或者当你必须将概念验证实施到生产环境中时，它就需要更好的组织、架构和设计，使项目或应用程序可以生存更长的时间，并且更具可维护性。

我们通常处理哪些项目？让我们来看几个例子。

2.2.1　数据科学项目

一个典型的数据科学项目始于从一组数据中学习并做出预测的想法。许多前期工作涉及数据收集、数据清理、数据分析和可视化，然后将数据进一步提炼，作为机器学习模型的输入。这样的过程称为数据工程。数据科学家选择一个或多个机器学习模型，并继续完善和调整模型，以达到预测模型的良好准确性。这个过程称为模型开发。当模型准备好用于生产时，将对其进行部署，有时会为最终用户创建一个前端。最后的这个过程称为模型部署。

通常数据工程和模型开发过程在一开始时可以是交互式的，但是最终会变得自动化。那是因为该过程必须是可重复的，并且结果必须是一致的。数据科学家在开发过程中可能会使用多种工具，从 Jupyter Notebook 到一系列相关的库和程序。

当预测模型准备投入生产时，可以将其部署为 Web 服务，以便可以将其用于实时预测。在这一点上，这个模型将具有生命周期并且还需要维护，就像其他生产软件一样。

2.2.2　企业应用程序

与数据科学项目不同，开发企业应用程序的人有不同的心态。软件工程师通常预先了解应用程序的需求。他们还知道是否必须遵守某些假设和规则。例如，项目启动时可能已经知道技术栈。可能已经熟悉将要使用的系统架构，将利用哪个云供应商，应用程序必须与哪个数据库集成等。

企业应用程序通常需要丰富的业务领域对象模型。数据对象被创建、操纵并转移到应用程序的不同层。该系统架构可以包括用户界面、中间层和数据库后端。

企业应用程序还倾向于要求与其他系统的高度集成。例如，投资公司使用的交易系统通常与会计系统、交易结算系统、报告系统等挂钩。这些应用程序通常被设计为处理静态数据（如存储在数据库中的数据）或动态数据（如将数据流传输到另一个系统）。此外，数据移动可能会实时发生，也可能会在一整夜的批处理过程中发生。

2.2.3 适应增长

无论你开发哪种应用程序，都应该不难发现不断增长的痛点。

对于数据科学项目，以下信号通常表示与增长有关的问题：

- “我的 Notebook 记得太长了。我经常需要上下滚动才能了解以前做过的事情以及现在正在做的事情。在两者之间创建了太多的变量，我无法理解它们的含义以及如何使用它们。”
- “数据结构太复杂。我正在研究一个数据帧，并以十种不同方式对其进行转换。我现在已经不知道哪个转换版本表示什么以及为什么它们在刚开始的时候需要转换。”
- “我已经在硬盘上保存了一堆机器学习模型，而我已经不知道每个模型的训练方式以及对每个模型进行了哪些假设。”
- “我在许多 Notebook 上散布了太多代码。某些代码被复制或调整是出于稍微不同的目的。我现在无法得到一致的结果了。”

对于企业应用程序，可能会出现类似的症状：

- “应用程序逻辑太复杂，并且其中有个巨大的组件拥有许多函数。”
- “在不破坏现有功能的情况下添加新功能变得越来越困难。”
- “一个新人要花很多时间才能理解该模块中的代码，而且同一个人也需要时不时地重新去学习它。”

处理没有组织的代码和数据没有什么意思。如果你发现自己说了一些前面的短语，那么现在可能是个重新考虑策略并开始正确组织程序的好时机。

现在，让我们通过与 Julia 更好地组织代码来开始我们的学习之旅。在进行高级开发工作之前，我们将介绍命名空间的概念，并介绍如何创建模块和包。

2.3 使用命名空间、模块和包

Julia 生态系统建立在命名空间中，这实际上是我们保持代码有序的唯一方法。为什么这么说呢？原因是命名空间用于在逻辑上分隔源代码的片段，以便可以独立开发它们而不会互相影响。在一个命名空间中定义一个函数后，仍然可以在另一个命名空间中定义另一个相同名称的函数。

在 Julia 中，命名空间是用模块和子模块创建的。为了管理分派和依赖关系，通常将模块组织为包。Julia 包有一个标准的目录结构。尽管顶层目录结构定义明确，但是开发人员在组织源文件方面仍然有很大的自由度。

在本节中，我们将探讨以下主题：

- ❑ 理解和使用命名空间
- ❑ 如何创建模块和包
- ❑ 如何创建子模块
- ❑ 如何在模块中管理文件

让我们在以下各节中详细了解它们。

2.3.1 理解命名空间

什么是命名空间？让我们来看一个现实的例子。

每种语言都有在其字典中定义的单词。当来自不同文化背景的人互相交谈时，他们常常会发生有趣的情形。看下面的例子：

对话 1：

- ❑ 美国人：你的裤子（pants）脏了，你应该换一下。
- ❑ 英国人：你是说的我的裤子（trousers）吗？我的内裤（underpant）很干净的！

对话 2：

- ❑ 美国人：这些饼干（biscuit）很好吃！
- ❑ 英国人：哪里有饼干（cookie）？

对话 3：

- ❑ 美国人：我想瘦回去，尝试了很多健身教练（trainer），没有一个起到作用的。
- ❑ 英国人：你试了耐克的新款跑鞋吗？我觉得每天穿着跑步很舒服。

有些时候不同上下文，同一单词已经具有不同的含义。比如：

- ❑ pool ——游泳池还是一堆事情？
- ❑ squash——蔬菜还是运动？
- ❑ current ——电流还是水流？

由于存在此类歧义，我们无法跨所有领域强制使用单个词汇表。幸运的是，聪明的计算机科学很早以前就解决了与其所属领域有关的问题：要区分单个单词的两种不同含义，我们只需在单词前加上相应的上下文即可。用上面的例子，我们可以限定每个单词的意思如下：

- ❑ `Facility.Pool` 和 `Grouping.Pool`
- ❑ `Vegetable.Squash` 和 `Sport.Squash`
- ❑ `Electricity.Current` 和 `Liquid.Current`

这个前缀就是命名空间。现在，单词已使用其各自的命名空间进行了限定，它们具有明确的含义而不再产生歧义。

在 Julia 中，命名空间是使用模块来实现的，我们将在 2.3.2 节中学习有关模块。

2.3.2 创建模块和包

模块用于创建新的命名空间。在 Julia 中，创建模块就像将代码包装在模块中一样简单，例如：

```
module X
 # your code
end
```

创建模块通常是为了共享和重用，实现此目的的最佳方法是在 Julia 的包中组织代码。Julia 包是用于维护模块定义、测试脚本、文档和相关数据的目录和文件结构。

Julia 包有一个标准的目录结构和约定。但是，每次在新起程序时都手动配置相同的结构会很麻烦。幸运的是有一些开源工具可以自动为新包创建结构。在没有正式认可任何特定工具的情况下，我选择了 `PkgTemplates` 包进行演示，如下所示。

如果你之前未安装过 `PkgTemplates` 包，则可以按以下方式安装。

```
julia> using Pkg

julia> Pkg.add("PkgTemplates")
```

安装完成后，我们可以使用它来创建示例模块。第一步是创建一个 `Template` 对象，如下所示。

```
julia> using PkgTemplates
[ Info: Precompiling PkgTemplates [14b8a8f1-9102-5b29-a752-f990bacb7fe1]

julia> template = Template(; license = "MIT", user = "tk3369")
Template:
  → User: tk3369
  → Host: github.com
  → License: MIT (Tom Kwong <tk3369@gmail.com> 2019)
  → Package directory: ~/.julia/dev
  → Minimum Julia version: v1.0
  → SSH remote: No
  → Add packages to main environment: Yes
  → Commit Manifest.toml: No
  → Plugins: None
```

基本上 `template` 对象包含一些默认值，这些默认值将用于创建新包。然后，创建新包就像调用 `generate` 函数一样容易。

```
julia> generate(template, "Calculator")
Generating project Calculator:
    ~/.julia/dev/Calculator/Project.toml
    ~/.julia/dev/Calculator/src/Calculator.jl
[ Info: Initialized Git repo at /Users/tomkwong/.julia/dev/Calculator
[ Info: Set remote origin to https://github.com/tk3369/Calculator.jl
Activating environment at `~/.julia/dev/Calculator/Project.toml`
 Resolving package versions...
  Updating `~/.julia/dev/Calculator/Project.toml`
  [8dfed614] + Test
  Updating `~/.julia/dev/Calculator/Manifest.toml`
  [2a0f44e3] + Base64
  [8ba89e20] + Distributed
  [b77e0a4c] + InteractiveUtils
  [56ddb016] + Logging
  [d6f4376e] + Markdown
  [9a3f8284] + Random
  [9e88b42a] + Serialization
  [6462fe0b] + Sockets
  [8dfed614] + Test
  Updating registry at `~/.julia/registries/General`
  Updating git-repo `https://github.com/JuliaRegistries/General.git`
```

```
 Resolving package versions...
  Updating `~/.julia/dev/Calculator/Project.toml`
 [no changes]
  Updating `~/.julia/dev/Calculator/Manifest.toml`
  [2a0f44e3] - Base64
  [8ba89e20] - Distributed
  [b77e0a4c] - InteractiveUtils
  [56ddb016] - Logging
  [d6f4376e] - Markdown
  [9a3f8284] - Random
  [9e88b42a] - Serialization
  [6462fe0b] - Sockets
  [8dfed614] - Test
Activating environment at `~/.julia/environments/v1.3/Project.toml`
[ Info: Committed 6 files/directories: src/, Project.toml, test/, README.md, LICENSE, .gi
tignore
 Resolving package versions...
  Updating `~/.julia/environments/v1.3/Project.toml`
  [e1d37511] + Calculator v0.1.0 [`~/.julia/dev/Calculator`]
  Updating `~/.julia/environments/v1.3/Manifest.toml`
  [e1d37511] + Calculator v0.1.0 [`~/.julia/dev/Calculator`]
[ Info: New package is at /Users/tomkwong/.julia/dev/Calculator
```

TIP 默认情况下，包生成器在~/.julia/dev目录中创建新目录，但可以使用Template对象的dir关键字参数对其进行自定义。

使用generate命令创建一个名为Calculator的新包。它会自动创建具有以下包结构的目录。

```
$ ls -1R ~/.julia/dev/Calculator
LICENSE
Manifest.toml
Project.toml
README.md
src
test

/Users/tomkwong/.julia/dev/Calculator/src:
Calculator.jl

/Users/tomkwong/.julia/dev/Calculator/test:
runtests.jl
```

这时候你就可以开始编辑Calculator.jl文件了，并将文件内容替换为你自己的源代码。

TIP 如果你不熟悉Julia，请先下载Revise包，它可让你编辑源代码并自动更新工作环境。使用Julia会将你的工作效率提高10倍。

让我们通过实现一些财务计算来使用Calculator模块。在本示例的过程中，我们将学习如何从外部客户端管理变量和函数的可访问性。我们的初始代码设置如下：

```
# Calculator.jl
module Calculator

export interest, rate

"""
 interest(amount, rate)
```

```
Calculate interest from an `amount` and interest rate of `rate`.
"""
function interest(amount, rate)
 return amount * (1 + rate)
end

"""
 rate(amount, interest)

Calculate interest rate based on an `amount` and `interest`.
"""
function rate(amount, interest)
 return interest / amount
end

end # module
```

这些代码都保存在 `Calculator.jl` 文件中。

定义函数行为

`Calculator` 模块定义 2 个函数：

- ❑ `interest` 函数用于计算整个投资期间内具有指定利率(`rate`)的存款金额(`amount`)的利息。
- ❑ `rate` 函数用于计算利率，你可以针对该利率投资存款金额(`amount`)，并获得利息金额(`interest`)。

请记住，利息（interest[1]）和利率（rate[2]）在 `Calculator` 上下文之外有着完全不同的含义。

函数暴露

函数定义在模块内部而不会暴露给外界。如果要公开它们，可以使用 `export` 语句输出 `interest` 和 `rate` 函数，以便该模块的用户可以轻松地将它们带入自己的命名空间：

```
export interest, rate
```

函数一旦被暴露，使用 using 关键字加载模块的客户端便可应用这些函数。在加载模块之前，让我们尝试从 Julia REPL 引用这些函数。

```
julia> interest
ERROR: UndefVarError: interest not defined

julia> rate
ERROR: UndefVarError: rate not defined
```

出错是由于我们尚未加载 `Calculator` 包，因此没有定义 `interest` 函数或 `rate` 函数。现在把它们引进来。

---

[1] Interest 在英文中既有兴趣的意思，还有利息的意思。——译者注

[2] Rate 在英文中有比例，汇率的意思。——译者注

```
julia> using Calculator

julia> interest
interest (generic function with 1 method)

julia> rate
rate (generic function with 1 method)
```

执行 using 语句时，从模块暴露的所有内容都将带入当前命名空间。在 Julia REPL 中，当前模块称为 Main，如图 2-1 所示。

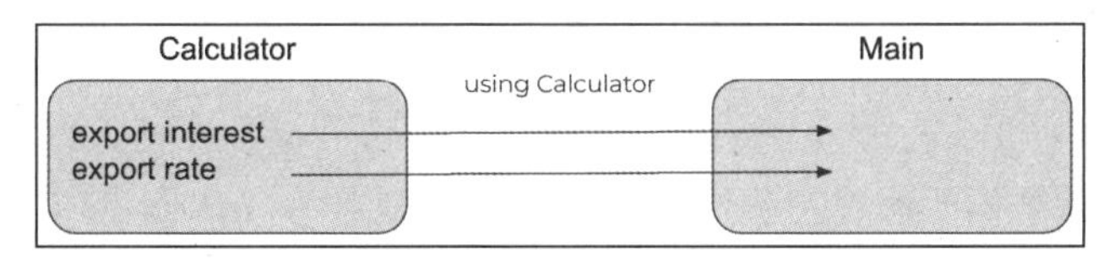

图 2-1

通过使用特定名称限定 using 语句，我们可以引入命名空间的子集。让我们重新启动 Julia REPL，然后重试。

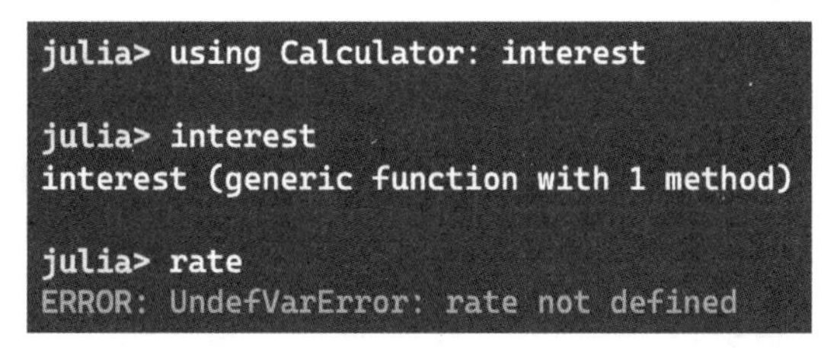

```
julia> using Calculator: interest

julia> interest
interest (generic function with 1 method)

julia> rate
ERROR: UndefVarError: rate not defined
```

在这种情况下，只有 interest 函数被带入 Main 模块（如图 2-2 所示）。

图 2-2

实际上，有几种方法可以将名称从另一个模块导入当前的命名空间。为了简单起见，我们可以将它们进行总结，如表 2-1 所示。

表 2-1

编号	语句	什么被引入
1	using Calculator	interest rate Calculator.interest Calculator.rate
2	using Calculator: interest	interest
3	import Calculator	Calculator.interest Calculator.rate

（续）

编号	语句	什么被引入
4	import Calculator: interest	interest
5	import Calculator.interest	interest

如上表所见，有 4 种方法（上表的 1、2、4、5）将 interest 函数引入当前命名空间。在 using 和 import 语句之间进行选择有一些微妙之处。比较好的经验是在使用函数时使用 using 语句，而在需要从模块扩展函数时选择 import 语句。从另一个包扩展函数是 Julia 的主要语言功能，你将从本书的各个示例中了解更多有关该功能的信息。

解决冲突

情况并不总是乐观的。假设主程序需要使用另一个名为 Rater 的模块，该模块为在线图书提供评级服务。在这种情况下，主程序可能会尝试从两个模块中获取函数，如图 2-3 所示。

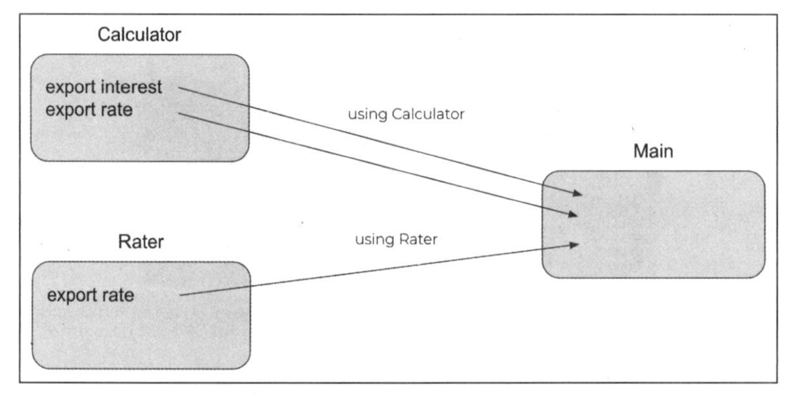

图 2-3

但是出问题了！ rate 函数是从 Calculator 模块引入的，但这恰好与 Rater 模块的另一个函数发生冲突。Julia 首次使用时会自动检测到此冲突，并打印警告，然后要求开发人员使用其完全限定的名称来访问任一函数。

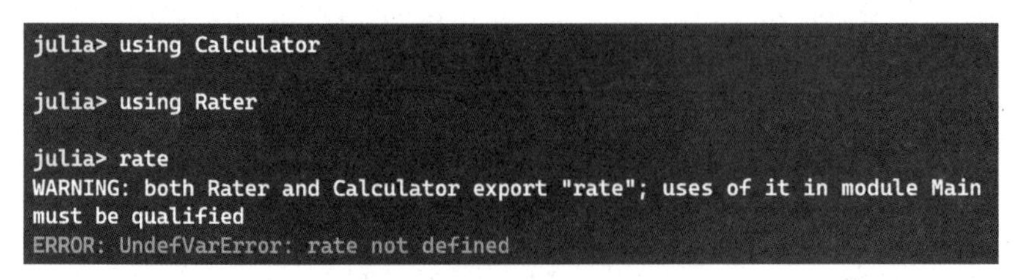

```
julia> using Calculator

julia> using Rater

julia> rate
WARNING: both Rater and Calculator export "rate"; uses of it in module Main
must be qualified
ERROR: UndefVarError: rate not defined
```

如果你不喜欢这样，特别是那个丑陋的警告，你可以选择另一种方法。你可以先问自己，主程序中是否需要两个 rate 函数。如果仅需要一个 rate 函数，则只需将其纳入范围内，这样就不再存在冲突：

```
using Calculator: interest
using Rater: rate

# Here, the rate function refers to the one defined in Rater module.
```

根据我的经验，将特定名称引入当前命名空间确实是大多数用例的最佳选择。这样做的原因是，你所依赖的函数可以立刻看见。这种依赖关系也在代码中自行记录。

有时你可能需要同时使用两个 `rate` 函数。在这种情况下，可以使用常规的 `import` 语句解决问题：

```
import Calculator
import Rater

interest_rate = Calculator.rate(100.00, 3.5)
rating = Rater.rate("Hands-On Design Patterns with Julia")
```

这样它就只会加载包，而不会在当前命名空间中使用任何名称。你现在可以使用两个完全合格的名称来引用这两个 rate 函数，即 `Calculator.rate` 和 `Rater.rate`。创建完这些模块后，让我们继续来看如何创建子模块。

2.3.3 创建子模块

当模块变得太大时，将其拆分成较小的模块会更好，这便于开发和维护。解决此问题的方法是创建子模块。创建子模块很方便，因为它们只是在父模块的范围内定义的。假设我们将 `Calculator` 模块组织为两个子模块，即 `Mortgage` 和 `Banking`。这两个子模块可以在单独的文件中定义，也可以直接包含在父模块中。请看以下代码：

```
# Calculator.jl
module Calculator

include("Mortgage.jl")
include("Banking.jl")

end # module
```

与常规模块一样，子模块也使用模块的块定义。`Mortgage` 的源代码看起来就是一个常规模块的定义：

```
# Mortgage.jl
module Mortgage

# mortgage related source code

end # module
```

由于 `Mortgage` 的源码包含在 `Calculator` 模块内，因此它形成了嵌套结构。除了必须通过父模块引用它们之外，子模块的用法与任何常规模块的用法相同。在这种情况下，你需要使用 `Calculator.Mortgage` 或 `Calculator.Banking` 进行引用。

使用子模块是大型代码库分离代码的有效方法。接下来我们将讨论如何在模块中管理源代码。

2.3.4 在模块中管理文件

模块的源代码通常组织为多个源文件。尽管对于源文件的组织方式没有严格的规定，但以下是有用的准则：

- **耦合**：高度耦合的函数应放在同一文件中。这样做可以减少编辑源文件时的上下文切换。例如当你更改函数的签名时，该函数的所有调用者可能都需要更新。像最小化爆炸半径一样，理想情况下做到最少的文件改动。
- **文件大小**：一个文件中包含几百行代码可能是一个警告信号。如果文件中的代码都紧密耦合，那么最好重新设计系统以减少耦合。
- **顺序**：Julia 会按照包含它们的顺序加载源文件。由于数据类型和工具函数通常是共享的，因此最好将它们分别保存在 `type.jl` 和 `utils.jl` 文件中，并将其包含在模块的开头。

组织测试脚本时也同样应使用上面的方法。

到目前为止，我们已经学习了如何使用模块和子模块创建新的命名空间。更方便的是，将模块组织在一个包中，以便可以从应用程序中重用它。一旦创建多个包，不可避免的是它们可能必须相互依赖。重要的是我们知道如何正确处理这些依赖关系。这将是 2.4 节的主要主题。

2.4 管理包的依赖关系

Julia 的生态系统拥有丰富的开源包。当以单一目标设计包时，可以更轻松地重用它们。但是，使用大型代码库并非易事，因为它更可能依赖于第三方包。为了避免依赖关系，开发人员需要花费大量时间和精力来维护和管理这些依赖关系。

重要的是要理解依赖关系不仅存在于包之间，而且还存在于特定版本的包之间。幸运的是，Julia 语言对语义版本控制提供了强大的支持，可以帮助解决许多问题。

在本节中，我们将介绍以下几个主题：

- 理解语义化版本控制方案
- 指定 Julia 包的依赖关系
- 避免循环依赖

现在让我们看一下语义化版本方案。

2.4.1 理解语义版本控制方案

语义版本控制 (https://semver.org/) 是由著名的 GitHub 联合创始人兼 CTO Tom Preston-Werner 开发的一种方案。语义版本控制有一个非常明确的目的，即提供版本号更改的含义（即语义）。

当我们使用第三方包并对其进行升级时，我们如何知道我们的应用程序是否需要更新？如果仅升级相关包而不对自己的应用程序进行任何测试，我们将承担什么样的风险？

在进行语义版本控制之前基本都是靠猜的。但是，勤奋且规避风险的开发人员至少会检查相关包的发行说明，尝试找出是否存在任何重大更改，然后采取适当的措施。

在这里，我们将快速总结语义版本控制的工作原理。版本号是由以下组件构成：

```
<major>.<minor>.<patch>
```

你也可以在版本号后跟一个发行标签和一个内部版本号，如下所示：

```
<major>.<minor>.<patch>-<pre-release>+<build>
```

版本号的每个部分都表示一个含义：

- 主要发行版本号（major）更改时，表示此版本中引入了与先前版本不兼容的重大更改。由于现有功能可能会中断，因此应用程序合并新版本的风险很大。
- 次要发行版本号（minor）更改时，表示此发行版中有不间断的增强功能。合并新版本的应用程序具有适度的风险，因为至少在理论上，以前的功能应继续工作。
- 补丁发行版本号（patch）更改时，表示此发行版中有不间断的错误修复。应用程序合并新版本的风险很小。
- 预发行标签（pre-release）存在时，表示预发行候选（例如 alpha，beta）或发行候选（RC）。该发行版被认为是不稳定的，应用程序永远不应在生产环境中使用它。
- 构建（build）标签被认为是可以忽略的元信息。

需要注意的是，仅当所有包都正确使用语义版本控制时，它才有用。语义版本控制就像包开发人员可以用来在发行新版本时轻松表示其更改影响的一种通用语言。

Julia 包生态系统鼓励语义版本控制。接下来，我们将研究 Julia 包管理器 Pkg 如何使用语义版本控制处理依赖关系。

> 尽管 Julia 鼓励语义版本控制，但许多开源包仍具有 1.0 之前的版本号，即使它们对于生产使用而言可能相当稳定。主要版本号为 0 表示特殊含义——基本上意味着每个新发行版都有所突破。
>
> 随着 Julia 语言的成熟，更多的包作者将其包标记为 1.0，并且随着时间的推移，有关包兼容性的情况将越来越好。

2.4.2 指定 Julia 包的依赖关系

我们可以通过检查源文件中的 using 或 import 关键字来判断一个包何时依赖于另一个包。但是，Julia 运行时环境旨在通过跟踪依赖关系来变得更加明确。此类信息存储在包目录中的 Project.toml 文件中。此外，在同一目录下 Manifest.toml 文件包含有关完整的依赖关系树的更多信息。这些文件以 TOML 文件格式写入。尽管手动编辑这些文件很容易，但是 Pkg 包管理器的命令行接口（CLI）可以更轻松地管理依赖关系。

要添加新的依赖包时只需执行以下步骤：

1）启动 Julia REPL。

2）按] 键进入 Pkg 模式。

3）使用 activate 命令激活项目环境。

4）使用 add 命令添加依赖包。

例如，将 SaferIntegers 包添加到 Calculator 包中。

```
(Calculator) pkg> status
Project Calculator v0.1.0
    Status `~/.julia/dev/Calculator/Project.toml`
  (no changes since last commit)

(Calculator) pkg> add SaferIntegers
 Resolving package versions...
 Installed SaferIntegers ─ v2.5.0
  Updating `~/.julia/dev/Calculator/Project.toml`
  [88634af6] + SaferIntegers v2.5.0
  Updating `~/.julia/dev/Calculator/Manifest.toml`
  [864edb3b] + DataStructures v0.17.6
  [1914dd2f] + MacroTools v0.5.3
  [bac558e1] + OrderedCollections v1.1.0
  [88634af6] + SaferIntegers v2.5.0
  [2a0f44e3] + Base64
  [8ba89e20] + Distributed
  [b77e0a4c] + InteractiveUtils
  [56ddb016] + Logging
  [d6f4376e] + Markdown
  [9a3f8284] + Random
  [9e88b42a] + Serialization
  [6462fe0b] + Sockets
  [8dfed614] + Test
```

让我们首先检查 Project.toml 文件的内容，如以下屏幕截图所示。看起来很有趣的散列码 88634af6-177f-5301-88b8-7819386cfa38 代表 SaferIntegers 包的唯一标识符（UUID）。请注意，即使从前面的输出中我们知道已经安装了版本 2.5.0，也没有为 SaferIntegers 包指定版本号。

```
Users > tomkwong > .julia > dev > Calculator > Project.toml
 1  name = "Calculator"
 2  uuid = "ed85bbf7-223e-44d4-8ae7-39755d48a39c"
 3  authors = ["Tom Kwong <tk3369@gmail.com>"]
 4  version = "0.1.0"
 5
 6  [deps]
 7  SaferIntegers = "88634af6-177f-5301-88b8-7819386cfa38"
 8
 9  [compat]
10  julia = "1"
11
12  [extras]
13  Test = "8dfed614-e22c-5e08-85e1-65c5234f0b40"
14
15  [targets]
16  test = ["Test"]
17
```

Manifest.toml 文件包含包的完整依赖关系树。首先，我们找到以下有关 SaferIntegers 依赖关系的部分。

```
43  [[SaferIntegers]]
44  deps = ["MacroTools", "Random"]
45  git-tree-sha1 = "6296e51150b2b5907eb14fd304e51e994d7e7c72"
46  uuid = "88634af6-177f-5301-88b8-7819386cfa38"
47  version = "2.5.0"
```

请注意，SaferIntegers 包在 manifest 文件中有指定的版本：2.5.0，为什么呢？这是因为 manifest 旨在捕获所有直接依赖包和间接依赖包的确切版本信息。第二个观察结果是，正式捆绑的包（如 Serialization、Sockets 和 Test）没有版本号：

```
49  [[Serialization]]
50  uuid = "9e88b42a-f829-5b0c-bbe9-9e923198166b"
51
52  [[Sockets]]
53  uuid = "6462fe0b-24de-5631-8697-dd941f90decc"
54
55  [[Test]]
56  deps = ["Distributed", "InteractiveUtils", "Logging", "Random"]
57  uuid = "8dfed614-e22c-5e08-85e1-65c5234f0b40"
```

这些包没有版本号，因为它们始终与 Julia 二进制文件一起发行。它们的实际版本在很大程度上取决于特定的 Julia 版本。

重要的一点是要认识到 Project.toml 和 Manifest.toml 都不包含任何版本兼容性信息，即使我们知道安装了 2.5.0 版的 SaferInteger。要指定兼容性约束，我们可以使用语义版本控制方案手动编辑 Project.toml 文件。例如，如果我们知道 Calculator 与 SaferIntegers1.1.1 版本及更高版本兼容，则可以将此需求添加到 Project.toml 文件的 [compat] 部分，如下所示：

```
[compat]
SaferIntegers = "1.1.1"
```

此兼容性设置为 Julia 包管理器提供了必要的信息，以确保至少安装了 SaferIntegers 版本 1.1.1 才能使用 Calculator 包。由于包管理器对语义版本控制敏感，因此上述设置意味着 Calculator 可以使用从 1.1.1 到最新的 1.*x*.*y* 版本（最高为 2.0）的所有 SaferIntegers 版本。用数学符号表示，兼容版本的范围为 [1.1.1，2.0.0)，其中不包括 2.0.0。

现在，如果对 SaferIntegers 进行改进并且决定发行 2.0.0，该怎么办？好吧，因为主要版本号已经从 1 升级到 2，所以我们必须期待重大的更改。如果我们不执行任何操作，则永远不会在 Calculator 环境中安装最新版本 2.0.0，因为我们专门实现了 2.0.0 的互斥上限。

假设经过全面的检查和测试，我们得出的结论是，Calculator 不受 SaferIntegers 2.0.0 的任何重大更改的影响。在这种情况下，我们可以对 Project.toml 文件进行一些小的更改，如下所示：

```
[compat]
SaferIntegers = "1.1.1, 2"
```

上述代码指定两个兼容版本范围的并集：

- 1.1.1 规范表明该包与 SaferIntegers 版本 [1.1.1，2.0.0] 兼容。
- 2.0 规范表明该包与 SaferIntegers 版本 [2.0.0，3.0.0] 兼容

这样的信息很重要。如果 Calculator 包的环境由固定到 SaferIntegers 版本 1.1.1 的人使用，则我们知道 Calculator 在该环境中仍然兼容，并且可以在其中加载。

包管理器实际上非常灵活，它实现了更多的版本区分符格式。你可以参考 Pkg 参考手册以获取更多信息（https://julialang.github.io/Pkg.jl/v1/compatibility/#Version-specifier-format-1）。

指定包之间的兼容性很重要。通过使用 Pkg 接口并手动编辑 Project.toml 文件，我们可以正确地管理依赖关系，并且包管理器将帮助我们按工作顺序维护工作环境。

但有些时候，我们可能会遇到棘手的依赖问题，例如循环依赖。接下来，我们将研究如何处理这种情况。

2.4.3 避免循环依赖

循环依赖是有问题的。为了了解其原因，来看下面的例子。

假设我们有五个包（A、B、C、D 和 E），它们具有以下依赖关系：

- A 依赖 B 和 C
- C 依赖 D 和 E
- E 依赖 A

为了用图形化的方式说明这些依赖关系，我们可以创建一个图表，在其中可以使用箭头符号指示组件之间的依赖关系（如图 2-4 所示）。箭头的方向指示依赖关系的方向。

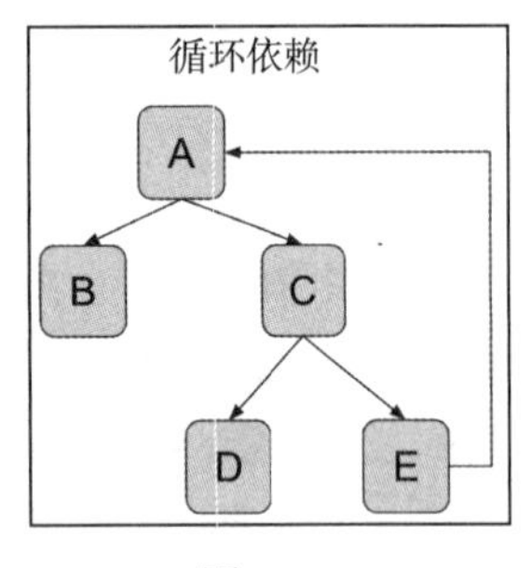

图 2-4

问题是什么

显然存在一个循环，因为 A 依赖 C，C 依赖 E，E 依赖 A。这样的循环有什么问题？假设必须在包 C 中进行更改，该更改应该是向后兼容的。为了通过此更改正确地测试系统，我们必须确保 C 依从其依赖关系而继续具有适当的功能。现在，如果我们在依赖关系链中进行追溯，则必须使用 D 和 E 测试 C，并且由于 E 依赖 A，因此我们也必须包含 A。现在包括了 A，我们必须包括 B 和 C。由于循环的原因，我们现在必须测试所有包！

怎么解决它

非循环依赖原则指出，包之间的依赖关系必须是有向非循环图（DAG），也就是说，依

赖关系图必须没有循环。如果我们在图中确实看到一个循环，则表明存在设计问题。

遇到此类问题时，我们必须重构代码，以便将特定的依赖函数移到单独的包中。在上面的例子中，假定包 A 中有一些代码，这些代码由包内部使用，也由包 E 使用。这种依赖关系基本上是 E->A。

我们可以获取此代码并将其移至新的包 F。更改之后，包 A 和 E 都将依赖包 F，从而有效地消除循环依赖如图 2-5 所示。

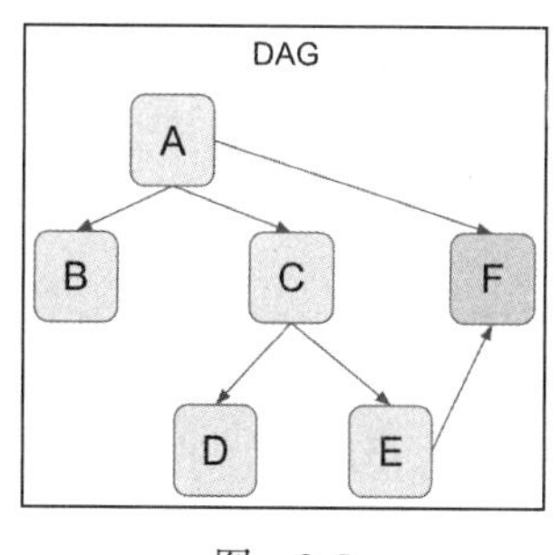

图 2-5

重构之后，当我们对 C 进行更改时，我们可以仅使用其依赖项（仅 D、E 和 F）测试该包。包 A 和 B 都可以排除。

在本节中，我们学习了如何利用语义版本控制来清楚地传达包新版本的影响。我们可以使用 `Project.toml` 文件来指定当前包与其依赖包的兼容性。我们还回顾了一种解决循环依赖的技术。

现在知道了这些，我们将研究如何在 Julia 中设计和开发数据类型。

2.5 设计抽象类型和具体类型

Julia 的类型系统是其许多语言功能（例如多重分派）的基础。在本节中，我们将学习抽象类型和具体类型，如何设计和使用它们，以及它们是否与其他主流的面向对象的编程语言不同。

在本节中，我们将介绍以下主题：

- 设计抽象类型
- 设计具体类型
- 理解 `isA` 和 `<:` 运算符
- 理解抽象类型和具体类型之间的区别

首先让我们看一下抽象类型。

2.5.1 设计抽象类型

与许多其他面向对象的编程语言类似，Julia 支持抽象类型的层次结构。抽象类型通常用于对现实世界的数据概念进行建模。例如，“动物”可以是猫或狗的抽象类型，“车辆”可以是汽车、卡车或公共汽车的抽象类型。将类型分组并给组命名一个名称，这样让 Julia 开发人员可以将通用代码应用到那些类型上。

在特定领域的类型层次结构中可以方便地定义抽象类型。我们可以将抽象类型之间的关系描述为父子关系，或更严格地说，是超类型 – 子类型（is-a-subtype-of）关系。父类型和子类型的术语分别是超类型和子类型。

Julia 与大多数其他语言不同的独特之处设计在于定义的抽象类型没有任何字段。由于这个原因，抽象类型没有指定实际如何将数据存储在内存中。乍一看似乎有些限制，但是随着我们对 Julia 的了解越来越多，在本设计中使用它时似乎更加自然。结果，抽象类型仅用于为一组对象的行为建模，而不用于指定数据的存储方式。

> 矩形和正方形对象模型是当允许抽象类型定义数据字段时事物如何分解的经典示例。假设我们能够定义一个带有 `width` 和 `height` 字段的矩形。正方形是矩形的一种，因此从直观上讲，我们应该能够将正方形建模为矩形的子类型。但是我们很快就会遇到麻烦，因为一个正方形不需要两个字段来存储其边长。我们应该改用 `side length` 字段。因此，在这种情况下，从超类型继承字段是没有意义的。我们将在第 12 章中更详细地讨论这种情况。

在以下各节中，我们将通过示例构建一个抽象类型层次结构。

个人资产类型层次结构示例

假设我们正在构建一个追踪用户财富的金融应用程序，其中可能包括各种资产。下图显示了抽象类型及其父子关系的层次结构。在这种设计中，资产（Asset）可以是财产（Property）、投资（Investment）或是现金（Cash）类型。财产可以是房屋（House）或公寓（Apartment）。投资可以是固定收益（FixedIncome）或股权（Equity）。按照惯例，为了表明它们是抽象类型而不是具体类型，我们选择在框中用斜体表示它们的名称，如图 2-6 所示。

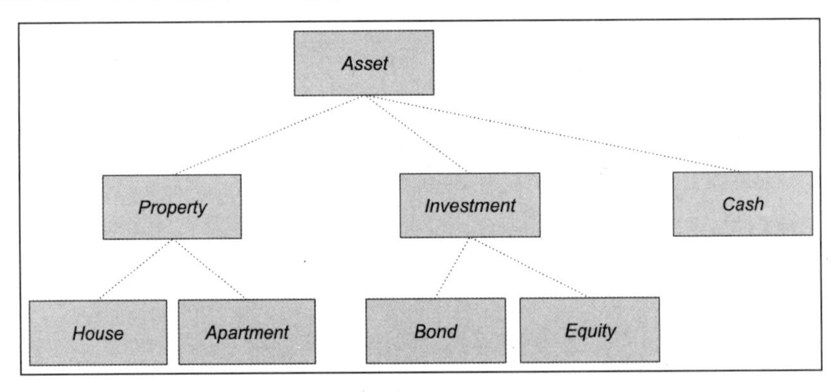

图 2-6

要创建抽象类型层次结构，我们可以使用以下代码：

```
abstract type Asset end

abstract type Property <: Asset end
abstract type Investment <: Asset end
abstract type Cash <: Asset end

abstract type House <: Property end
abstract type Apartment <: Property end
```

```
abstract type FixedIncome <: Investment end
abstract type Equity <: Investment end
```

<: 符号表示超类型 – 子类型关系。因此，Property 类型是 Asset 的子类型，Equity 类型是 Investment 的子类型，依此类推。

事实上，Asset 抽象类型似乎是层次结构的顶层，但它也有一个称为 Any 的超类型，当未指定任何超类型并且定义了抽象类型时，它就是隐式的。Any 是 Julia 中的顶级超类型。

类型层次结构导航

Julia 提供了一些方便的函数来导航类型层次结构。要查找现有类型的子类型，我们可以使用 subtypes 函数。

同样，要查找现有类型的超类型，我们可以使用 supertype 函数。

```
julia> supertype(Equity)
Investment
```

以树形格式查看完整的层次结构有时很方便。Julia 没有提供可用于实现此目的的标准函数，但是我们可以使用递归技术轻松地自己创建一个，如下所示：

```
# Display the entire type hierarchy starting from the specified `roottype`
function subtypetree(roottype, level = 1, indent = 4)
    level == 1 && println(roottype)
    for s in subtypes(roottype)
       println(join(fill(" ", level * indent)) * string(s))
       subtypetree(s, level + 1, indent)
    end
end
```

对于新的 Julia 用户此函数可能非常方便。我实际上已将代码保存在 startup.jl 文件中，以便将其自动加载到 REPL 中。

> **TIP** startup.jl 文件是用户自定义脚本，位于 $HOME/.julia/config 目录中。它可以用于存储每次 REPL 启动时用户要运行的任何代码或函数。

我们现在可以轻松显示个人资产类型层次结构，如下所示。

```
julia> subtypetree(Asset)
Asset
    Cash
    Investment
        Equity
        FixedIncome
    Property
        Apartment
        House
```

注意此函数只能显示已经加载到内存中的类型的层次结构。现在我们已经定义了抽象类型，我们应该能够将函数与它们相关联。接下来，让我们开始将它们关联。

定义抽象类型的函数

到目前为止，我们所做的只是创建相关概念的层次结构。凭借有限的知识，我们仍然可以定义一些函数来对行为建模。但是，当我们没有具体的数据元素时，这有什么用呢？在处理抽象类型时，我们可以只关注特定的行为以及它们之间可能的交互。让我们继续这个例子，看看可以添加哪些函数。

描述函数

尽管听起来不太有趣，但是我们可以定义仅基于类型本身的函数：

```
# simple functions on abstract types
describe(a::Asset) = "Something valuable"
describe(e::Investment) = "Financial investment"
describe(e::Property) = "Physical property"
```

现在，如果我们曾经使用具有超类型 `Property` 的数据元素调用 `describe`，则相应地将调用 `Property` 的描述方法。由于我们没有使用 `Cash` 类型定义任何描述函数，因此当使用 `Cash` 数据元素调用描述时，它将从更高级别的类型 `Asset` 返回描述。

> 由于我们尚未定义任何具体类型，因此我们无法证明 `Cash` 对象的 `describe` 函数将使用 `describe(a::Asset)` 方法。这是一件简单的事情，所以我鼓励读者阅读本章后作为练习来做。

函数行为

具有层次结构的原因是为了创建有关类型的常见行为的抽象。例如，`Apartment` 和 `House` 类型具有相同的超类型 `Property`。有意这么继承是因为它们都代表特定位置的某种物理住所。因此我们可以为任何 Property 定义一个函数，如下所示：

```
"""
 location(p::Property)

Returns the location of the property as a tuple of (latitude, longitude).
"""
location(p::Property) = error("Location is not defined in the concrete
type")
```

你可能会问，我们做了什么？我们刚刚实现了一个只返回错误的函数！定义此函数实际上有几个目的：

- `Property` 的任何具体子类型都必须实现 `location` 函数
- 如果没有为相应的具体类型定义 `location` 函数，则运行时将调用此特定函数并抛出合理错误，以便开发人员可以修改这个 bug。
- 函数定义上方的文档字符串包含有用的描述，即 Property 的具体子类型实现。

另外，我们可以定义一个空函数：

```
"""
 location(p::Property)

Returns the location of the property as a tuple of (latitude, longitude).
"""
function location(p::Property) end
```

那么空函数和引发错误的函数有什么区别呢？对于此空函数，如果具体类型不实现该函数，则不会出现运行时错误。

对象之间的互作用

定义抽象类型之间的交互也很有用。现在我们知道每个 `Property` 都应该有一个位置，我们可以定义一个函数来计算两个财产之间的步行距离，如下所示：

```
function walking_disance(p1::Property, p2::Property)
    loc1 = location(p1)
    loc2 = location(p2)
    return abs(loc1.x - loc2.x) + abs(loc1.y - loc2.y)
end
```

逻辑完全存在于抽象类型中！我们甚至都没有定义任何具体类型，但是我们能够开发通用代码，该代码适用于以后的 `Property` 的任何具体子类型。

Julia 语言的强大功能使我们可以在抽象级别上定义这些行为。让我们想象一下如果不允许我们在此级别定义函数并且只能实现具有特定具体类型的逻辑，那该怎么办？这种情况下，我们必须为不同类型的财产的每种组合定义一个单独的 `walking_distance` 函数。这对于开发人员来说简直太无聊了！

现在我们了解了抽象类型是如何工作的，让我们继续前进，看看如何在 Julia 中创建具体类型。

2.5.2　设计具体类型

具体类型用于定义数据的组织方式。在 Julia 中，有两种具体类型：

- 原始类型
- 复合类型

带有位数的基本类型。Julia 的 `Base` 包带有多种原始类型——有符号 / 无符号整数，它们的长度分别为 8 位、16 位、32 位、64 位或 128 位。目前 Julia 仅支持原始类型，其原始类型的位数是 8 的倍数。例如，如果我们的用例需要非常大的整数，则可以定义 256 位整数类型（32 字节）。如何做到这一点超出了本书的范围。如果你觉得这是一个有趣的项目，则可以在 GitHub 上查阅 Julia 的源代码，并了解如何实现现有的原始类型。实际上，Julia 语言很大程度上是用 Julia 本身编写的！

复合类型由一组命名字段定义。将字段分组为单一类型可简化推理、共享和操作。复合类型可以指定为特定的超类型，也可以默认为 Any。如果需要，还可以使用字段自己的类型来注释字段，并且类型可以是抽象的也可以是具体的。如果缺少字段的类型信息，则它们默认为 Any，这意味着该字段可以容纳任何类型的对象。

在本节中，我们将重点介绍复合类型。

设计复合类型

复合类型使用 struct 关键字定义。我们继续前面抽象类型部分中的示例，并构建我们的个人资产类型层次结构。

现在，我们将创建一个称为 Stock 的具体类型作为 Equity 的子类型。为简单起见，我们只用交易代码（symbol）和公司名称（name）来表示股票：

```
struct Stock <: Equity
    symbol::String
    name::String
end
```

我们可以使用标准构造函数实例化复合类型，该构造函数将所有字段用作参数。

```
julia> stock = Stock("AAPL", "Apple, Inc.")
Stock("AAPL", "Apple, Inc.")
```

由于 Stock 是 Equity 的子类型，而 Equity 是 Investment 的子类型，从而 Stock 又是 Investment 的子类型，同样也是 Asset 的子类型，因此，我们应该通过定义 describe 函数来遵守我们之前的契约：

```
function describe(s::Stock)
    return s.symbol * "(" * s.name * ")"
end
```

describe 函数仅以字符串形式返回包含交易代码和股票公司名称的股票。

不可变性

复合类型默认情况下是不可变的。这意味着在创建对象后，它们的字段不可更改。不可变性是一件好事，因为它消除了由于数据修改而导致系统行为意外更改时的意外情况。我们可以轻松证明在上一节中创建的具体 Stock 类型是不可变的。

```
julia> stock.name = "Apple LLC"
ERROR: setfield! immutable struct of type Stock cannot be changed
```

不可变性实际上最多就保证到字段级别。如果某个类型包含一个字段并且该字段自己的类型是可变的，则允许更改基础数据。让我们尝试一个不同的示例，方法是创建一个称为 BasketOfStocks 的新复合类型，该复合类型用于保存股票的数组（即一维数组）以及持有股票的原因：

```
struct BasketOfStocks
    stocks::Vector{Stock}
    reason::String
end
```

让我们创建一个用于测试的对象。

```
julia> many_stocks = [
           Stock("AAPL", "Apple, Inc."),
           Stock("IBM", "IBM")
       ];

julia> basket = BasketOfStocks(many_stocks, "Anniversary gift for my wife")
BasketOfStocks(Stock[Stock("AAPL", "Apple, Inc."), Stock("IBM", "IBM")], "An
niversary gift for my wife")
```

我们知道 BasketOfStocks 是不可变的类型，因此我们无法更改其中的任何字段。但是让我们看看是否可以从 stocks 字段中删除其中一个股票。

```
julia> pop!(basket.stocks)
Stock("IBM", "IBM")

julia> basket
BasketOfStocks(Stock[Stock("AAPL", "Apple, Inc.")], "Anniversary gift for my
 wife")
```

我们调用 pop！函数直接作用于 stock 对象，它会高兴地带走一半我赠送给我妻子的礼物！让我再重复一遍——不可变性对基础字段是没有任何影响的。

这种行为就是这么设计的。开发人员在对不可变性做出任何假设时都应该保持谨慎。

可变性

在某些情况下，我们实际上可能希望对象是可变的。只需在类型定义前面添加 mutable 关键字即可轻松移除不可变性的约束。为了使 Stock 类型可变，我们执行以下操作：

```
mutable struct Stock <: Equity
    symbol::String
    name::String
end
```

现在假设苹果公司更改其公司名称，尝试更新 name 字段。

```
julia> stock = Stock("AAPL", "Apple, Inc.")
Stock("AAPL", "Apple, Inc.")

julia> stock.name = "Apple LLC"
"Apple LLC"

julia> stock
Stock("AAPL", "Apple LLC")
```

name 字段已根据需要进行了更新。注意，当一个类型被声明为可变时，其所有字段都变为可变的。所以在这种情况下，我们也可以更改交易代码。这种行为可能是理想的，也可能不是理想的，需要分情况来看。在第 8 章中，我们将介绍一些可用于构建更具鲁棒性解决方案的设计模式。

可变还是不可变

可变对象看起来更加灵活，并为我们提供良好的性能。如果它这么好，那么为什么我们不希望默认情况下所有内容都是可变的呢？主要有以下两个原因：

- 不可变的对象更易于处理。由于对象中的数据是固定的，并且永远不变，因此在这些对象上运行的函数将始终返回一致的结果。这是一个非常不错的优点，不会给你带来“意外惊喜”。而且如果我们构建了一个缓存此类对象计算结果的函数，则缓存将始终保持良好状态并返回一致的结果。
- 可变对象在多线程应用程序中更难以使用。假设某个函数正在从可变对象中读取内容，但是该对象的内容是由另一个函数从不同线程中修改的。然后，当前函数可能会产生错误的结果。为了确保一致性，开发人员必须使用锁技术将读 / 写操作同步到对象。这种并发的处理会使代码更加复杂且难以测试。

还有一方面，可变性对于高性能用例可能有用，因为内存分配是一个相对昂贵的操作。我们可以通过重复使用分配的内存来减少系统开销。所以考虑所有因素之后，不可变对象通常是更好的选择。

使用 Union 类型以支持多种类型

我们有时需要在一个字段中支持多种类型，这种情况可以使用 `Union` 类型来完成。`Union` 类型定义为可以接受任何指定类型的类型。要定义 `Union` 类型，我们只需将 `Union` 关键字后的花括号括起来即可。例如，可以如下定义 `Int64` 和 `BigInt` 的 `Union` 类型：

```
Union{Int64,BigInt}
```

当你需要合并来自不同数据类型层次结构的数据类型时，`Union` 类型非常有用。让我们进一步扩展我们的个人资产例子。假设我们需要将一些奇特的项目合并到我们的数据模型中，其中可能包括艺术品、古董、名画等。这些新概念可能已经使用不同的类型层次结构进行了建模，如下所示：

```
abstract type Art end

struct Painting <: Art
    artist::String
    title::String
end
```

我的妻子喜欢收集名画，因此我可以将 `BasketOfStock` 类型归纳为 `BasketOfThings`，如下所示：

```
struct BasketOfThings
 things::Vector{Union{Painting,Stock}}
 reason::String
end
```

集合内的事物可以是 `Stock` 或 `Painting`。请记住重要的一点，Julia 是一种强类型语言，并且编译器必须知道哪种数据类型适合现有字段。让我们看看它是如何工作的。

```
julia> stock = Stock("AAPL", "Apple, Inc.",)
Stock("AAPL", "Apple, Inc.")

julia> monalisa = Painting("Leonardo da Vinci", "Monalisa")
Painting("Leonardo da Vinci", "Monalisa")

julia> things = Union{Painting,Stock}[stock, monalisa]
2-element Array{Union{Painting, Stock},1}:
 Stock("AAPL", "Apple, Inc.")
 Painting("Leonardo da Vinci", "Monalisa")

julia> present = BasketOfThings(things, "Anniversary gift for my wife")
BasketOfThings(Union{Painting, Stock}[Stock("AAPL", "Apple, Inc."), Painting
("Leonardo da Vinci", "Monalisa")], "Anniversary gift for my wife")
```

为了要创建包含 `Painting` 或 `Stock` 的数组，我们只需在方括号前面指定数组的元素类型，就像 `Union{Painting,Stock}[stock,monalisa]`。

`Union` 类型的语法可能非常冗长，尤其是存在两种以上类型时，因此使用定义了代表 `Union` 类型的有意义名称的常量是很常见的：

```
const Thing = Union{Painting,Stock}

struct BasketOfThings
    thing::Vector{Thing}
    reason::String
end
```

综上所述，`Thing` 比 `Union{Painting,Stock}` 更容易阅读。`Union` 类型还有一个好处是它可以在源代码的许多地方引用。当我们以后需要添加更多类型（如 `Antique` 类型）时，我们只需要在一个地方（即 Thing 的定义）更改它。这就意味着可以更轻松地维护代码。

在本节中，尽管我们选择使用诸如 `Stock` 和 `Painting` 之类的具体类型，但没有理由不能为 `Union` 类型使用诸如 `Asset` 和 `Art` 之类的抽象类型。

TIP `Union` 类型的另一种常见用法是将 `Nothing` 合并为字段的有效值。这可以通过声明具有 `Union {T,Nothing}` 类型的字段来实现，其中 `T` 是我们要使用的实际数据类型。在这种情况下，可以为该字段分配一个实际值或仅分配 `Nothing`。

接下来，我们将继续学习如何使用类型运算符。

2.5.3 使用类型运算符

Julia 的数据类型本身就是第一类实体。这意味着你可以将它们分配给变量或传递给函数，可以以各种方式对其进行操作。在以下各节中，我们将介绍两个常用的运算符。

isa 运算符

`isa` 运算符可用于确定值是否是类型的子类型，看下面的代码。

```
julia> 1 isa Int
true

julia> 1 isa Float64
false

julia> 1 isa Real
true
```

让我解释一下这些结果：

- 数字 1 是 Int 类型的实例，因此它返回 true。
- 因为 Float64 是不同的具体类型，所以它返回 false。
- 由于 Int 是 Signed 的子类型，而 Signed 是 Integer 的子类型，Integer 又是 Real 的子类型，因此返回 true。

isa 运算符对于检查接受泛型类型参数的函数中的类型可能很有用。但如果函数只能使用实数，则当偶然传递 Complex 值时，它可能会引发错误。

<: 运算符

超类型 – 子类型关系的运算符 <: 用于确定某个类型是否为另一种类型的子类型。以上一节中的第 3 个示例为例，我们可以检查 Int 是否确实是 Real 的子类型，如下所示。

```
julia> Int <: Real
true
```

有时，开发人员可能会对 isa 和 <: 运算符的用法感到困惑，因为它们非常相似。我们只需记住：isa 根据类型检查一个类型的值，而 <: 根据另一个类型检查一个类型的类型。这些运算符的描述文档实际上很有帮助。在 Julia REPL 中，输入 ? 和运算符可以查看文档。

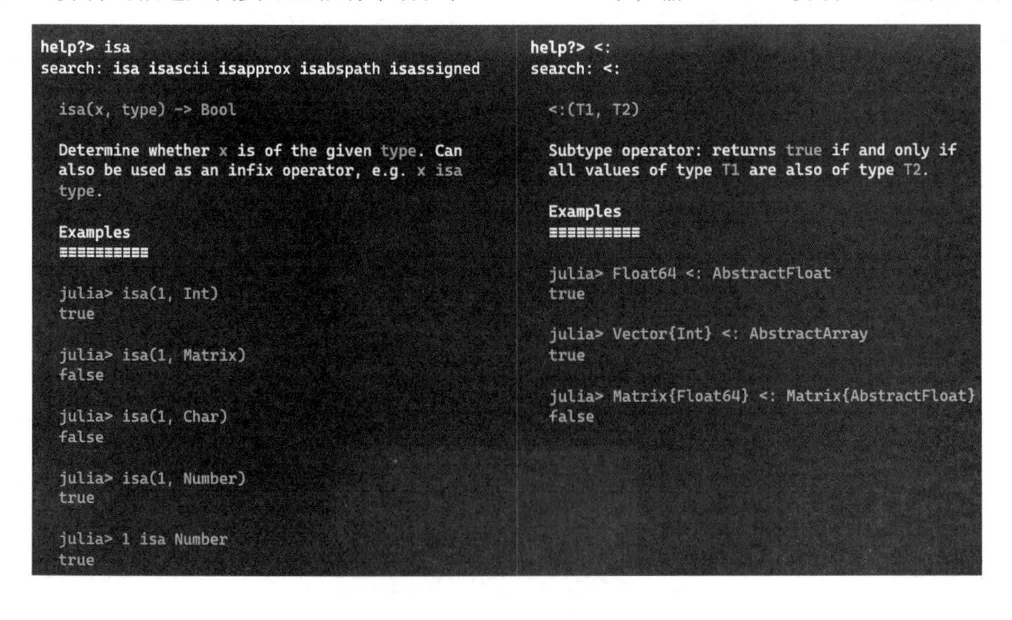

事实证明，`isa` 和 `<:` 都只是函数，但它们也可以用作中间的运算符。

这些运算符对于类型检查非常有用。例如，如果传递的参数没有正确的类型，则可以从构造函数中引发异常。它们也可以用于根据传递给函数的类型动态地执行不同的逻辑。

抽象类型和具体类型是 Julia 中数据类型的基本构建模块。快速浏览一下它们之间的差异是值得的。接下来，我们将研究具体细节。

2.5.4 抽象类型和具体类型的差异

在讨论了抽象类型和具体类型之后，你可能想知道它们之间的区别。我们可以在表 2-2 中总结它们的区别。

表 2-2

问题	抽象类型	具体类型
有子类型吗？	有	有
允许子类型吗？	允许	不允许
包含数据字段吗？	不包含	包含
第一类实体？	是	是
可以作为 `Union` 类型吗？	可以	可以

对于抽象类型，我们可以构建类型的层次结构。顶级类型是 `Any`。抽象类型不能包含任何数据字段，因为它们用于表示概念而不是数据存储。抽象类型是第一类实体的，这意味着它们可以存储和传递，并且可以使用它们的函数，例如 `isa` 和 `<:` 运算符。

具体类型与抽象类型作为超类型相关联。如果未指定超类型，则假定它为 `Any`。具体类型不允许子类型。这意味着每个具体类型必须是最终类型，并且将是类型层次结构中的叶节点。和抽象类型一样，具体类型也是第一类实体。

`Union` 类型可以引用抽象类型和具体类型。

我们刚提到的内容可能会让来自面向对象编程背景的人感到惊讶。首先，你可能想知道为什么具体类型不允许子类型。其次，你可能想知道为什么不能使用字段定义抽象类型。实际上，这种设计是有意为之的，并且由核心 Julia 开发团队进行了激烈的辩论。辩论涉及行为继承与结构继承，这将在第 12 章中进行讨论。

现在，让我们切换一下思维，来看看 Julia 语言的参数类型功能。

2.6 使用参数化类型

Julia 语言最强大的功能之一就是能够对类型进行参数化。实际上，很难找到不使用此功能的 Julia 包。参数化类型允许软件设计人员归纳类型，并让 Julia 运行时根据指定的参数自动编译为具体类型。

让我们看一下它如何与复合类型和抽象类型一起使用。

2.6.1 使用参数化复合类型

在设计复合类型时，我们应该为每个字段分配一个类型。只要类型可以提供我们所需的功能，我们就根本不会在意这些类型是什么。

一个经典的例子是数字类型。数字的概念很简单：与我们在小学时所教的基本相同。实际上，由于数据的不同的物理存储和数据表示，因此在计算机系统中实现了许多数字类型。

默认情况下，Julia 附带如图 2-7 所示的数字类型（具体类型是深色底）。

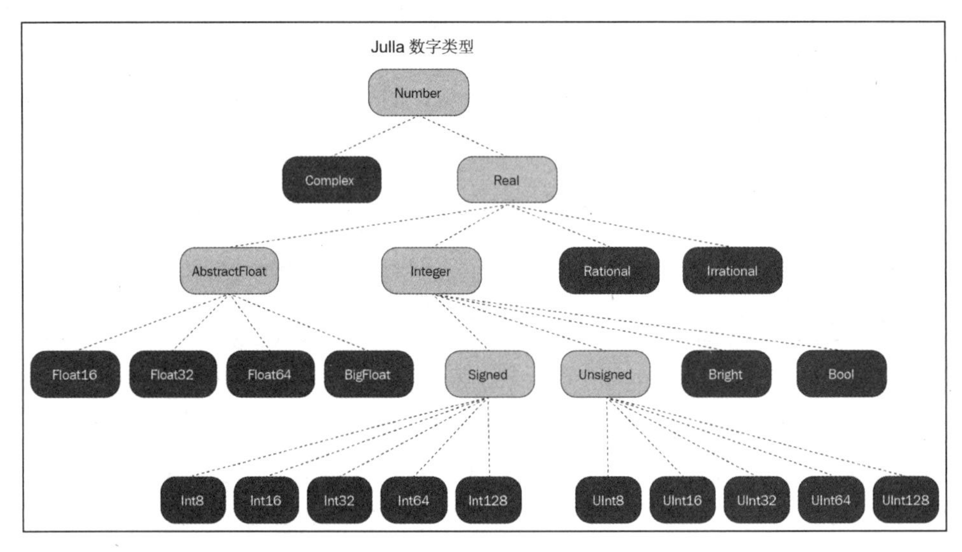

图 2-7

你是否还记得我们在本章前面设计复合类型来代表投资组合中的股票？让我们在这里重新查看该示例：

```
struct Stock <: Equity
    symbol::String
    name::String
end
```

如果我必须在经纪账户中持有一些股票，那么我还应该能追踪自己拥有的股票数量。为此，我定义一个名为 `StockHolding` 的新类型，如下所示：

```
struct StockHolding
    stock::Stock
    quantity::Int
end
```

默认情况下，`Int` 数据类型的别名为 `Int64` 或 `Int32`，具体取决于你使用的是 Julia 的 64 位版本还是 32 位版本。一开始这似乎很合理，但是如果我们需要在不同的用例中支持小数怎么办？在这种情况下，我们可以将 `quantity` 类型更改为 Float64：

```
struct StockHolding
    stock::Stock
    quantity::Float64
end
```

我们基本上将 `quantity` 字段的类型扩展为既支持整数值又支持浮点值的类型。这可能是一种合理的方法，但是如果我们需要同时支持 `Int` 和 `Float64` 类型，那么我们必须维护两个略有不同的类型。悲剧的是，如果我们确实创建了两种不同的类型，那么它将成为程序维护的噩梦。

为了使其更加灵活，我们可以使用参数重新设计 `StockHolding` 类型：

```
struct StockHolding{T}
    stock::Stock
    quantity::T
end
```

花括号内的符号 `T` 称为类型参数。它作为占位符，可以在任何字段中用作类型。现在两全其美。`StockHolding{Int}` 类型是指包含 `Int` 类型的 `quantity` 字段的类型。同样，`StockHolding {Float64}` 是指包含 `Float64` 类型的 `quantity` 字段的类型。

实际上，`T` 类型参数只能是数字类型，因此我们可以进一步将 `T` 限定为 `Real` 的任何子类型：

```
struct StockHolding{T <: Real}
    stock::Stock
    quantity::T
end
```

这是我们的阅读方式——`StockHolding` 类型包含一个股票和作为 `Real` 子类型的 `T` 类型的一个股权。这意味着我们可以创建一个 `quantity` 类型为 `Float16`、`Float32`、`Float64`、`Int8`、`Int16`、`Int32` 等的新 `StockHolding`。让我们尝试使用不同类型的类型参数（例如 `Int`、`Float64` 和 `Rational`）实例化 `StockHolding` 对象。

```
julia> stock = Stock("AAPL", "Apple, Inc.");

julia> holding = StockHolding(stock, 100)
StockHolding{Int64}(Stock("AAPL", "Apple, Inc."), 100)

julia> holding = StockHolding(stock, 100.00)
StockHolding{Float64}(Stock("AAPL", "Apple, Inc."), 100.0)

julia> holding = StockHolding(stock, 100 // 3)
StockHolding{Rational{Int64}}(Stock("AAPL", "Apple, Inc."), 100//3)
```

我们可以发现，根据传递给构造函数的参数自动创建了不同的 `StockHolding{T}` 类型。

参数类型的另一种用途是强制字段类型的一致性。假设我们要设计另一种所持股票对象来追踪所持股票的价格和市场价值。为了避免与前一个混淆，我们将其称为 `StockHolding2`。下面是它的定义：

```
struct StockHolding2{T <: Real, P <: AbstractFloat}
    stock::Stock
    quantity::T
    price::P
    marketvalue::P
end
```

由于 `quantity` 的类型可能与 `price` 和 `marketvalue` 的类型不同，我们添加了一个新的类型参数 `P`。现在，我们可以实例化一个 `StockHolding2` 对象，该对象包含整数的股票，同时具有价格和市场价值字段的浮点值。

```
julia> holding = StockHolding2(stock, 100, 180.00, 18000.00)
StockHolding2{Int64,Float64}(Stock("AAPL", "Apple, Inc."), 100, 180.0, 18000.0)
```

请注意，如前面的截图所示类型为 `StockHolding2{Int64,Float64}`。在这种情况下，类型参数 `T` 为 `Int64`，参数 `P` 为 `Float64`。

当我们声明 `price` 和 `marketvalue` 字段都必须是同一类型 `P` 时，Julia 是否为我们强制执行此规则？试一试吧。

```
julia> holding = StockHolding2(stock, 100, 180.00, 18000)
ERROR: MethodError: no method matching StockHolding2(::Stock, ::Int64, ::
Float64, ::Int64)
Closest candidates are:
  StockHolding2(::Stock, ::T, ::P, ::P) where {T<:Real, P<:AbstractFloat}
 at REPL[51]:2
Stacktrace:
 [1] top-level scope at REPL[53]:1
```

它的确强制执行了。我们正确地收到了一个错误，因为我们为 `price` 传递了 `Float64` 值，但为 `marketvalue` 传递了 `Int64`。让我们仔细看看错误消息，该错误消息表明了系统的期望。`StockHolding2` 的最接近候选函数的第三个和第四个参数采用 `P` 类型，其中 `P` 是 `AbstractFloat` 的任何子类型。因为 `In64` 不是 `AbstractFloat` 的子类型，所以没有匹配，因此引发了错误。

参数类型也可以是抽象的。接下来，我们将继续进行讨论。

2.6.2 使用参数化抽象类型

复合类型可以以参数化的方式进行增强，抽象类型同样也可以。让我们继续前面的例子，假设我们要构建一个名为 `Holding` 的抽象类型，该抽象类型跟踪其子类型使用的 `P` 类型。我们可以编写如下代码：

```
abstract type Holding{P} end
```

然后 `Holding{P}` 的每个子类型还必须带有一个 `P` 类型参数。例如，我们可以创建两个新类型 `StockHolding3{T,P}` 和 `CashHolding{P}`：

```
struct StockHolding3{T, P} <: Holding{P}

 stock::Stock
```

```
    quantity::T
    price::P
    marketvalue::P
end

struct CashHolding{P} <: Holding{P}
    currency::String
    amount::P
    marketvalue::P
end
```

我们可以检查这些类型之间的关系，如下所示。

```
julia> StockHolding3{Int64,Float64} <: Holding{Float64}
true
```

我们再创建一个新的 StockHolding3 对象。

```
julia> certificate_in_the_safe = StockHolding3(stock, 100, 180.00, 18000.00)
StockHolding3{Int64,Float64}(Stock("AAPL", "Apple, Inc."), 100, 180.0, 18000.0)

julia> certificate_in_the_safe isa Holding{Float64}
true
```

如我们期望的一样，certificate_in_the_safe 对象是 Holding{Float64} 的子类型

请注意，在对类型进行参数化时，每个变体都被视为与其他变体无关的单独类型，只是它们具有共同的超类型。例如，Holding{Int} 与 Holding {Float64} 是不同的类型，但是它们都是 Holding 的子类型。让我们快速证实一下。

```
julia> Holding{Float64} <: Holding
true

julia> Holding{Int} <: Holding
true
```

总而言之，Julia 附带了一个非常丰富的类型系统，开发人员可以使用它来推理每种类型与其他类型的关系。抽象类型使我们能够定义关系层次结构中的行为，而具体类型则用于定义数据的存储方式。参数化类型用于将现有类型扩展为字段类型的变体。所有这些语言构造都使开发人员可以有效地对数据和行为进行建模。

接下来，我们将研究数据类型转换及它如何应用于函数。

2.7　数据类型转换

我们经常利用现有的库函数将数据从一种类型转换为另一种类型。一个很好的例子就是标准数值数据类型。在大多数数学函数中，将日期从整数转换为浮点数是一种常见的用例。

在这一小节中，我们将学习如何在 Julia 中执行数据类型转换。事实证明，数据类型转换应显式实现。但由于实现了一组默认规则，使得它们可以自动进行转换。

2.7.1 执行简单的数据类型转换

有两种方法可以将值从一种数据类型转换为另一种数据类型。显而易见的选择是从现有值构造一个新对象。例如，我们可以从有理数构造 `Float64` 对象，如下所示。

```
julia> Float64(1//3)
0.3333333333333333
```

另一种方法是使用 `convert` 函数。

```
julia> convert(Float64, 1//3)
0.3333333333333333
```

两种方法都可以正常工作。在考虑性能优化时，使用 `convert` 函数有一个优势，我们将在后面进行解释。

2.7.2 注意有损转换

说到转换，重要的是考虑转换是无损的还是有损的。通常期望数据类型转换是无损的，这意味着，当你从一种类型转换为另一种类型并转换回来时，你将获得相同的值。

由于浮点数的数值表示，这种完美转换并不总是可能的。例如，让我们尝试将 `1//3` 转换为 `Float64`，然后再将其转换回 `Rational`。

```
julia> convert(Float64, 1//3)
0.3333333333333333

julia> convert(Rational, convert(Float64, 1//3))
6004799503160661//18014398509481984
```

由于舍入误差，在将 `1//3` 转换为 `Float64` 类型后无法对其进行重构。该问题不仅限于 `Rational` 类型。我们可以通过将值从 `Int64` 转换为 `Float64` 并将其转换回来轻松地再次解决这一点，如下所示。

```
julia> 2^53+1
9007199254740993

julia> convert(Int64, convert(Float64, 2^53+1))
9007199254740992
```

我们可以看到这里有精度损失。尽管我们可能对这些结果不太满意，但是只要使用 `Float64` 类型，实际上在这里我们就无能为力了。`Float64` 类型是根据 IEEE 754 浮点规范实现的，并且预期会携带精度错误。如果需要更高的精度，可以改用 `BigFloat`，它可以解决此问题。

```
julia> convert(Int64, convert(BigFloat, 2^53+1))
9007199254740993
```

在处理浮点值时，我们应谨慎对待精度问题。

2.7.3　理解数字类型转换

出于安全原因，Julia 不会自动对数据类型执行转换。每次转换都必须由开发人员显式地指定。

为了使每个人都更容易，Julia 默认情况下已经包含数字类型的转换函数。例如，你可以从 `Base` 包中找到这段有趣的代码：

```
convert(::Type{T}, x::T) where {T<:Number} = x
convert(::Type{T}, x::Number) where {T<:Number} = T(x)
```

这两个函数的第一个参数都是 `Type{T}` 类型，其中 `T` 是 `Number` 的子类型。有效值包括所有标准数字类型，例如 `Int64`、`Int32`、`Float64`、`Float32` 等。

让我们进一步了解这两个函数：

- 第一个函数表示，只要 `T` 是 `Number` 的子类型，当我们想将 `x` 从 `T` 类型转换为 `T` 类型（相同类型）时，就很容易返回参数 `x` 本身。这可以视为性能优化，因为当目标类型与输入相同时，实际上不需要进行任何转换。
- 第二个函数更有趣。为了将 `Number` 的子类型 `x` 转换为同是 `Number` 的子类型 `T` 的类型，它仅使用 `x` 调用 `T` 类型的构造函数。换句话说，此函数可以处理任何 `Number` 类型到 `Number` 的子类型的另一类型的转换。

你可能想知道为什么我们不首先使用构造函数。这是因为 `convert` 函数被设计为可以针对各种常见用例进行自动调用。从前面的内容中可以看到，这种额外的间接访问还使我们在不需要转换时可以绕过构造函数。

`convert` 何时被调用呢？答案是，除了一些特定场景，Julia 不会自动执行此操作。我们将在 2.7.4 节中探讨这些场景。

2.7.4　重温自动转换规则

由于数据类型转换是一个标准操作，因此 Julia 在以下情况下被设计为自动调用 `convert` 函数：

1）赋值给数组会将值转换为该数组的元素类型。

2）赋值给对象的字段会将值转换为该字段的声明类型。

3）使用 `new` 构造对象会将值转换为该对象的声明的字段类型。

4）赋值给具有声明类型的变量会将值转换为该类型。

5）具有声明的返回类型的函数会将其返回值转换为该类型。

6）将值传递给 `ccall` 会将值转换为相应的参数类型。

让我们确认上面所述的场景。

场景 1：给数组赋值

在下面的示例中，将值 `1` 分配给 `Float64` 数组会将前者转换为浮点值 `1.0`。

```
julia> x = rand(3)
3-element Array{Float64,1}:
 0.7382481817919213
 0.9383605464352593
 0.600077313229175

julia> x[1] = 1
1

julia> x
3-element Array{Float64,1}:
 1.0
 0.9383605464352593
 0.600077313229175
```

场景 2：给对象的一个字段赋值

在下面的示例中，`Foo` 结构接受 `Float64` 字段。为该字段分配值 2 时，它将转换为 `2.0`。

```
julia> mutable struct Foo
           x::Float64
       end

julia> foo = Foo(1.0)
Foo(1.0)

julia> foo.x = 2
2

julia> foo
Foo(2.0)
```

场景 3：使用 new 构造一个对象

在下面的示例中，`Foo` 构造函数在创建 `Foo` 对象时自动将 `1` 转换为 `1.0`。

```
julia> struct Foo
           x::Float64
           Foo(v) = new(v)
       end

julia> Foo(1)
Foo(1.0)
```

场景 4：给具有声明类型的变量赋值

在下面的示例中，局部变量 `x` 被声明为 `Float64` 类型。为它分配值 `1` 时，它将转换为 `1.0`。

```
julia> function foo()
           local x::Float64
           x = 1
           println(x, " has type of ", typeof(x))
       end
foo (generic function with 1 method)

julia> foo()
1.0 has type of Float64
```

场景 5：具有声明的返回类型的函数

在下面的示例中，声明 `foo` 函数以返回 `Float64` 值。即使 `return` 语句显示为 `1`，在返回之前它也会转换为 `1.0`。

```
julia> function foo()::Float64
           return 1
       end
foo (generic function with 1 method)

julia> foo()
1.0
```

场景 6：将值传递给 ccall

在下面的示例中，来自C语言函数库中的 `exp` 函数用于计算指数。它期望将 `Float64` 值作为参数，因此当值 2 传递给 `ccall` 时，它会在传递给 `exp` 函数之前转换为 `2.0`。

```
julia> ccall((:exp, "libc"), Float64, (Float64,), 2)
7.38905609893065
```

一切都很好，但是似乎又缺少了一些东西。一种最常见的用例：将参数传递给函数是如何处理的呢？如果 Julia 也自动转换参数，是否不会调用它？答案可能有点令人惊讶。让我们在 2.7.5 节中更详细地介绍一下。

2.7.5 理解函数分派规则

Julia 是一种强类型语言，这意味着开发人员必须非常清楚要传递的类型。仅当函数的参数类型正确匹配时，才能调用该函数（也称为分派）。可以将适当的匹配定义为完全匹配（相同类型）的匹配，或者将要传递的参数是函数签名中期望的子类型时匹配。

为了说明这一点，让我们创建一个函数，将其 `AbstractFloat` 类型的参数值加倍。我们将使用 `subtypetree` 工具函数快速找到其子类型。

```
julia> subtypetree(AbstractFloat)
AbstractFloat
    BigFloat
    Float16
    Float32
    Float64

julia> twice(x::AbstractFloat) = 2x;

julia> twice(1.0)
2.0

julia> BigFloat("1.5e1234")
1.500000000000000000000000000000000000000000000000000000000000000000000000000
000007e+1234
```

如果我们将整数传递给函数会怎样？事实证明它不太好用。

```
julia> twice(2)
ERROR: MethodError: no method matching twice(::Int64)
```

我们可能天真地认为系统应该将参数自动转换为 Float64，然后将该值加倍。但事实并非如此。这不是转换问题。为了获得这种效果，我们显然可以编写另一个带有 Int 参数的函数，然后将其转换为 Float64，之后调用原始函数。但是代码看起来完全一样，这是重复的工作。只需更通用地编写函数即可解决此问题。

```
julia> twice(x) = 2x
twice (generic function with 2 methods)

julia> twice(1.0)
2.0

julia> twice(1)
2
```

如果我们认为参数必须是 Number，则可以如下再次限制它。

```
julia> twice(x::Number) = 2x
twice (generic function with 3 methods)

julia> twice(2.0)
4.0

julia> twice(2)
4

julia> twice(2//3)
4//3
```

我们在这里选择做什么取决于我们希望的函数的灵活性。指定一个抽象类型（例如 Number）的好处是，我们确信该函数对于实现 Number 设置的行为的任何类型都可以正常工作。另一方面，如果我们在函数定义中将其保留为非类型，那么只要定义了 * 运算符，我们就有可能将其他对象传递给函数。

本节中我们学习了如何在 Julia 中执行数据类型转换。在某些场景中，Julia 还可以自动转换数字类型。

2.8 小结

在本章中，我们开始讨论为大型应用程序组织源代码的重要性。我们详细探讨了如何建立命名空间以及如何使用模块和子模块来实现它们。为了管理包的依赖关系，我们引入了语义版本控制的概念，并学习了如何在 Julia 的包管理器中正确使用它。

然后，我们详细介绍了如何设计抽象类型层次结构并定义抽象类型的函数。我们还讨论了具体类型以及不可变性和可变性的概念。我们演示了在处理来自不同抽象类型层次结构的数据类型时如何使用 Union 类型。我们研究了两种常见的数据类型运算符（isa 和

`<:`)。为了进一步重用数据化类型，我们介绍了参数化类型，并研究了它们如何应用于具体类型和抽象类型。

最后，我们研究了 Julia 中的 `convert` 函数以及在某些情况下如何自动调用它。我们了解了 Julia 的函数分派的工作原理，以及如何通过在其参数中接受更广泛的抽象类型来使函数更灵活。

在这一点上，你应该对如何组织代码和设计自己的数据类型有很好的了解。

在第 3 章中，我们将研究如何使用函数和 Julia 的多重分派工具来定义应用程序行为。

2.9 问题

1. 如何创建一个新的命名空间?
2. 如何将模块的函数暴露?
3. 从不同的包中暴露相同的函数名称时，我们如何引用适当的函数?
4. 什么时候将代码分成多个模块?
5. 为什么语义版本控制在管理包依赖关系中很重要?
6. 为抽象类型定义函数行为有何用处?
7. 应该什么时候使类型可变?
8. 参数化类型有何用处?

Chapter 3 第3章

设计函数和接口

本章我们将继续研究Julia的基本概念。我们将重点讨论函数和接口相关的Julia核心编程技术，为Julia编程的核心概念提供坚实的基础。函数是软件的基本组成部分，接口是软件不同组件之间的契约关系。有效地使用函数和接口是构建可靠的应用程序的必要条件。

本章将涵盖以下主题：

- 函数
- 多重分派
- 参数化方法
- 接口

作为学习过程的一部分，我们将以游戏设计作为用例。具体地说，我们将模拟构建一个太空战争游戏，其中包含飞船和小行星零件。我们将建立函数来移动游戏零件，并为飞船配备武器以炸毁东西。

学完本章，你将具备有效设计和开发函数的必要知识。通过使用多重分派和参数化方法，使应用程序变得更加易于扩展。学习这些技术后，你还应该能够设计一个包含基于接口的可插拔组件的系统。我等不及了，让我们开始吧！

3.1 技术要求

本章中的示例源代码位于 https://github.com/PacktPublishing/Hands-on-Design-Patterns-and-Best-Practices-with-Julia/tree/master/Chapter03。

该代码在 Julia 1.3.0 环境中进行了测试。

3.2 设计函数

函数是 Julia 的核心组件，用于定义应用程序的行为。事实上，Julia 的工作方式更像是过程 / 函数式编程语言，而不是面向对象的编程语言。在面向对象的编程中，我们主要关注构建类及在类中定义函数。在 Julia 中，我们更关注构建数据类型或对数据结构进行操作的函数。

在本节中，我们将演示如何定义函数以及函数所具有的强大功能。

3.2.1 用例——太空战争游戏

在本章中，我们将通过构建太空战争游戏的各个部分来阐述编程概念。游戏的设计非常简单明了，它由散布在二维网格周围的游戏零件（例如飞船和小行星）组成。这些游戏零件在我们的程序中称为小部件。

首先让我们定义数据类型，如下代码所示：

```
# Space war game!

mutable struct Position
    x::Int
    y::Int
end

struct Size
    width::Int
    height::Int
end

struct Widget
    name::String
    position::Position
    size::Size
end
```

由于数据类型是我们设计的核心，因此需要更多说明：

- Position 类型用于存储游戏零件的坐标。它由两个整数表示：x 和 y。
- Size 类型用于存储游戏零件的大小。它由两个整数表示：width 和 height。
- Widget 类型用于容纳单个游戏零件。它由 name、position 和 size 表示。

需要注意的是，Position 类型是可变的，因为我们期望游戏零件仅通过更新其坐标即可移动。

接下来，我们将讨论如何定义函数。

3.2.2 定义函数

实际上，我们可以使用两种不同的语法来定义一个函数：

- 第一种方法是一个简单的单行代码，其中包含函数的签名和主体。

❑ 第二种方法使用带有签名的 function 关键字，然后是代码块和 end 关键字。

如果函数足够简单（例如如果只有一条指令），那么最好在一行中编写该函数。这种函数定义样式在科学计算项目中非常常见，因为许多函数只是模仿相应的数学公式。

对于我们的游戏来说，只需编写四个函数即可通过修改小部件的坐标在游戏板上移动游戏零件。

```
# single-line functions
move_up!(widget, v)    = widget.position.y -= v
move_down!(widget, v)  = widget.position.y += v
move_left!(widget, v)  = widget.position.x -= v
move_right!(widget, v) = widget.position.x += v
```

在 Julia 中编写单行函数是一种惯用的形式。不同编程背景的人们可能会发现编写如下所示的更详细的多行会更直观。两种形式都没有错，都可以正常工作：

```
# long version
function move_up!(widget, v)
    widget.position.y -= v
end
```

关于如何编写这些函数，需要牢记一些注意事项：

❑ **下划线的使用**：函数名称中使用下划线分隔单词。根据 Julia 的官方手册约定，单词要连在一起而不要任何分隔符，除非它变得太混乱或难以阅读。我个人认为下划线应始终用于多词函数名称，因为它可以增强可读性并使代码更一致。

❑ **感叹号的使用**：函数名称中包含感叹号，以表示该函数使正在传递到自身中的对象的状态发生变异。这是一个好习惯，因为它提醒开发人员调用该函数时会有副作用。

❑ **鸭子类型**：你可能想知道为什么函数参数未使用任何类型信息进行注释。在 move_up! 函数中，虽然没有任何类型注释，但是我们希望在使用该函数时，widget 参数具有 Widget 类型，而 v 具有 Int 类型。这是一个非常有意思的话题，我们将在 3.2.3 节中进一步讨论。

如你所见，定义函数是一个相当简单的任务，Julia 处理函数参数的方式非常有趣。接下来，我们将继续进行讨论。

3.2.3 注释函数参数

在没有任何多态性的静态类型语言（例如 C 或 Fortran）中，每个参数都必须使用确切的类型指定。但是，Julia 是动态类型，并支持鸭子类型——如果它走路像鸭子，像鸭子一样嘎嘎叫，那它就是鸭子。编译器查看传递到函数中的运行时类型，并编译专用于这些类型的适当方法，所以在源代码中根本不需要类型信息。根据参数类型在整个方法主体中推导类型的过程称为类型推断。

因此，根本不需要使用类型信息来注释函数参数。人们有时会产生一种印象，即他们在 Julia 代码中放置参数类型注释会提高性能，但其实并非如此。对于方法签名，类型对性能没有影响，它们仅用于控制调度。

你会选择什么呢？是否对参数进行类型注释呢？

无类型参数

当函数自变量没有使用类型信息时，函数实际上更加灵活。为什么？这是因为它可以与传递给函数的任何类型一起使用。比如说，未来坐标系将从 Int 更改为 Float64。发生这种情况时，无须更改函数，它可以正常工作！

相反，使所有类型都保持无类型可能不是最好的主意，因为该函数不能真正与世界上定义的每种可能的数据类型一起使用。此外，它通常可能会导致模糊的异常消息，并使程序更难以调试。例如，如果我们错误地将 Int 值作为 Widget 参数传递给 move_up！函数，那么它将报错——Int64 没有 position 字段。

```
julia> move_up!(1, 2)
ERROR: type Int64 has no field position
```

该错误消息非常模糊。我们可以做些什么来使调试更容易一些？答案是我们可以提供函数参数的类型。让我们看看如何做到这一点。

类型化参数

我们知道，对 move 函数的实现带有一些隐式设计假设：

- v 的值应为数值，如 + 或 - 运算符所暗示的那样。
- widget 必须是 Widget 对象，或者至少包含 Position 对象，如对 position 字段的访问所暗示的那样。

由于这些原因，使用一些类型信息来定义函数通常更安全。move_up! 函数可以按如下方式被重新定义：

```
move_up!(widget::Widget, v::Int) = widget.position.y -= v
```

如果我们以相同的方式定义所有 move 函数，则调试会变得更加容易。假设我们通过传递整数作为第一个参数而犯了与前面代码相同的错误，那么我们将收到一条更明确的错误信息。

```
julia> move_up!(1, 2)
ERROR: MethodError: no method matching move_up!(::Int64, ::Int64)
Closest candidates are:
  move_up!(::Widget, ::Int64) at REPL[4]:1
```

Julia 编译器将直接告诉我们，不存在这种参数类型的函数，而不是去尝试使用错误类型的参数运行该函数从而导致未知的后果。

在继续讨论下一个主题之前，让我们玩一下游戏。为了在 Julia REPL 中更好地显示这些对象，我们可以定义一些 show 函数，如下所示：

```
# Define pretty print functions
Base.show(io::IO, p::Position) = print(io, "(", p.x, ",", p.y, ")")
Base.show(io::IO, s::Size) = print(io, s.width, " x ", s.height)
```

```
Base.show(io::IO, w::Widget) = print(io, w.name, " at ", w.position, " size
", w.size)
```

这些 `Base.show` 函数提供了需要在特定 I/O 设备（例如 REPL）上显示 `Position`、`Size` 或 `Widget` 对象时使用的实现。通过定义这些函数，我们可以获得更好的输出。

请注意，`Widget` 类型的 `show` 函数将打印小部件的名称、位置和大小。对应 `Position` 和 `Size` 类型的 show 函数将从 `print` 函数中调用。

TIP show 函数带有另一种形式 `show（io,mime,x）`，因此可以针对不同的 MIME 类型以不同的格式显示值 **x**。

MIME 表示多用途 Internet 邮件扩展，也称为媒体类型。它是用于指定数据流类型的标准。例如，`text/plain` 表示纯文本流，`text/html` 表示具有 HTML 内容的文本流。

`show` 函数的默认 MIME 类型是 `text/plain`，这实际上是我们在 Julia REPL 环境中使用的类型。如果我们在 Jupyter 之类的 Notebook 环境中使用 Julia，那么我们可以提供一个 `show` 函数，该函数使用 MIME 类型的 `text/html`，以此在 HTML 中提供其他格式。

最后，让我们对其进行测试。我们可以通过调用各种 `move` 函数来围绕小行星游戏零件移动，如下所示：

```
# let's test these functions
w = Widget("asteroid", Position(0, 0), Size(10, 20))
move_up!(w, 10)
move_down!(w, 10)
move_left!(w, 20)
move_right!(w, 20)

# should be back to position (0,0)
print(w)
```

请注意，小行星小部件的输出格式与我们对其编码的方式完全相同，结果如下。

```
julia> w = Widget("asteroid", Position(0, 0), Size(10, 20))
asteroid at (0,0) size 10 x 20

julia> move_up!(w, 10)
-10

julia> move_down!(w, 10)
0

julia> move_left!(w, 20)
-20

julia> move_right!(w, 20)
0

julia> print(w)
asteroid at (0,0) size 10 x 20
```

使用类型化参数来定义函数通常被认为是一种好习惯，因为该函数只能使用参数的特定数据类型。另外，从客户端的使用角度来看，仅通过查看函数定义，就可以清楚地看到该函数需要什么。

有时，使用无类型参数来定义函数会更有利。例如，标准 `print` 函数具有一个类似于 `print(io::IO, x)` 的函数签名。目的是保证 `print` 函数可用于所有可能的数据类型。
一般来说，这应该是一个例外，而不是规范。在大多数情况下，使用类型化参数更有意义。

接下来，我们将讨论如何为参数提供默认值。

3.2.4 使用可选参数

有时，我们不想对函数中的任何值进行硬编码。通用的解决方案是提取硬编码的值并将其放入函数参数工作。在 Julia 中，我们还可以为参数提供默认值。当我们具有默认值时，参数将变为可选的。

为了说明这个概念，让我们编写一个生成一堆小行星的函数：

```
# Make a bunch of asteroids
function make_asteroids(N::Int, pos_range = 0:200, size_range = 10:30)
    pos_rand() = rand(pos_range)
    sz_rand() = rand(size_range)
    return [Widget("Asteroid #$i",
                Position(pos_rand(), pos_rand()),
                Size(sz_rand(), sz_rand()))
        for i in 1:N]
end
```

该函数将参数 `N` 指定为小行星的数量。它还接受位置范围 `pos_range` 和 `size_range`，用于创建随机大小的小行星，这些小行星随机放置在我们的游戏地图上。你可能会注意到，我们还直接在 `make_asteroid` 函数的主体内部定义了两个单行函数 `pos_rand` 和 `sz_rand`。这些函数仅在这个函数范围内有效。

让我们在无须为 `pos_range` 或 `size_range` 指定任何值的情况下尝试一下。

```
julia> asteroids = make_asteroids(5)
5-element Array{Widget,1}:
 Asteroid #1 at (86,130) size 15 x 29
 Asteroid #2 at (110,138) size 10 x 20
 Asteroid #3 at (188,69) size 29 x 15
 Asteroid #4 at (187,194) size 15 x 13
 Asteroid #5 at (33,124) size 29 x 20
```

但是它们是可选的，也能使用我们提供的自定义值。例如，我们可以通过指定更窄的范围将小行星彼此放置得更近。

```
julia> asteroids = make_asteroids(5, 1:10)
5-element Array{Widget,1}:
 Asteroid #1 at (9,3) size 12 x 28
 Asteroid #2 at (6,8) size 19 x 17
 Asteroid #3 at (8,10) size 19 x 22
 Asteroid #4 at (5,5) size 12 x 11
 Asteroid #5 at (4,1) size 14 x 13
```

这个魔法从何而来呢？如果从 REPL 进入 `make_asteroid` 函数时按下 Tab 键，你可能会注意到单个函数定义以三种方法结束。

什么是函数和方法？

函数在 Julia 中是泛型的。这意味着我们可以通过定义具有相同名称但采用不同类型参数的各种方法来扩展函数的用途。

因此，Julia 中的每个函数都可以与一个或多个相关方法相关联。

在内部，Julia 为不同的签名自动创建一种方法。

```
julia> make_asteroids
make_asteroids (generic function with 3 methods)

julia> make_asteroids(        press Tab key twice
make_asteroids(N::Int64) in Main at REPL[18]:3
make_asteroids(N::Int64, pos_range) in Main at REPL[18]:3
make_asteroids(N::Int64, pos_range, size_range) in Main at REPL[18]:3
```

查找函数方法的另一种方法是只使用来自 Julia `Base` 包的 `methods` 函数。

```
julia> methods(make_asteroids)
# 3 methods for generic function "make_asteroids":
[1] make_asteroids(N::Int64) in Main at REPL[18]:3
[2] make_asteroids(N::Int64, pos_range) in Main at REPL[18]:3
[3] make_asteroids(N::Int64, pos_range, size_range) in Main at REPL[18]:3
```

当然，我们可以完全指定所有参数，如下代码所示：

```
julia> asteroids = make_asteroids(5, 100:5:200, 200:10:500)
5-element Array{Widget,1}:
 Asteroid #1 at (140,180) size 360 x 470
 Asteroid #2 at (150,155) size 210 x 420
 Asteroid #3 at (150,130) size 250 x 430
 Asteroid #4 at (140,170) size 340 x 450
 Asteroid #5 at (135,190) size 500 x 250
```

如上图所示，为位置参数提供默认值非常方便。在通常接受默认值的情况下，调用函数变得更简单，因为它不必指定所有参数。

但是，这里有些奇怪的地方——代码变得越来越难以阅读，如 `make_asteroids(5,100:5:200, 200:10:500)`。`5,100:5:200` 和 `200:10:500` 是什么意思？这些参数看起来很难懂，开发人员可能不查源代码或手册就不记得它们的含义。一定有更好的方法！接下来，我们将检查如何使用关键字参数解决此问题。

3.2.5 使用关键字参数

可选参数的一个缺点是，调用时必须与定义的顺序相同。当有更多参数时，调用的可读性就不好，不易判定哪个值对应第几个参数。在这种情况下，我们可以使用关键字参数来提高可读性。

让我们重新定义 make_asteroid 函数，如下所示：

```
function make_asteroids2(N::Int; pos_range = 0:200, size_range = 10:30)
    pos_rand() = rand(pos_range)
    sz_rand() = rand(size_range)
    return [Widget("Asteroid #$i",
                Position(pos_rand(), pos_rand()),
                Size(sz_rand(), sz_rand()))
        for i in 1:N]
end
```

此函数与 3.2.4 节中的函数的唯一区别只有一个字符。位置参数（在这种情况下为 N）和关键字参数（pos_range 和 size_range）仅需用分号（;）分隔字符。

从调用者的角度来看，关键字参数必须与参数名称一起传递。

```
julia> asteroids = make_asteroids2(5, pos_range = 0:100:500)
5-element Array{Widget,1}:
 Asteroid #1 at (500,500) size 23 x 14
 Asteroid #2 at (0,0) size 16 x 16
 Asteroid #3 at (500,100) size 15 x 20
 Asteroid #4 at (0,100) size 24 x 11
 Asteroid #5 at (400,400) size 19 x 11
```

使用关键字参数可以使代码更具可读性！实际上，关键字参数甚至不需要按照在函数中定义的顺序传递。

```
julia> asteroids = make_asteroids2(5, size_range = 1:5, pos_range = 0:10:100)
5-element Array{Widget,1}:
 Asteroid #1 at (20,40) size 2 x 1
 Asteroid #2 at (40,90) size 4 x 2
 Asteroid #3 at (70,80) size 3 x 5
 Asteroid #4 at (30,70) size 5 x 2
 Asteroid #5 at (80,20) size 3 x 3
```

以不同的顺序指定

另一个很酷的功能是关键字参数不必带有任何默认值。例如，我们可以定义相同的函数，其中第一个参数 N 成为强制性关键字参数：

```
function make_asteroids3(; N::Int, pos_range = 0:200, size_range = 10:30)
    pos_rand() = rand(pos_range)
    sz_rand() = rand(size_range)
    return [Widget("Asteroid #$i",
                Position(pos_rand(), pos_rand()),
                Size(sz_rand(), sz_rand()))
        for i in 1:N]
end
```

此时，我们可以调用指定 N 的函数。

```
julia> make_asteroids3(N = 3)
3-element Array{Widget,1}:
 Asteroid #1 at (166,195) size 13 x 27
 Asteroid #2 at (100,105) size 21 x 13
 Asteroid #3 at (2,196) size 27 x 25
```

使用关键字参数是编写自文档代码的好方法。一些开源包（例如 Plots）广泛使用关键字参数。当一个函数需要许多参数时，它也可以很好地工作。

TIP 尽管在此示例中我们为关键字参数指定了默认值，但实际上这并不是必需的。在没有默认值的情况下，调用该函数时，关键字参数会成为强制性的。

另一个很酷的功能是我们可以将可变数量的参数传递给函数。接下来，我们将对此进行研究。

3.2.6 接受可变数量的参数

有时，如果函数可以接受任意数量的参数，则更为方便。在这种情况下，我们可以在函数参数中添加三个点 `...`，Julia 会自动将所有传递的参数汇总到一个变量中。此功能称为 slurping。

以下是一个例子：

```
# Shoot any number of targets
function shoot(from::Widget, targets::Widget...)
    println("Type of targets: ", typeof(targets))
    for target in targets
        println(from.name, " --> ", target.name)
    end
end
```

在 `shoot` 函数中，我们首先打印 `targets` 变量的类型，然后打印每个被发射的目标。让我们首先设置游戏零件：

```
spaceship = Widget("Spaceship", Position(0, 0), Size(30,30))
target1 = asteroids[1]
target2 = asteroids[2]
target3 = asteroids[3]
```

现在我们可以开始射击了！让我们先通过传递一个目标来调用 `shoot` 函数，然后再通过传递三个目标来再次执行。

```
julia> shoot(spaceship, target1)
Type of targets: Tuple{Widget}
Spaceship --> Asteroid #1

julia> shoot(spaceship, target1, target2, target3)
Type of targets: Tuple{Widget,Widget,Widget}
Spaceship --> Asteroid #1
Spaceship --> Asteroid #2
Spaceship --> Asteroid #3
```

事实证明，参数只是作为一个元组组合并绑定到单个 targets 变量。在这种情况下，我们仅迭代元组并对每个元组执行操作。

slurping 是一种绝佳的方法，可以将函数参数组合在一起并一起处理。这样就可以使用任意数量的参数来调用函数。

接下来，我们将学习一个类似的功能，称为 splatting,，该功能实际上执行与 slurping 相反的功能。

3.2.7 splatting 参数

三点符号（...）在 slurping 时就非常有用，而实际上它还有另外一种用法。调用函数时当变量后面跟随三个点时，该变量将自动分配为多个函数参数。此功能称为 splatting。实际上，该机制与 slurping 非常相似，只是它的作用相反。我们来看一个例子。

假设我们编写了一个函数，以特定的形式排列几个飞船：

```
# Special arrangement before attacks
function triangular_formation!(s1::Widget, s2::Widget, s3::Widget)
    x_offset = 30
    y_offset = 50
    s2.position.x = s1.position.x - x_offset
    s3.position.x = s1.position.x + x_offset
    s2.position.y = s3.position.y = s1.position.y - y_offset
    (s1, s2, s3)
end
```

在太空战争之前，我们还建造了几个飞船。

```
julia> spaceships = [
           Widget("Spaceship $i", Position(0,0), Size(20, 50))
               for i in 1:3
       ]
3-element Array{Widget,1}:
 Spaceship 1 at (0,0) size 20 x 50
 Spaceship 2 at (0,0) size 20 x 50
 Spaceship 3 at (0,0) size 20 x 50
```

现在，我们可以调用 triangular_formation! 函数来使用 splatting 技巧，该函数在参数后附加三个点。

```
julia> triangular_formation!(spaceships...);

julia> spaceships
3-element Array{Widget,1}:
 Spaceship 1 at (0,0) size 20 x 50
 Spaceship 2 at (-30,-50) size 20 x 50
 Spaceship 3 at (30,-50) size 20 x 50
```

在这种情况下，spaceships 向量里面的三个元素被分配到三个参数以满足 triangular_formation! 函数的期望。

> splatting 在技术上可以与任何集合类型（向量和元组）一起使用。只要被分散的变量支持泛型迭代接口，它就应该起作用。
> 另外，你可能想知道当变量中的元素数量与函数中定义的参数数量不相等时会发生什么。你最好通过练习去验证它。

splatting 是创建函数参数并将其直接传递到函数中的好方法，而不必将其拆分为单独的参数。因此非常方便。

接下来，我们将讨论如何传递函数以实现高阶编程功能。

3.2.8 第一类实体函数

当函数可以分配给变量或结构字段、传递给函数、从函数返回时，它们被认为是第一类实体。就像常规数据类型一样，它们被视为第一类实体。现在我们来看看如何像常规数值一样传递函数。

让我们设计一个新函数，该函数可以推动飞船沿随机方向飞行一段随机距离。你可能会想起本章开头，我们已经定义了四个 `move` 函数 `move_up!`、`move_down!`、`move_left!` 和 `move_right!`。以下是我们的策略：

1）创建一个 `random_move` 函数，该函数返回可能的 `move` 函数之一。这为选择方向提供了基础。

2）创建一个 `random_leap!` 函数使用指定的 `move` 函数和飞行距离来移动飞船。

代码如下：

```
function random_move()
    return rand([move_up!, move_down!, move_left!, move_right!])
end

function random_leap!(w::Widget, move_func::Function, distance::Int)
    move_func(w, distance)
    return w
end
```

如上所述，`random_move` 函数返回一个从 `move` 函数数组中随机选择的函数。`random_leap!` 函数接受 `move` 函数 `move_func` 作为参数，然后仅使用 `Widget` 和 `distance` 进行调用。现在来测试 `random_leap!` 函数。

```
julia> spaceship = Widget("Spaceship", Position(0,0), Size(20,50))
Spaceship at (0,0) size 20 x 50

julia> random_leap!(spaceship, random_move(), rand(50:100))
Spaceship at (0,-85) size 20 x 50

julia> random_leap!(spaceship, random_move(), rand(50:100))
Spaceship at (0,-35) size 20 x 50

julia> random_leap!(spaceship, random_move(), rand(50:100))
Spaceship at (0,56) size 20 x 50
```

我们已经成功调用了随机选择的 `move` 函数。所有这些操作都可以轻松完成，因为我们可以将函数存储为常规变量。函数的第一类实体的性质使其易于使用。

接下来，我们将学习匿名函数。匿名函数通常在 Julia 程序中使用，因为匿名函数是创建函数并将其传递给其他函数的快速方法。

3.2.9 开发匿名函数

有时，我们只想创建一个简单的函数并在不分配名称的情况下传递它。这种编程风格实际上在函数编程语言中相当普遍。我们可以通过一个例子来说明它的用法。

假设我们要炸毁所有小行星。一种方法是定义一个 `explode` 函数，并将其传递给 `foreach` 函数，如下所示：

```
function explode(x)
    println(x, " exploded!")
end

function clean_up_galaxy(asteroids)
    foreach(explode, asteroids)
end
```

结果看起来不错。

```
julia> clean_up_galaxy(asteroids)
Asteroid #1 at (20,40) size 2 x 1 exploded!
Asteroid #2 at (40,90) size 4 x 2 exploded!
Asteroid #3 at (70,80) size 3 x 5 exploded!
Asteroid #4 at (30,70) size 5 x 2 exploded!
Asteroid #5 at (80,20) size 3 x 3 exploded!
```

如果仅将匿名函数传递给 `foreach`，我们可以达到相同的效果：

```
function clean_up_galaxy(asteroids)
    foreach(x -> println(x, " exploded!"), asteroids)
end
```

匿名函数的语法包含参数变量，后跟细箭头（`->`）和函数主体。在这种情况下，我们只有一个参数。如果我们有更多的参数，则可以将它们编写为包含在括号中的元组。匿名函数也可以分配给变量并传递。假设我们也要炸飞船：

```
function clean_up_galaxy(asteroids, spaceships)
    ep = x -> println(x, " exploded!")
    foreach(ep, asteroids)
    foreach(ep, spaceships)
end
```

我们可以看到使用匿名函数有一些优点：

- 无须使用函数名称并污染模块的命名空间。
- 在调用时提供匿名函数逻辑使代码更易于阅读。

❑ 代码稍微紧凑。

到目前为止，我们已经讨论了有关如何定义和使用函数的大多数相关细节。下一个主题 do 语法与匿名函数密切相关。这是增强代码可读性的好方法。

3.2.10 使用 do 语法

当使用匿名函数时，我们可能最终在函数调用的中间有一个代码块，这使得代码更难以阅读。do 语法是解决此问题并生成清晰易读的代码的好方法。

为了说明这个概念，让我们为战斗舰队建立一个新的用例。要特殊处理的是，我们将通过添加发射导弹的功能来增强飞船的战斗力。我们还希望支持这样的需求：发射武器需要飞船运转良好。

我们可以定义一个 `fire` 函数，`fire` 函数的参数是 `launch` 函数和飞船。仅当飞船运转良好时才执行 `launch` 函数。为什么我们要将函数作为参数？因为我们要使其具有灵活性，以便今后可以使用相同的 `fire` 函数来发射激光束和其他可能的武器：

```
# Random healthiness function for testing
healthy(spaceship) = rand(Bool)

# make sure that the spaceship is healthy before any operation

function fire(f::Function, spaceship::Widget)
    if healthy(spaceship)
        f(spaceship)
    else
        println("Operation aborted as spaceship is not healthy")
    end
    return nothing
end
```

让我们尝试使用匿名函数来发射导弹。

```
julia> fire(s -> println(s, " launched missile!"), spaceship)
Spaceship at (0,56) size 20 x 50 launched missile!

julia> fire(s -> println(s, " launched missile!"), spaceship)
Operation aborted as spaceship is not healthy
```

看起来都很好。但是，如果我们需要更复杂的程序来发射导弹怎么办？例如，假设我们想在发射前将飞船上移，然后再将其下移：

```
fire(s -> begin
        move_up!(s, 100)
        println(s, " launched missile!")
        move_down!(s, 100)
    end, spaceship)
```

这种语法现在看起来不易理解，我们可以利用 do 语法来重写它，让它更加可读：

```
fire(spaceship) do s
    move_up!(s, 100)
```

```
    println(s, " launched missile!")
    move_down!(s, 100)
end
```

它是如何工作的？语法其实已经翻译好了，它是将 do 语句块变成了一个匿名函数，然后将其作为函数的第一个参数插入。

do 语法的有趣用法可以在 Julia 的 `open` 函数中找到。由于读取文件涉及打开和关闭文件处理程序，因此 `open` 函数旨在接受一个带 `IOStream` 并对其进行处理的匿名函数，而打开 / 关闭任务则由 `open` 函数本身处理。

这个想法很简单，所以让我们用我们自己的 `process_file` 函数在这里复制它：

```
function process_file(func::Function, filename::AbstractString)
    ios = nothing
    try
        ios = open(filename)
        func(ios)
    finally
        close(ios)
    end
end
```

使用 do 语法，我们可以专注于开发文件处理的逻辑，而不必担心整理工作，例如打开和关闭文件。参考以下代码。

```
julia> process_file("/etc/hosts") do ios
           lines = readlines(ios)
           println(length(lines))
       end
```

如图所示，do 语法可以通过两种方式使用：

- 通过以块格式重新排列匿名函数参数，可以使代码更具可读性。
- 它允许将匿名函数包装于可以在该函数之前或之后执行附加逻辑的上下文中。

接下来，我们将研究多重分派，这是一种独特的功能，在面向对象的语言中并不常见。

3.3 理解多重分派

多重分派是 Julia 编程语言中最独特的功能之一。它们在 Julia 的 Base 库、`stdlib` 和许多开源包中被广泛使用。在本节中，我们将探讨多重分派的工作方式以及如何有效利用它们。

3.3.1 什么是分派

分派是选择函数来执行的过程。你可能想知道为什么选择执行哪个函数存在争议。当我们开发一个函数时，我们给它命名，添加一些参数以及执行的逻辑代码块。如果我们为系统中的所有函数提供唯一的名称，那么就不会有歧义。但是，很多时候我们想重复使用相同的函数名称，并将其应用于不同的数据类型以进行类似的操作。

Julia 的 Base 库中有很多示例。例如，`isascii` 函数具有三个方法，每个方法采用不同的参数类型：

```
isascii(c::Char)
isascii(s::AbstractString)
isascii(c::AbstractChar)
```

根据参数的类型，分派并执行适当的方法。当我们使用 `Char` 对象调用 `isascii` 函数时，将分派第一个方法。同样，当我们使用 `AbstractString` 的子类型 `String` 对象进行调用时，将分派第二个方法。有时，直到运行时才知道传递给该方法的参数的类型，在这种情况下，根据所传递的特定值，分派适当的方法。这种行为我们称为动态分派。

分派是一个关键概念，将反复出现。重要的是，我们需要对与如何分派函数有关的规则有所了解。接下来我们将讨论分派。

3.3.2 匹配最窄类型

如第 2 章所述，我们可以定义将抽象类型作为参数的函数。分派时，Julia 将在参数中找到与最窄类型匹配的方法。

为了说明这个概念，让我们回到本章中关于飞船和小行星的例子！我们将改进数据类型，如下所示：

```
# A thing is anything that exist in the universe.
# Concrete type of Thing should always have the following fields:
#     1. position
#     2. size
abstract type Thing end

# Functions that are applied for all Thing's
position(t::Thing) = t.position
size(t::Thing) = t.size
shape(t::Thing) = :unknown
```

我们定义了一个抽象类型 `Thing`，它可以是宇宙中存在的任何东西。当设计这种类型时，我们期望它的具体子类型具有标准的 `position` 和 `size` 字段。因此我们为 `Thing` 定义 `position` 和 `size` 函数。默认情况下，我们不想假设任何形状，因此 `Thing` 的 `shape` 函数仅返回 `:unknown` 符号。

为了使它变得更加有趣，我们将为飞船配备两种类型的武器：激光和导弹。在 Julia 中，我们可以方便地将它们定义为枚举：

```
# Type of weapons
@enum Weapon Laser Missile
```

在这里，`@enum` 宏定义了一种称为 `Weapon` 的新类型。`Weapon` 类型的唯一值是 `Laser` 和 `Missile`。枚举是定义类型常量的好方法。在内部，它们为每个常量定义数字值，因此它的性能应该很高。

现在，我们可以用如下代码定义 Spaceship 和 Asteroid 的具体类型：

```
# Spaceship
struct Spaceship <: Thing
    position::Position
    size::Size
    weapon::Weapon
end
shape(s::Spaceship) = :saucer

# Asteroid
struct Asteroid <: Thing
    position::Position
    size::Size
end
```

需要注意的是，作为我们设计约定的一部分，Spaceship 和 Asteroid 都包括 position 和 size 字段。此外，我们为 Spaceship 类型添加了一个 weapon 字段。因为我们已经设计了像飞碟这样最先进的飞船，所以我们也为 Spaceship 类型定义了 shape 函数。让我们测试一下。

```
julia> s1 = Spaceship(Position(0,0), Size(30,5), Missile);

julia> s2 = Spaceship(Position(10,0), Size(30,5), Laser);

julia> a1 = Asteroid(Position(20,0), Size(20,20));

julia> a2 = Asteroid(Position(0,20), Size(20,20));

julia> position(s1), size(s1), shape(s1)
(Position(0, 0), Size(30, 5), :saucer)

julia> position(a1), size(a1), shape(a1)
(Position(20, 0), Size(20, 20), :unknown)
```

现在，我们创建了两个飞船和两个小行星。让我们暂时将注意力转向前面的 shape 函数调用的结果。当用飞船对象 s1 调用它时，它被分派到 shape(s::Spaceship) 并返回 :saucer。当用小行星对象调用它时，它被分派到 shape(t::Thing)，因为 Asteroid 对象没有其他匹配项。

回顾一下，Julia 的分派机制始终在参数中寻找最窄类型的函数。在 shape(s::Spaceship) 和 shape(t::Thing) 之间进行判断时，它将选择 shape(s::Spaceship) 执行 Spaceship 参数。

你熟悉多重分派吗？如果不熟悉，请不要担心。在 3.3.3 节中，我们将深入研究 Julia 中多重分派的工作方式。

3.3.3 分派多个参数

目前为止，我们只看到了采用单个参数的方法的分派示例。我们可以将相同的概念扩展为多个参数，简称为“多重分派”。

那么，当涉及多个参数时，它如何工作？假设我们继续开发能够检测不同对象之间碰撞的太空战争游戏。为了详细研究这一点，我们将通过一个示例实现。

首先，定义可以检查两个矩形是否重叠的函数：

```
struct Rectangle
    top::Int
    left::Int
    bottom::Int
    right::Int
    # return two upper-left and lower-right points of the rectangle
    Rectangle(p::Position, s::Size) =
        new(p.y+s.height, p.x, p.y, p.x+s.width)
end

# check if the two rectangles (A & B) overlap
function overlap(A::Rectangle, B::Rectangle)
    return A.left < B.right && A.right > B.left &&
        A.top > B.bottom && A.bottom < B.top
end
```

然后我们可以定义一个函数，当两个 `Thing` 对象碰撞时返回 `true`。可以为 `Spaceship` 和 `Asteroid` 对象的任何组合调用此函数：

```
function collide(A::Thing, B::Thing)
    println("Checking collision of thing vs. thing")
    rectA = Rectangle(position(A), size(A))
    rectB = Rectangle(position(B), size(B))
    return overlap(rectA, rectB)
end
```

当然，这是一个非常幼稚的想法，因为我们知道飞船和小行星具有不同的形状，而且可能是非矩形的形状。但是，这不是一个糟糕的默认实现。

在继续之前，让我们进行快速测试。请注意，此处故意取消了返回值的输出，因为它们对于此处的讨论不重要。

```
julia> collide(s1, s2);
Checking collision of thing vs. thing

julia> collide(a1, a2);
Checking collision of thing vs. thing

julia> collide(s1, a1);
Checking collision of thing vs. thing

julia> collide(a1, s1);
Checking collision of thing vs. thing
```

碰撞检测逻辑可能会根据对象的类型而有所不同，因此我们可以进一步定义以下方法：

```
function collide(A::Spaceship, B::Spaceship)
    println("Checking collision of spaceship vs. spaceship")
    return true   # just a test
end
```

使用这种新方法——基于最窄类型的选择过程，我们可以安全地处理飞船和飞船的碰撞检测。让我们用与前面的代码相同的测试来证明这个主张。

```
julia> collide(s1, s2);
Checking collision of spaceship vs. spaceship

julia> collide(a1, a2);
Checking collision of thing vs. thing

julia> collide(s1, a1);
Checking collision of thing vs. thing

julia> collide(a1, s1);
Checking collision of thing vs. thing
```

这看起来还不错！如果我们继续定义其余函数，那么所有内容都将涵盖并完善！

多重分派确实是一个简单的概念。本质上，当 Julia 尝试确定需要分派哪个函数时，会考虑所有函数参数。同样的规则适用于最窄类型！

不幸的是，有时不清楚需要分派哪个函数。接下来，我们将研究这种情况是如何发生的以及如何解决问题。

3.3.4 分派过程中可能存在的歧义

当然，我们总是可以使用具体的类型参数来定义所有可能的方法。但是，在设计软件时，这可能不是最理想的选择。因为参数类型中的组合数量可能不胜枚举，并且通常不必一一列举。在此处的游戏示例中，我们只需要检测两种类型（`Spaceship` 和 `Asteroid`）之间的碰撞。因此，我们只需要定义 $2 \times 2 = 4$ 个方法即可。但是，请想象一下，当我们有 10 种类型的对象时该怎么办。这意味着，我们将必须定义 100 个方法！

抽象类型可以拯救我们。让我们想象一下，我们确实必须支持 10 种具体的数据类型。如果其他 8 种数据类型具有相似的形状，那么我们可以通过接受抽象类型作为参数之一来极大地减少方法的数量。怎么样？让我们来看下面两个函数：

```
function collide(A::Asteroid, B::Thing)
    println("Checking collision of asteroid vs. thing")
    return true
end

function collide(A::Thing, B::Asteroid)
    println("Checking collision of thing vs. asteroid")
    return false
end
```

这两个函数提供了用于检测 `Asteroid` 与任何 `Thing` 之间碰撞的默认实现。第一个函数可以处理第一个参数是 `Asteroid` 且第二个参数是 `Thing` 的任何子类型的情况。如果总共有 10 种具体类型，则此方法可以处理 10 种情况。同样，第二个函数可以处理其他 10 种情况（即第一个参数是 `Thing` 的任何子类型且第二个参数是 `Asteroid` 的情况）。让我们快速检查一下。

```
julia> collide(a1, s1);
Checking collision of asteroid vs. thing

julia> collide(s1, a1);
Checking collision of thing vs. asteroid
```

这两次调用工作正常。让我们完成测试。

```
julia> collide(a1, a2);
ERROR: MethodError: collide(::Asteroid, ::Asteroid) is ambiguous. Candi
dates:
  collide(A::Asteroid, B::Thing) in Main at REPL[29]:2
  collide(A::Thing, B::Asteroid) in Main at REPL[30]:2
Possible fix, define
  collide(::Asteroid, ::Asteroid)
```

等等，当我们尝试检查两个小行星碰撞时发生了什么？好吧，Julia 运行时在这里检测到歧义。当我们传递两个 `Asteroid` 参数时，不清楚是要执行 `collide(A::Thing, B::Asteroid)` 还是 `collide(A::Asteroid, B::Thing)`。两种方法似乎都可以执行任务，但是它们的签名都不比另一个窄，因此它只是放弃并抛出错误。

幸运的是，它实际上建议将修复程序作为错误消息的一部分。可能的解决方法是定义一个新方法 `collide(A::Asteroid, B::Asteroid)`，如下所示：

```
function collide(A::Asteroid, B::Asteroid)
    println("Checking collision of asteroid vs. asteroid")
    return true # just a test
end
```

因为它具有最窄类型的函数签名，所以当将两个小行星传递给 `collide` 函数时，Julia 可以正确地分派此新函数。一旦定义了此函数，将不再有歧义。让我们再试一次。结果如下。

```
julia> collide(a1, a2);
Checking collision of asteroid vs. asteroid
```

如上所示，当你遇到多个分派的歧义时，可以通过在其参数中创建具有更特定类型的函数来轻松解决该问题。Julia 运行时不会尝试猜测你想要做什么。作为开发人员，我们需要向计算机提供清晰的说明。

但是，仅看代码可能就不那么模棱两可了。为了减少在运行时遇到问题的风险，我们可以主动检测代码的哪一部分可能引入此类歧义。幸运的是，Julia 已经提供了一种方便的工具来识别歧义。我们将在 3.3.5 节对此进行研究。

3.3.5 歧义检测

在运行时遇到特定的用例之前，一般很难碰到有歧义的方法。很难想象事情不可预知。像我这样的软件工程师应该都不喜欢在生产环境中遇到这样的“意外惊喜”！

幸运的是，Julia 在 `Test` 包中提供了一个用于检测歧义的函数。我们可以使用类似的测试来进行尝试。运行下面的代码。

```
julia> using Test

julia> module Foo
           foo(x, y) = 1
           foo(x::Integer, y) = 2
           foo(x, y::Integer) = 3
       end
Main.Foo
```

我们在 REPL 中创建了一个小模块，该模块定义了三个 foo 方法。这是歧义方法的经典示例——如果我们传递两个整数参数，则不清楚应该执行第二个还是第三个 foo 方法。现在，让我们使用 detect_ambiguities 函数，看看它是否可以检测到问题。

```
julia> detect_ambiguities(Main.Foo)
1-element Array{Tuple{Method,Method},1}:
 (foo(x::Integer, y) in Main.Foo at REPL[37]:3, foo(x, y::Integer) in
Main.Foo at REPL[37]:4)
```

结果告诉我们 foo(x::Integer, y) 和 foo(x, y::Integer) 函数是有歧义的。由于我们已经学习了解决该问题的方法，因此可以再次进行测试。

```
julia> module Foo
           foo(x, y) = 1
           foo(x::Integer, y) = 2
           foo(x, y::Integer) = 3
           foo(x::Integer, y::Integer) = 4
       end
WARNING: replacing module Foo.
Main.Foo

julia> detect_ambiguities(Main.Foo)
0-element Array{Tuple{Method,Method},1}
```

实际上，当你的函数是由其他模块扩展的函数时，detect_ambiguities 函数将更加有用。在这种情况下，你可以只对要一起检查的模块调用 detect_ambiguities 函数。通过下面示例里的两个模块来看看它的工作方式。

```
julia> module Foo2
           foo(x, y) = 1
           foo(x::Integer, y) = 2
           foo(x, y::Integer) = 3
       end
Main.Foo2

julia> module Foo4
           import Main.Foo2
           Foo2.foo(x::Integer, y::Integer) = 4
       end
Main.Foo4

julia> detect_ambiguities(Main.Foo2, Main.Foo4)
0-element Array{Tuple{Method,Method},1}
```

在这个假设的示例中，Foo4 模块导入 Foo2.foo 函数，并通过添加新方法对其进行扩展。Foo2 模块本身是有歧义的，但是将两个模块组合在一起可以清除歧义。

那么我们什么时候应该利用这种强大的检测函数呢？做到这一点的一种好方法是在模块的自动测试套件中添加 detect_ambiguities 测试，以便在每个构建的连续集成管道中执行该测试。

既然我们知道如何使用这种歧义检测工具，那么我们可以使用多重分派而不必担心！在 3.3.6 节中，我们将介绍分派的另一个方面，称为动态分派。

3.3.6 理解动态分派

Julia 的分派机制之所以独特，不仅是因为它具有多重分派功能，还因为它在决定分派位置时动态地处理函数参数的方式。

假设我们要随机选择两个对象并检查它们是否碰撞。我们可以用如下代码定义函数：

```
# randomly pick two things and check
function check_randomly(things)
    for i in 1:5
        two = rand(things, 2)
        collide(two...)
    end
end
```

我们运行它看看会发生什么。

```
julia> check_randomly([s1, s2, a1, a2])
Checking collision of thing vs. asteroid
Checking collision of asteroid vs. asteroid
Checking collision of asteroid vs. thing
Checking collision of asteroid vs. thing
Checking collision of spaceship vs. spaceship
```

我们可以看到，根据 two 变量中传递的参数类型，调用了不同的 collide 方法。

这种动态行为与在面向对象的编程语言中的多态非常相似。主要区别在于 Julia 支持多重分派，利用所有参数在运行时进行分派。相反，在 Java 中，只有被调用的对象才用于动态分派。一旦确定了适当的类以进行分派，那么当存在多个具有相同名称的重载方法时，方法参数将用于静态分派。

多重分派是一项强大的功能。与自定义数据类型结合使用时，它使开发人员可以控制针对不同场景调用的方法。如果你对多重分派有更多兴趣，可以在 YouTube 上观看标题为“The Unreasonable Effectiveness of Multiple Dispatch”的视频。这是 Stefan Karpinski 在 JuliaCon 2019 会议上的演讲录像。

接下来，我们将研究如何对函数参数进行参数化以提高灵活性和表达能力。

3.4 利用参数化方法

Julia 的类型系统和多重分派功能为编写可扩展性代码提供了强大的基础。事实证明，我们还可以在函数参数中使用参数化类型。我们可以称这些为参数化方法。参数化方法提供了一种有趣的方式来表达在分派过程中可以匹配哪些数据类型。

在以下各节中，我们将介绍如何在游戏中利用参数化方法。

3.4.1 使用类型参数

在定义函数时，我们可以用类型信息注释每个参数。参数的类型可以是常规抽象类型、具体类型或参数化类型。让我们考虑一下这个示例函数来分解一系列游戏零件：

```
# explode an array of objects
function explode(things::AbstractVector{Any})
    for t in things
        println("Exploding ", t)
    end
end
```

`things` 参数用 `AbstractVector{Any}` 注释，这意味着它可以是任何 `AbstractVector` 类型，其中包含任何对象，该对象是 `Any` 的子类型（实际上就是所有内容）。为了使该方法参数化，我们可以使用 `T` 型参数重写它，如下所示：

```
# explode an array of objects (parametric version)
function explode(things::AbstractVector{T}) where {T}
    for t in things
        println("Exploding ", t)
    end
end
```

在这里，`explode` 函数可以接受带有参数 `T` 的任何 `AbstractVector`，它可以是 `Any` 的任何子类型。因此，如果我们仅传递一个 `Asteroid` 对象的向量，即 `Vector{Asteroid}`，它应该可以工作。如果我们传递一个符号向量，即 `Vector {Symbol}`，它也可以工作。试试看。

```
julia> explode([a1, a2])
Exploding Asteroid (20,0) 20x20
Exploding Asteroid (0,20) 20x20

julia> explode([:building, :hill])
Exploding building
Exploding hill
```

请注意，`Vector{Asteroid}` 实际上是 `AbstractVector{Asteroid}` 的子类型。通常，只要 `SomeType` 是 `SomeOtherType` 的子类型，我们就可以说 `SomeType{T}` 是 `SomeOtherType{T}` 的子类型。但是，如果我们不确定，也很容易检查。

```
julia> Vector{Asteroid} <: AbstractVector{Asteroid}
true
```

也许我们真的不希望 explode 函数接受任何东西的向量。由于此函数是为我们的太空战争游戏编写的，因此我们可以将函数限制为接受 Thing 子类型的任何类型的向量。它可以很容易地实现，如下所示：

```
# Same function with a more narrow type
function explode(things::AbstractVector{T}) where {T <: Thing}
    for t in things
        println("Exploding thing => ", t)
    end
end
```

使用 where 符号进一步用超类信息限定参数。每当在函数签名中使用类型参数时，我们都必须在该参数的后面加上 where 子句以用于相同的参数。

函数参数中的类型参数使我们可以指定适合 where 子句中指示的约束的数据类型类别。前面的 explode 函数可以采用包含 Thing 的任何子类型的向量。这意味着该函数是泛型的，即只要它满足约束条件，就可以使用无限数量的类型进行分派。

接下来，我们将探讨使用抽象类型作为指定函数参数的另一种方法。它看起来与使用参数化类型非常相似。但是，会有细微的差别，我们将在 3.4.2 节中进行解释。

3.4.2 使用类型参数替换抽象类型

通常，我们可以在函数签名中用类型参数替换任何抽象类型。当我们这样做时，将得到一种与原始语义相同的参数化方法。

这是很重要的一点。让我们看看是否可以通过示例演示此行为。

假设我们正在构建 tow 函数，以便飞船可以拖曳宇宙中的某些东西，如下所示：

```
# specifying abstract/concrete types in method signature
function tow(A::Spaceship, B::Thing)
    "tow 1"
end
```

现在 tow 函数是用具体的 Spaceship 类型和抽象的 Thing 类型参数定义的。如果要查看为此函数定义的方法，则可以使用 methods 函数显示存储在 Julia 方法表中的内容。

```
julia> methods(tow)
# 1 method for generic function "tow":
[1] tow(A::Spaceship, B::Thing) in Main at REPL[67]:2
```

正如预期的那样，相同的方法签名可以完美地返回。

现在，让我们定义一个参数化方法，其中我们将类型参数用作参数 B：

```
# equivalent of parametric type
function tow(A::Spaceship, B::T) where {T <: Thing}
    "tow 2"
end
```

现在，我们定义了一种具有不同签名语法的新方法。但这真的是另一种方法吗？让我们检查一下。

```
julia> methods(tow)
# 1 method for generic function "tow":
[1] tow(A::Spaceship, B::T) where T<:Thing in Main at REPL[69]:2
```

我们可以看到方法列表仍然只有一个条目，这意味着新的方法定义已替换了原来的一个。但是，这并不奇怪。尽管新方法签名看起来与以前的签名不同，但其含义与原始签名相同。最终，第二个自变量 B 仍然接受 Thing 子类型的任何类型。

那么，为什么我们还要经历所有的麻烦呢？好吧，在这种情况下，没有理由将此方法转换为参数化方法。但是通过 3.4.3 节，你将了解为什么这样做会很有用。

3.4.3 在使用参数时强制类型一致性

类型参数最有用的功能之一是，它们可用来强制类型的一致性。

假设我们要创建将两个 Thing 对象组合在一起的新函数。由于我们并不真正在乎传递什么具体类型，因此我们可以只编写一个能够完成工作的函数：

```
function group_anything(A::Thing, B::Thing)
    println("Grouped ", A, " and ", B)
end
```

我们还可以快速进行一些小测试，以确保飞船和小行星的所有四个组合都正常工作。

```
julia> group_anything(s1, s2)
Grouped Spaceship (0,0) 30x5/Missile and Spaceship (10,0) 30x5/Laser

julia> group_anything(a1, a2)
Grouped Asteroid (20,0) 20x20 and Asteroid (0,20) 20x20

julia> group_anything(s1, a1)
Grouped Spaceship (0,0) 30x5/Missile and Asteroid (20,0) 20x20

julia> group_anything(a1, s1)
Grouped Asteroid (20,0) 20x20 and Spaceship (0,0) 30x5/Missile
```

> 你可能想知道我们如何获得如此出色的有关特定武器的输出。如前面所述，我们可以使用类型从 Base 包扩展 show 函数。你可以在本书的 GitHub 仓库中找到我们对 show 函数的实现。

看起来一切都正常，但是随后我们意识到需求与我们最初的想法略有不同。该函数不能将任何种类的对象进行分组，该函数应该只能将相同类型的对象进行分组，也就是说，可以将飞船与飞船进行分组，小行星与小行星进行分组，而不能将飞船与小行星进行分组。那么我们在这里可以做什么？一个简单的解决方案是在方法签名中抛出一个类型参数：

```
function group_same_things(A::T, B::T) where {T <: Thing}
    println("Grouped ", A, " and ", B)
end
```

在此函数中，我们为两个参数都注释上了类型 T，并指定 T 必须是 Thing 的子类型。因为两个参数都使用相同的类型，所以现在我们指示系统仅在两个参数具有相同的类型时才分派给该方法。现在，我们可以尝试与之前相同的四个测试用例，如下代码所示。

```
julia> group_same_things(s1, s2)
Grouped Spaceship (0,0) 30x5/Missile and Spaceship (10,0) 30x5/Laser

julia> group_same_things(a1, a2)
Grouped Asteroid (20,0) 20x20 and Asteroid (0,20) 20x20

julia> group_same_things(s1, a1)
ERROR: MethodError: no method matching group_same_things(::Spaceship, :
:Asteroid)
Closest candidates are:
  group_same_things(::T, ::T) where T<:Thing at REPL[76]:2
Stacktrace:
 [1] top-level scope at REPL[79]:1

julia> group_same_things(a1, s1)
ERROR: MethodError: no method matching group_same_things(::Asteroid, ::
Spaceship)
Closest candidates are:
  group_same_things(::T, ::T) where T<:Thing at REPL[76]:2
Stacktrace:
 [1] top-level scope at REPL[80]:1
```

实际上，我们现在可以确保仅在参数具有相同类型时才分派该方法。这就是将类型参数用作函数参数是一个好主意的原因之一。

接下来，我们将讨论使用类型参数的另一个原因——从方法签名中提取类型信息。

3.4.4 从方法签名中提取类型信息

有时，我们想在方法主体中找出参数类型。这实际上很容易做到。事实证明，所有参数也都绑定为变量，我们可以在方法主体本身中访问该变量。标准 eltype 函数的实现为此类用法提供了一个很好的例子：

```
eltype(things::AbstractVector{T}) where {T <: Thing} = T
```

我们可以看到类型参数 T 在主体中被引用。让我们看看它是如何工作的。

```
julia> eltype([s1, s2])
Spaceship

julia> eltype([a1, a2])
Asteroid

julia> eltype([s1, s2, a1, a2])
Thing
```

在第一次调用中，由于数组中的所有对象都是 Spaceship 类型，因此将返回 Spaceship

类型，同样，对于第二次调用，将返回 Asteroid。第三次调用返回 Thing，因为我们混合使用了多个 Spaceship 和 Asteroid 对象。这些类型可以进一步检查，如下所示。

```
julia> typeof([s1, s2])
Array{Spaceship,1}

julia> typeof([a1, a2])
Array{Asteroid,1}

julia> typeof([s1, s2, a1, a2])
Array{Thing,1}
```

总而言之，我们可以通过在函数定义中使用类型参数来构建更灵活的函数。从表达的角度来看，每个类型参数都可以覆盖整个数据类型。我们还可以在多个参数中使用相同的类型参数来实现类型一致性。最后，我们可以轻松地从方法签名中直接提取类型信息。

现在，让我们继续讨论本章的最后一个主题——接口。

3.5 使用接口

在本节中，我们将探讨如何在 Julia 中设计和使用接口。与其他主流编程语言不同，Julia 没有定义接口的正式方法。这种非正式性可能会使某些人感到不安。但是，接口确实存在并且在许多 Julia 程序中得到了广泛使用。

3.5.1 设计和开发接口

接口是行为契约。行为是由对一个或多个特定对象进行操作的一组函数定义的。在 Julia 中，契约是纯粹的合约，没有正式规定。为了说明这个概念，让我们创建一个模块，其中包含将物体从银河中移到任何地方的逻辑。

定义 Vehicle 接口

首先创建一个名为 Vehicle 的模块。该模块的目的是实现我们的太空旅行逻辑。由于我们希望保持该模块的通用性，因此我们将设计一个任何对象都可以实现的接口，以参与我们的太空旅行计划。

该模块的结构包括四个部分，如以下嵌入式注释所示：

```
module Vehicle
# 1. Export/Imports
# 2. Interface documentation
# 3. Generic definitions for the interface
# 4. Game logic
end # module
```

让我们看看如何在模块中实际编写代码：

1）第一部分导出一个名为 go！的函数：

```
# 1. Export/Imports
export go!
```

2）第二部分代码仅仅是文档：

```
# 2. Interface documentation
# A vehicle (v) must implement the following functions:
#
# power_on!(v) - turn on the vehicle's engine


# power_off!(v) - turn off the vehicle's engine
# turn!(v, direction) - steer the vehicle to the specified
direction
# move!(v, distance) - move the vehicle by the specified distance
# position(v) - returns the (x,y) position of the vehicle
```

3）第三部分代码包含函数的泛型定义：

```
# 3. Generic definitions for the interface
function power_on! end
function power_off! end
function turn! end
function move! end
function position end
```

4）最后一部分代码包含太空旅行逻辑：

```
# 4. Game logic

# Returns a travel plan from current position to destination
function travel_path(position, destination)
    return round(π/6, digits=2), 1000 # just a test
end

# Space travel logic
function go!(vehicle, destination)
    power_on!(vehicle)
    direction, distance = travel_path(position(vehicle),
destination)
    turn!(vehicle, direction)
    move!(vehicle, distance)
    power_off!(vehicle)
    nothing
end
```

`travel_path` 函数计算从当前位置到最终目的地的行进方向和距离。它期望将返回一个元组，但出于测试目的，我们只返回硬编码的值。

`go！` 函数期望在第一个参数中传递的飞行器对象是某种太空飞行器。此外，该逻辑还期望飞行器表现出某些行为，例如能够打开发动机、向正确的方向转向、移动一定的距离等。

如果客户端程序要调用 `go！` 函数，它必须传递实现该逻辑所假定的预期接口的类型。

但是人们怎么知道要实现什么函数呢？好吧，它被定义为文档的一部分，如“接口文档”代码段的注释中所述：

```
# A vehicle must implement the following functions:

# power_on!(v) - turn on the vehicle's engine
# power_off!(v) - turn off the vehicle's engine
# turn!(v, direction) - steer the vehicle to the specified direction
# move!(v, distance) - move the vehicle by the specified distance
# position(v) - returns the (x,y) position of the vehicle
```

另一个线索是所需的函数在前面的代码中定义为空的泛型函数，即没有任何签名或主体的函数：

```
function power_on! end
function power_off! end
function turn! end
function move! end
function position end
```

目前为止，我们已经在代码中以注释的形式编写了接口的契约需求。通常更好的做法是使用 Julia doc 字符串来执行此操作，以便可以生成需求并将其发布到在线网站或打印为硬拷贝。我们可以对接口中指定的每个函数执行类似的操作：

```
"""
Power on the vehicle so it is ready to go.
"""
function power_on! end
```

`Vehicle` 模块现已完成，作为源代码的一部分，我们已经设定了一定的期望。如果有任何对象想要参与我们的太空旅行计划，则必须实现这五个函数 :`power_on!` 、`power_off!`、`turn!`、`move!` 和 `position`。

接下来，我们将为太空旅行计划设计一条新的战斗机生产线！

实现 FighterJet

现在了解了 `Vehicle` 接口的期望，我们可以开发一些实际实现该接口的东西。我们将创建一个新的 `FighterJets` 模块，并定义 `FighterJet` 数据类型，如下代码所示：

```
"FighterJet is a very fast vehicle with powerful weapons."
mutable struct FighterJet

    "power status: true = on, false = off"
    power::Bool

    "current direction in radians"
    direction::Float64

    "current position coordinate (x,y)"
    position::Tuple{Float64, Float64}

end
```

为了符合先前定义的 Vehicle 接口，我们必须首先从 Vehicle 模块导入泛型函数，然后实现用于操作 FighterJet 飞行器的逻辑。这是 power_on! 和 power_off! 函数的代码：

```
# Import generic functions
import Vehicle: power_on!, power_off!, turn!, move!, position

# Implementation of Vehicle interface
function power_on!(fj::FighterJet)
    fj.power = true
    println("Powered on: ", fj)
    nothing
end

function power_off!(fj::FighterJet)
    fj.power = false
    println("Powered off: ", fj)
    nothing
end
```

当然，真正的战斗机可能不仅仅涉及将布尔值字段设置为 true 或 false 的问题。为了进行测试，我们还向控制台打印了一些内容，以便了解发生了什么。我们还定义了控制方向的函数：

```
function turn!(fj::FighterJet, direction)
    fj.direction = direction
    println("Changed direction to ", direction, ": ", fj)
    nothing
end
```

turn！ 函数的逻辑在此处就像更改方向字段并在控制台上打印一些文本一样简单。move！ 函数更有趣：

```
function move!(fj::FighterJet, distance)
    x, y = fj.position
    dx = round(distance * cos(fj.direction), digits = 2)
    dy = round(distance * sin(fj.direction), digits = 2)
    fj.position = (x + dx, y + dy)
    println("Moved (", dx, ",", dy, "): ", fj)
    nothing
end
```

这里我们使用三角函数 sin 和 cos 来计算战斗机将要到达的新位置。最后，我们必须实现 position 函数，该函数返回战斗机的当前位置：

```
function position(fj::FighterJet)
    fj.position
end
```

现在，FighterJet 类型完全实现了接口，我们可以按预期使用游戏逻辑。让我们通过创建一个新的 FighterJet 对象并调用 go！ 函数来旋转战斗机。

```
julia> using Vehicle, FighterJets

julia> fj = FighterJet(false, 0, (0,0))
FighterJet(false, 0.0, (0.0, 0.0))

julia> go!(fj, :mars)
Powered on: FighterJet(true, 0.0, (0.0, 0.0))
Changed direction to 0.52: FighterJet(true, 0.52, (0.0, 0.0))
Moved (867.82,496.88): FighterJet(true, 0.52, (867.82, 496.88))
Powered off: FighterJet(false, 0.52, (867.82, 496.88))
```

简而言之，实现接口是一项相当简单的任务。关键是要了解实现接口所需的函数，并确保自定义数据类型可以支持这些函数。作为专业开发人员，我们应该清楚地记录接口函数，以免混淆需要实现的内容。

在这一点上，我们可以考虑我们刚设计为硬契约的接口。它们很难理解，在我们的接口中指定的所有函数必须由参与我们的太空旅行计划的任何对象来实现。在3.5.2节中，我们将介绍软契约，这些契约对应于可能是可选的接口函数。

3.5.2　处理软契约

当接口可以采用默认行为时，某些接口契约不一定是必需的。非强制性函数也可以称为软契约。

假设我们要添加一个用于飞行器着陆的新函数。大多数飞行器都有轮子，但有些却没有，特别是高科技的飞行器！因此，作为着陆过程的一部分，我们仅在必要时才接合轮子。

我们如何设计接口的软契约？在这种情况下，我们可以假设未来的大多数飞行器都没有轮子，因此默认行为不需要安装轮子。在 Vehicle 模块中，我们可以添加 engage_wheels！函数用于记录并提供默认实现，如下所示：

```
# 2. Interface documentation
# A vehicle (v) must implement the following functions:
#
# power_on!(v) - turn on the vehicle's engine
# power_off!(v) - turn off the vehicle's engine
# turn!(v, direction) - steer the vehicle to the specified direction
# move!(v, distance) - move the vehicle by the specified distance
# position(v) - returns the (x,y) position of the vehicle
# engage_wheels!(v) - engage wheels for landing. Optional.

# 3. Generic definitions for the interface
# hard contracts
# ...
# soft contracts
engage_wheels!(args...) = nothing
```

该文档清楚地指出 engage_wheels！是可选的。因此，我们没有提供空的泛型函数，而是实现了实际的 engage_wheels！函数，该函数绝对不执行任何操作，仅返回 nothing 的值。着陆逻辑编写如下：

```
# Landing
function land!(vehicle)
    engage_wheels!(vehicle)
    println("Landing vehicle: ", vehicle)
end
```

现在，如果调用者提供了一种可实现 engage_wheels! 函数的飞行器类型，那么它将被使用；否则，调用 engage_wheels! 时，会调用泛型函数，却什么也不做。

我将通过创建另一个实现 engage_wheels! 函数的飞行器类型来让读者完成这个练习。(抱歉，你开发的飞行器可能不是高科技的，因为它带有轮子。)

软契约是为可选接口函数提供默认实现的简单方法。接下来，我们将研究一种更为正式的方法，以声明数据类型是否支持某些接口元素。我们称它们为特质（trait)。

3.5.3 使用特质

有时你可能会遇到需要确定数据类型是否实现接口的情况。有关数据类型是否表现出特定行为的信息也称为特质。

我们如何实现接口的特质？在 Vehicle 模块中，我们可以添加一个新函数，如下所示：

```
# trait
has_wheels(vehicle) = error("Not implemented.")
```

这个默认实现只会引发错误，并且这是有意的。预期该特质函数可以由任何飞行器数据类型实现。在接口代码中，Landing 函数可以利用特质函数获得更完善的逻辑：

```
# Landing (using trait)
function land2!(vehicle)
    has_wheels(vehicle) && engage_wheels!(vehicle)
    println("Landing vehicle: ", vehicle)
end
```

一般而言，特质函数只需要返回一个二元结果，true 或 false。但是，如何设计特质完全取决于开发人员。例如，定义特质函数，使其返回起落架的类型(:wheels，:slider 或 :none）是非常合理的。

尽可能简单地定义特质是一个好想法。你可能还记得，我们在3.5.2节中为战斗机实现的接口需要五个函数——power_on!、power_off!、move!、turn! 和 position。从设计的角度来看，我们可以创建不同的特质：

- has_power()：如果需要开启/关闭飞行器电源，则返回 true。
- can_move()：如果飞行器能够移动，则返回 true。
- can_turn()：如果飞行器可以向任何方向转弯，则返回 true。
- location_aware()：如果飞行器可以跟踪其位置，则返回 true。

一旦有了这些小构件，就可以定义由这些简单特质组成的更复杂的特质。例如，我们可以定义一个名为 smart_vehicle 的特质，它支持我们列出的所有四个特质。此外，我

们可以定义 `solar_vehicle` 特质，该特质用于依赖太阳能的飞行器，并且始终处于开启状态。

使用特质是对对象行为进行建模的一种非常强大的技术。我们围绕如何在实践中实现特质构建了一些模式。我们将在第 5 章更详细地讨论这些内容。

此时，你应该对在 Julia 中设计接口更加得心应手。它们相对容易理解和发展。尽管 Julia 不提供任何用于接口规范的正式语法，但提出我们自己的约定并不难。借助特质，我们甚至可以为对象实现更多动态行为。现在，我们已经结束了本章中的所有主题。

3.6 小结

在本章中，我们通过讨论如何定义函数并利用各种类型的函数参数（例如位置参数、关键字参数和变量参数）来开始我们的讲解。我们讨论了如何使用 splatting 来自动将数组或元组的元素分配给函数参数。我们通过将函数分配给变量并在函数调用中传递它们来探索第一类实体。我们学习了如何创建匿名函数并使用 do 语法使代码更具可读性。

然后，我们讨论了 Julia 的分派机制，并介绍了多重分派的概念。我们意识到可能存在歧义，因此我们回顾了检测歧义的标准工具。我们已经了解到分派本质上是动态的。我们研究了参数化方法，以及它们在几种用例中如何有用，例如，强制类型一致性和从类型参数中提取类型信息。

我们学习了如何设计接口。我们意识到在 Julia 中没有用于定义接口的正式语言语法，但是我们也认识到定义接口很简单且容易实现。我们知道，有时可以使用软契约，这样开发人员就不必实现所有接口函数。最后，我们用特质的概念以及它们对查询数据类型是否实现特定接口的有用性进行了总结。

在第 4 章中，我们将讨论 Julia 语言的另外两个主要功能——宏和元编程。宏在创建使代码简洁且易于维护的新语法中非常有用。深呼吸，让我们继续前进！

3.7 问题

1. 位置参数与关键字参数有何不同？
2. splatting 和 slurping 之间有什么区别？
3. 使用 do 语法的目的是什么？
4. 哪些工具可用于检测与多重分派相关的方法歧义？
5. 如何确保在参数化方法中将相同的具体类型传递给函数？
6. 没有任何正式语言语法的接口如何实现？
7. 如何实现特质？特质如何起到作用？

Chapter 4 第4章

宏和元编程

本章将讨论 Julia 编程语言中最强大的两种功能：宏和元编程。元编程简而言之就是一种用于编写可生成代码的代码的技术，这就是为什么它具有前缀“元”。这听起来有些深奥，但是在当今许多编程语言中，这是相当普遍的做法。例如，C 编译器使用预处理器读取源代码并生成新的源代码，然后将新的源代码编译为二进制可执行文件。例如，你可以按照 `#define MAX(a,b) ((a) > (b) ? (a) : (b))`定义一个 **MAX** 宏，这意味着每次我们使用 **MAX(a,b)**，它都会被替换为`((a) > (b) ? (a) : (b))`。注意，**MAX(a,b)** 相比于较长的形式更容易阅读。

元编程的历史很长，早在 20 世纪 70 年代，它就已经在 LISP 编程语言社区中流行。有趣的是，LISP 语言的设计方式使源代码的结构像数据一样。例如，LISP 中的函数调用类似于 **(sumprod xyz)**，其中第一个元素是函数的名称，其余元素是参数。由于它实际上只是四个符号（**sumprod**、**x**、**y** 和 **z**）的列表，因此我们可以采用此代码并以任何方式对其进行操作。例如，我们可以对其进行扩展，从而计算出数字的总和与乘积，因此生成的代码变为`(list (+ x y z) (* x y z))`。

你可能想知道我们是否可以为此编写函数。答案是肯定的：在我们刚看过的两个示例中，都不需要使用元编程技术。这些示例只是为了说明元编程是如何工作的。通常，我们可以说 99% 的时间不需要进行元编程。但是，在剩下的 1% 的情况下，元编程将非常有用。4.2 节将探讨我们何时想使用元编程。

在本章中，我们将学习 Julia 中的几种元编程工具，涉及以下主题：

- 理解元编程的需求
- 使用表达式

- ❑ 开发宏
- ❑ 使用生成函数

4.1　技术要求

示例源代码位于 https://github.com/PacktPublishing/Hands-on-Design-Patterns-and-Best-Practices-with-Julia/tree/master/Chapter04。

该代码在 Julia 1.3.0 环境中进行了测试。

4.2　理解元编程的需求

在本章开始时，我们大胆地声称 99% 的时间不需要进行元编程。这的确不是虚构的数字。在 JuliaCon 2019 大会上，麻省理工学院的 Steven Johnson 教授发表了有关元编程的主题演讲。他对 Julia 语言本身的源代码进行了一些研究。根据他的研究，Julia 版本 1.1.0 包含 37 000 个方法、138 个宏（0.4%）和 14 个生成函数（0.04%）。因此，元编程代码仅占 Julia 本身实现的不到 1%。尽管这只是元编程在一种语言中的作用的一个示例，但它具有足够的代表性，即使是最聪明的软件工程师在大多数时间也不会使用元编程。

因此，下一个问题是：什么时候需要使用元编程技术？一般来说，使用这些技术有以下几个原因：

1）它们可以使解决方案更简洁、更易于理解。如果不使用元编程来编写代码，那么代码看起来会很丑陋，并且很难理解。

2）因为可以生成而不是写出源代码，所以可以减少开发时间，尤其是可以删除样板代码。

3）可以提高性能，因为代码是拼写的，而不是通过其他高级编程结构（例如循环）执行的。

现在我们来看一些在现实世界中使用元编程的示例。

4.2.1　使用 @time 宏测量性能

Julia 附带了一个常用的宏，称为 `@time`，用于测量执行代码所需的时间。例如，要测量计算一千万个随机数之和所需的时间，我们可以执行以下操作。

```
julia> @time sum(rand(10_000_000))
  0.298792 seconds (171.69 k allocations: 85.020 MiB, 8.64% gc time)
5.000929141615314e6
```

宏通过在要测量的代码周围插入代码来工作。产生的代码可能类似于以下内容：

```
begin
    t1 = now()
```

```
    result = sum(rand(10_000_000))
    t2 = now()
    elapsed = t2 - t1
    println("It took ", elapsed)
    result
end
```

新代码使用 **now()** 函数获取当前时间。然后，它执行用户提供的代码并捕获结果。它再次获取当前时间，并计算经过的时间，将计时信息打印到控制台，然后返回结果。

是否可以不使用元编程来完成？也许我们可以尝试一下。让我们定义一个名为 **timeit** 的函数，如下所示：

```
function timeit(func)
    t1 = now()
    result = func()
    t2 = now()
    elapsed = t2 - t1
    println("It took ", elapsed)
    result
end
```

要使用此计时工具，我们需要将表达式包装在函数中。

```
julia> mycode() = sum(rand(10_000_000))
mycode (generic function with 1 method)

julia> timeit(mycode)
It took 252 milliseconds
5.000779720648706e6
```

该函数运行良好，但是问题是我们必须先将代码包装在单独的函数中，然后才能衡量其性能，这是非常麻烦的事情。因此我们可以得出结论，使用 **@time** 宏更为合适。

4.2.2 循环展开

宏的另一个用例是将循环展开为重复的代码片段。循环展开是一种性能优化技术。其前提是，在循环中执行代码始终需要一定的开销。原因是每次迭代完成时，循环都必须检查条件，并决定是退出还是继续下一次迭代。现在，如果我们确切知道循环需要运行多少次代码，则可以通过重复写出代码来展开代码。

考虑如下的简单循环：

```
for i in 1:3
    println("hello: ", i)
end
```

我们可以将循环展开为三行代码，完成完全相同的工作：

```
println("hello: ", 1)
println("hello: ", 2)
println("hello: ", 3)
```

但是必须手动展开循环将是一个无聊而平凡的任务。此外，工作量随着循环中所需的迭代次数线性增长。借助 Unroll.jl，我们可以使用 @unroll 宏定义一个函数，如下所示：

```
using Unrolled

@unroll function hello(xs)
    @unroll for i in xs

        println("hello: ", i)
    end
end
```

该代码看起来应该很干净，并且将 @unroll 宏插入函数以及 for 循环的前面。首先，我们应检查代码是否正常运行。

```
julia> seq = tuple(1:3...)
(1, 2, 3)

julia> hello(seq)
hello: 1
hello: 2
hello: 3
```

现在，我们应该质疑 @unroll 宏是否执行了任何操作。检查循环是否展开的一种好方法是使用 @code_lowered 宏。

```
julia> @code_lowered(hello(seq))
CodeInfo(
    @ /Users/tomkwong/.julia/packages/Unrolled/26uDc/src/Unrolled.jl:128 within
 `hello'
   ┌ @ /Users/tomkwong/.julia/packages/Unrolled/26uDc/src/Unrolled.jl:128 withi
n `macro expansion' @ REPL[11]:2 @ /Users/tomkwong/.julia/packages/Unrolled/26u
Dc/src/Unrolled.jl:47
1 ─│       i@_3 = Base.getindex(xs, 1)
│  │       Main.println("hello: ", i@_3)
│  │       i@_4 = Base.getindex(xs, 2)         <──── No loop!
│  │       Main.println("hello: ", i@_4)
│  │       i@_5 = Base.getindex(xs, 3)
│  │       Main.println("hello: ", i@_5)
│  │ @ /Users/tomkwong/.julia/packages/Unrolled/26uDc/src/Unrolled.jl:128 withi
n `macro expansion' @ REPL[11]:2 @ /Users/tomkwong/.julia/packages/Unrolled/26u
Dc/src/Unrolled.jl:48
│  │ %7 = Main.nothing
│  │ @ /Users/tomkwong/.julia/packages/Unrolled/26uDc/src/Unrolled.jl:128 withi
n `macro expansion'
└──│       return %7
   └
)
```

降低的代码（即 Julia 底层运行过程的代码）显然包含三个 println 语句，而不是单个 for 循环

什么是降低的代码？在将源代码编译为二进制文件之前，Julia 编译器必须经过一系列处理。第一步是将代码解析为抽象语法树（AST）格式，我们将在 4.3 节中学习该格式。之后，它会经历一个降低过程，以扩展宏并将代码转换为具体的执行步骤。

我们现在已经看到了一些示例并了解了元编程的强大功能，我们将继续前进并学习如何自己创建这些宏。

4.3 使用表达式

Julia 将任何可运行程序的源代码表示为树结构。称为抽象语法树（AST)。因为树仅捕获代码的结构而不是实际语法，所以它被称为抽象树。

例如，表达式 `x + y` 可以用树表示，其中父节点将自身标识为函数调用，子节点包括运算符函数 + 以及 `x` 和 `y` 参数。图 4-1 是它的实现：

稍微复杂一点的表达式 `x + 2y + 1` 如图 4-2 所示。用两个加法运算符编写表达式时，该表达式被解析为对单个函数（+ 函数）进行调用，为此它需要三个参数 `:x`、`2y` 和 `1`。由于 `2y` 本身是表达式，因此可以将其视为主要抽象语法树的子树。

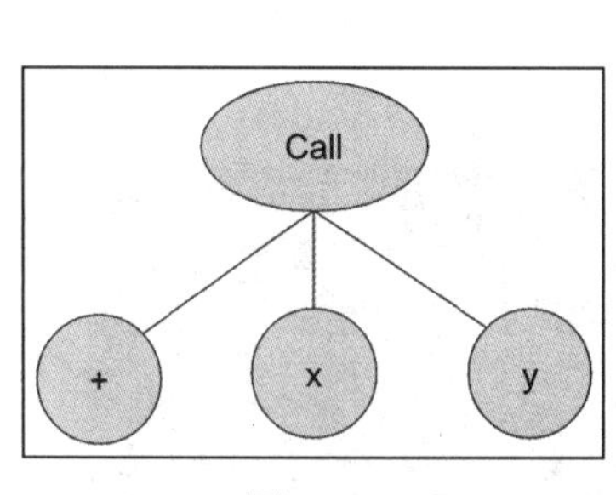

图 4-1

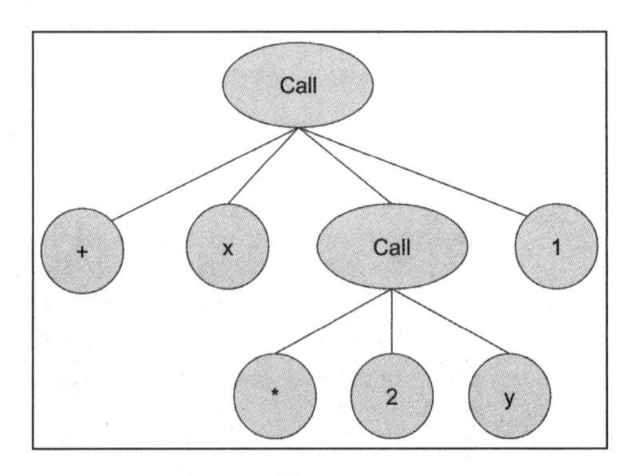

图 4-2

Julia 编译器必须首先将源代码解析为抽象语法树，然后可以执行其他转换和分析，例如扩展宏、类型检查、类型推断，最后将代码转换为机器代码。

4.3.1 试用解析器

因为抽象语法树只是一个数据结构，所以我们可以在 Julia REPL 环境中直接检查它。让我们从一个简单的表达式 `x + y` 开始。

```
julia> Meta.parse("x + y")
:(x + y)
```

在 Julia 中，每个表达式都表示为一个 `Expr` 对象。我们可以通过使用 `Meta.parse` 函数解析字符串来创建一个 `Expr` 对象。

在这里，表达式对象以类似于原始源代码的语法显示，以便于阅读。我们可以确认对象具有 `Expr` 类型，如下所示。

```
julia> Meta.parse("x + y") |> typeof
Expr
```

为了查看抽象语法树，我们可以使用 dump 函数来打印结构。

```
julia> Meta.parse("x + y") |> dump
Expr
  head: Symbol call
  args: Array{Any}((3,))
    1: Symbol +
    2: Symbol x
    3: Symbol y
```

在 Julia 中，每个表达式都由头节点和参数数组表示。

在本示例中，头节点仅包含一个 call 符号。args 数组包含 + 运算符以及两个变量 x 和 y。请注意，这里的所有内容都是一个符号，这没关系，因为我们正在检查源代码本身，可以理解为它只是一棵符号树。

让我们尝试其他一些表达式。

单变量表达式

最简单的表达式之一就是对变量的引用。你可以尝试解析数字或字符串字面量，并查看返回的内容。

```
julia> Meta.parse("x") |> dump
Symbol x
```

关键字参数的函数调用

让我们尝试一些更复杂的东西。我们将研究一个函数调用，该函数调用包含一个位置参数和两个关键字参数。在这里，我们在代码周围使用三引号，以便可以正确处理其中的双引号。

```
julia> Meta.parse("""open("/tmp/test.txt", read = true, write = true)""")
 |> dump
Expr
  head: Symbol call
  args: Array{Any}((4,))
    1: Symbol open
    2: String "/tmp/test.txt"
    3: Expr
      head: Symbol kw
      args: Array{Any}((2,))
        1: Symbol read
        2: Bool true
    4: Expr
      head: Symbol kw
      args: Array{Any}((2,))
        1: Symbol write
        2: Bool true
```

请注意，函数调用将 call 符号作为表达式的头节点。同样，关键字参数被表示为子表达式，每个子表达式具有名为 kw 的头节点和用于参数名称与值的两元素数组。

嵌套函数

我们可能想知道当函数嵌套时，Julia 如何解析代码。我们可以在这里选择一个简单的示例，该示例先计算 `x + 1` 的正弦值，然后计算其结果的余弦值。抽象语法树如下所示。

```
julia> Meta.parse("cos(sin(x+1))") |> dump
Expr
  head: Symbol call
  args: Array{Any}((2,))
    1: Symbol cos
    2: Expr
      head: Symbol call
      args: Array{Any}((2,))
        1: Symbol sin
        2: Expr
          head: Symbol call
          args: Array{Any}((3,))
            1: Symbol +
            2: Symbol x
            3: Int64 1
```

在这里，我们可以清楚地看到树结构。最外面的函数 `cos` 包含一个参数，它是一个表达式节点，具有对 `sin` 函数的调用。该表达式还包含一个参数，这是另一个表达式节点，该节点调用带有两个参数（变量 `x` 和值 `1`）的 + 运算符函数。现在，让我们继续进行表达式的工作。

4.3.2 手动构造表达式对象

由于表达式只是一种数据结构，因此我们可以轻松地以编程方式构造它们。理解如何做到这一点对于元编程至关重要，它涉及动态创建新的代码结构。

`Expr` 构造函数具有以下函数签名：

```
Expr(head::Symbol, args...)
```

头节点始终带有一个符号。参数仅包含头节点期望的值，例如，可以按如下方式创建简单表达式 `x + y`。

```
julia> Expr(:call, :+, :x, :y)
:(x + y)
```

当然，如果我们愿意，我们总是可以创建一个嵌套表达式。

```
julia> Expr(:call, :sin, Expr(:call, :+, :x, :y))
:(sin(x + y))
```

在这一点上，你可能想知道是否存在一种更简便的方法来创建表达式而无须手动构造 `Expr` 对象。当然，可以按如下方式创建表达式。

```
julia> ex = :(x + y)
:(x + y)

julia> dump(ex)
Expr
  head: Symbol call
  args: Array{Any}((3,))
    1: Symbol +
    2: Symbol x
    3: Symbol y
```

基本上，我们可以使用位于左边的：(和位于右边的) 来包装任何表达式。位于中间的代码将不进行计算，而是解析为一个表达式对象。但是，这种引用方式仅适用于单个表达式。如果你尝试对多个表达式执行此操作，则会显示错误，如以下代码所示。

```
julia> :(x = 1
         y = 2)
ERROR: syntax: missing comma or ) in argument list
```

它不再起作用，因为多个表达式应使用 begin 和 end 关键字包装。因此，如果我们输入以下代码块，那就可以正常工作了。

```
julia> :(begin
       x = 1
       y = 2
       end)
quote
    #= REPL[39]:2 =#
    x = 1
    #= REPL[39]:3 =#
    y = 2
end
```

结果很有意思。如上图所示，代码现在包装在 quote/end 块中，而不是 begin/end 块中。这实际上是有道理的，因为显示的是带引号的表达式，而不是原始的源代码。请记住，这是抽象语法树，而不是原始代码。

事实证明 quote/end 可以直接用于创建表达式。

```
julia> quote
           x = 1
           y = 2
       end
quote
    #= REPL[40]:2 =#
    x = 1
    #= REPL[40]:3 =#
    y = 2
end
```

现在，我们已经学习了如何将源代码解析为表达式对象。接下来，我们将研究更复杂的表达式，以便更加熟悉 Julia 程序的基本代码结构。

4.3.3 尝试更复杂的表达式

如前所述，任何有效的 Julia 程序都可以表示为抽象语法树。现在我们有了创建表达式对象的构造块，让我们检查更多的构造，并查看更复杂程序的表达式对象。

赋值

我们将首先了解它是如何赋值的。请看以下代码。

```
julia> :(x = 1 + 1) |> dump
Expr
  head: Symbol =
  args: Array{Any}((2,))
    1: Symbol x
    2: Expr
      head: Symbol call
      args: Array{Any}((3,))
        1: Symbol +
        2: Int64 1
        3: Int64 1
```

从前面的代码中，我们可以看到变量赋值具有 = 的头节点和两个参数——要赋值的变量（在本示例中为 x）和另一个表达式对象。

代码块

代码块由 `begin` 和 `end` 关键字括起来。让我们检查一下抽象语法树的样子。

```
julia> :(begin
           println("hello")
           println("world")
         end) |> dump
Expr
  head: Symbol block
  args: Array{Any}((4,))
    1: LineNumberNode
      line: Int64 2
      file: Symbol REPL[43]
    2: Expr
      head: Symbol call
      args: Array{Any}((2,))
        1: Symbol println
        2: String "hello"
    3: LineNumberNode
      line: Int64 3
      file: Symbol REPL[43]
    4: Expr
      head: Symbol call
      args: Array{Any}((2,))
        1: Symbol println
        2: String "world"
```

line number for debugging purpose

Function calls

头节点仅包含一个 `block` 符号。当块中有多行时，抽象语法树还包括行号节点。在此示例中，在第一次调用 `println`（行号 2 中）之前有一个 `LineNumberNode`。同样，在第二次调用 println（行号 4 中）之前还有另一个 LineNumberNode。LineNumberNode 节点不执行任何操作，但对于栈跟踪和调试很有用。

条件构造

接下来，我们将探讨条件构造，例如 if-else-end。请参考以下代码。

```
julia> :(if 2 > 1
             "good"
         else
             "bad"
         end) |> dump
Expr
  head: Symbol if
  args: Array{Any}((3,))
    1: Expr
      head: Symbol call
      args: Array{Any}((3,))
        1: Symbol >
        2: Int64 2                Condition
        3: Int64 1
    2: Expr
      head: Symbol block
      args: Array{Any}((2,))
        1: LineNumberNode                      Path #1
          line: Int64 2
          file: Symbol REPL[45]
        2: String "good"
    3: Expr
      head: Symbol block
      args: Array{Any}((2,))                   Path #2
        1: LineNumberNode
          line: Int64 4
          file: Symbol REPL[45]
        2: String "bad"
```

头节点包含 if 符号。有三个参数：一个条件表达式、一个满足条件时的块表达式、一个不满足条件时的块表达式。

循环

现在，我们将继续循环构造。考虑一个简单的 for 循环，如下所示。

```
julia> :(for i in 1:5
             println("hello world")
         end) |> dump
Expr
  head: Symbol for
  args: Array{Any}((2,))
    1: Expr
      head: Symbol =
      args: Array{Any}((2,))
        1: Symbol i  <-------------  Loop variable
        2: Expr
          head: Symbol call
          args: Array{Any}((3,))
```

```
        1: Symbol :
        2: Int64 1          range
        3: Int64 5
  2: Expr
    head: Symbol block
    args: Array{Any}((2,))
      1: LineNumberNode
        line: Int64 2
        file: Symbol REPL[47]
      2: Expr
        head: Symbol call
        args: Array{Any}((2,))    Function call to println
          1: Symbol println
          2: String "hello world"
```

头节点包含一个 for 符号。有两个参数：第一个参数包含有关循环的表达式，第二个参数包含块表达式。

函数定义

接下来，我们将看到函数定义的结构。请阅读以下代码。

```
julia> :(function foo(x; y = 1)
            return x + y
        end) |> dump
Expr
  head: Symbol function
  args: Array{Any}((2,))
    1: Expr
      head: Symbol call
      args: Array{Any}((3,))
        1: Symbol foo      Function name。
        2: Expr
          head: Symbol parameters      Keyword
          args: Array{Any}((1,))       arguments
            1: Expr
              head: Symbol kw
              args: Array{Any}((2,))
                1: Symbol y
                2: Int64 1
        3: Symbol x          Arguments
    2: Expr
      head: Symbol block
      args: Array{Any}((2,))
        1: LineNumberNode
          line: Int64 2
          file: Symbol REPL[48]
        2: Expr
          head: Symbol return    Return value
          args: Array{Any}((1,))
            1: Expr
              head: Symbol call    Function call
              args: Array{Any}((3,))
                1: Symbol +
                2: Symbol x
                3: Symbol y
```

头节点包含一个 function 符号。第一个参数包含带有参数的调用表达式。第二个参数只是一个块表达式。

调用表达式似乎有些奇怪，因为在调用函数时我们已经看到了一个类似的表达式对象。这是正常现象，因为我们目前正在语法级别上工作。函数定义的语法确实与函数调用本身非常相似。

目前我们已经看到了这么多的示例，但是还没有探索更多的代码构造。我们鼓励你使用相同的方法检查其他代码结构。了解抽象语法树的结构对于编写良好的元编程代码至关重要。接下来，我们将看到如何计算这些表达式。

4.3.4　计算表达式

我们已经详细介绍了如何创建表达式对象。但是它们有什么用？请记住，表达式对象只是 Julia 程序的抽象语法树表示形式。此时，我们可以要求编译器继续将表达式转换为可执行代码，然后运行程序。

可以通过调用 `eval` 函数来计算表达式对象。本质上，Julia 编译器将完成其余的编译过程并运行程序。现在，让我们开始一个新的 REPL 并运行以下代码。

```
julia> eval(:(x = 1))
1
```

显然，这是一个简单的任务。我们可以看到 x 变量在当前环境的定义。

```
julia> x
1
```

请注意表达式的计算实际上发生在全局范围内。我们可以通过在函数中运行 `eval` 来证明这一点。

```
julia> function foo()
           eval(:(y = 1))
       end
foo (generic function with 1 method)

julia> foo()
1

julia> y
1
```

这不是不重要的观察！乍一看，我们可能期望 `y` 变量在 `foo` 函数中赋值。但是，变量赋值发生在全局范围内，因此 `y` 变量在当前环境中被定义为副作用。

更准确地说，该表达式在当前模块中求值。由于我们正在 REPL 中进行测试，因此计算是在名为 `Main` 的当前模块中进行的。表达式之所以这样设计，是因为 `eval` 通常用于代码生成，这对于定义模块内的变量或函数很有用。

接下来，我们将学习如何更轻松地创建表达式对象。

4.3.5 在表达式中插入变量

从引号块构造表达式非常简单。但是，如果我们要动态创建表达式怎么办？我们可以使用插值来完成，这使我们可以使用简单的语法将变量值插入表达式对象中。表达式中的插值非常类似于可以在字符串中插入变量的方式。以下屏幕截图显示了一个示例。

```
julia> x = 2
2

julia> :(sqrt($x))
:(sqrt(2))
```

正如期待的那样，在表达式中正确替换了 2 的值。请注意，它还支持 splatting，如下所示。

```
julia> v = [1, 2, 3]
3-element Array{Int64,1}:
 1
 2
 3

julia> quote
           max($(v...))
       end
quote
    #= REPL[69]:2 =#
    max(1, 2, 3)
end
```

在这种情况下，我们必须确保对包含 splatting 运算符的变量进行插值。如果我们忘记将括号放在 `v...` 周围，那么我们将得到一个截然不同的结果。

```
julia> quote
           max($v...)
       end
quote
    #= REPL[57]:2 =#
    max([1, 2, 3]...)
end
```

此处对表达式进行插值时实际上不会发生 splatting。取而代之的是，splatting 运算符现在成为表达式的一部分，因此只有在对表达式求值后才能进行 splatting。

TIP 诸如 `$v...` 之类的表达式中的优先顺序有些不清楚。v 变量是在 splatting 操作之前还是之后绑定到插值操作的？在这种情况下，最好在要插入的内容周围使用括号。由于我们希望插值能够完全发生，因此语法应为 `$(v...)`。在运行时需要发生 splatting 的情况下，我们可以以 `$(v)...` 代替。

插值是编写宏的重要概念。我们将在本章后面看到更多的用法。接下来，我们将看到如何使用符号值处理构造表达式。

4.3.6 对符号使用 QuoteNode

当符号出现在表达式中时，它们非常特殊。它们可能出现在表达式对象的头节点中，如变量分配表达式中的 = 符号。它们也可能出现在表达式对象的参数中，在这种情况下，它们将表示一个变量。

```
julia> :(x = y) |> dump
Expr
  head: Symbol =
  args: Array{Any}((2,))
    1: Symbol x
    2: Symbol y
```

既然符号已经用于表示变量，我们如何将实际的符号赋值给变量呢？为了弄清楚它是如何工作的，我们可以使用到目前为止所学到的技巧——使用 dump 函数检查表达式对象的语句。

```
julia> :( x = :hello ) |> dump
Expr
  head: Symbol =
  args: Array{Any}((2,))
    1: Symbol x
    2: QuoteNode
      value: Symbol hello
```

如我们所见，实际符号必须包含在 QuoteNode 对象中。现在我们知道需要什么了，我们应该尝试将实际符号插入表达式对象中。实现此目的的方法是手动创建 QuoteNode 对象，并照常使用插值技术。

```
julia> sym = QuoteNode(:hello)
:(:hello)

julia> :( x = $sym)
:(x = :hello)
```

在你忘记创建 QuoteNode 时会发生一个常见的错误。在这种情况下，表达式对象将错误地解释符号，并将其视为变量引用。显然，结果有很大不同，并且代码无法正常工作。

```
julia> sym = :hello
:hello

julia> :( x = $sym)
:(x = hello)
```

不使用 QuoteNode 会生成将一个变量的值分配给另一个变量的代码。在这种情况下，将为变量 x 分配一个变量 hello 的值。

理解 QuoteNode 的工作原理对于动态创建表达式至关重要。开发人员通常将符号插入现有表达式中。因此，接下来，我们将研究如何使用嵌套表达式。

4.3.7 在嵌套表达式中插值

可能有一个带引号的表达式，其中包含另一个带引号的表达式。除非开发人员需要编写元–元程序（meta-meta program），否则这不是很常见的做法。尽管如此，我们仍然应该学习如何在这种情况下进行插入。

首先，让我们回顾一下单层表达式的样子。

```
julia> :(x = 1 + 1) |> dump
Expr
  head: Symbol =
  args: Array{Any}((2,))
    1: Symbol x
    2: Expr
      head: Symbol call
      args: Array{Any}((3,))
        1: Symbol +
        2: Int64 1
        3: Int64 1
```

我们可以将带引号的表达式包装在另一个引号块中，以查看嵌套表达式的结构。

```
julia> :( :( x = 1 ) ) |> dump
Expr
  head: Symbol quote
  args: Array{Any}((1,))
    1: Expr
      head: Symbol =
      args: Array{Any}((2,))
        1: Symbol x
        2: Int64 1
```

现在，让我们尝试插入这样的表达式。

```
julia> v = 2
2

julia> :( :( x = $v ) ) |> dump
Expr
  head: Symbol quote
  args: Array{Any}((1,))
    1: Expr
      head: Symbol =
      args: Array{Any}((2,))
        1: Symbol x
        2: Expr
          head: Symbol $
          args: Array{Any}((1,))
            1: Symbol v
```

我们可以看到，2 没有进入表达式。表达式结构也与我们的预期完全不同。解决方案只对变量插入两次，而不是使用两个 $ 符号。

```
julia> :( :( x = $($v) ) )
:($(Expr(:quote, :(x = $(Expr(:$, 2))))))
```

一般而言，由于逻辑变得难以理解，插入超过单层的内容可能并不有趣。但是，如果你需要为宏生成代码，它可能会很有用。我绝对不建议你尝试超过两层并编写元－元－元程序！

到现在为止，你应该更加熟悉表达式并可以更加自如地运用。从 Julia REPL 可以很容易地看出表达式是如何构造为 Expr 对象的。你应该能够构造新的表达式并在其中插入值，这些是元编程所需的基本技能。

在 4.4 节中，我们将研究 Julia 中强大的元编程功能——宏。

4.4 开发宏

现在我们了解了源代码是如何用抽象语法树表示的，我们可以通过编写宏开始做更多有趣的事情。在本节中，我们将学习什么是宏以及如何使用它们。

4.4.1 什么是宏

宏是接受表达式，对其进行操作并返回新表达式的函数。可以用图 4-3 来理解。

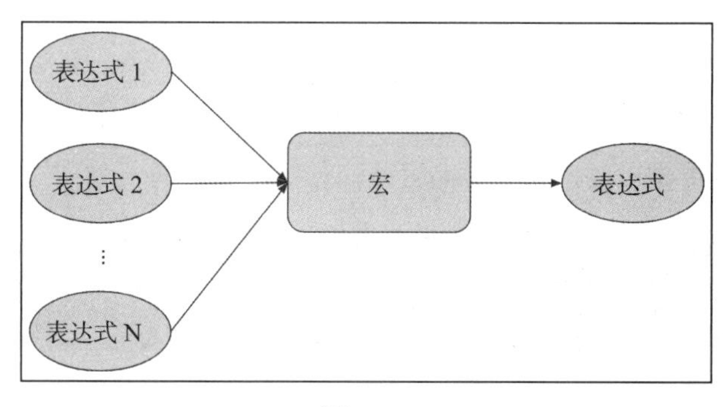

图 4-3

众所周知，表达式只是源代码的抽象语法树表示形式。因此，Julia 中的宏工具允许你获取任何源代码并生成新的源代码。然后执行结果表达式，就好像源代码是直接在适当的地方编写的一样。

在这一点上，你可能想知道为什么我们不能使用常规函数来实现相同的目的。为什么我们不能编写一个接收表达式，生成新表达式，然后执行结果表达式的函数？

有两个主要原因：

- 宏扩展在编译期间发生。这意味着该宏仅在使用它的位置执行一次。例如，当从函数调用宏时，在定义函数时执行该宏，以便可以编译该函数。

- 宏的结果表达式可以在当前范围内执行。在运行时，没有其他方法可以在函数本身内执行任何动态代码，因为根据定义，该函数已经编译。因此，计算任何表达式的唯一方法是在全局范围内执行。

在本章的最后，你应该对宏如何工作以及它们与函数的区别有更好的了解。现在我们了解了什么是宏，我们将通过编写第一个宏继续我们的旅程。

4.4.2 编写第一个宏

宏的定义方式与函数的定义方式类似，不同之处在于，宏使用 `macro` 关键字而不是 `function` 关键字。

我们还应该记住，宏必须返回表达式。让我们创建第一个宏。该宏返回一个包含 `for` 循环的表达式对象，如下所示：

```
macro hello()
    return :(
    for i in 1:3
        println("hello world")
    end
    )
end
```

调用宏就像使用 `@` 前缀调用宏一样容易。请看以下代码。

与函数不同，可以在不使用括号的情况下调用宏。所以我们可以做以下事情。

太棒了！现在，我们已经编写了第一个宏。尽管看起来并不令人兴奋（生成的代码只是静态代码），但是我们已经学习了如何定义宏并运行它们。

接下来，我们将学习如何将参数传递给宏。

4.4.3 传递字面量参数

就像函数一样，宏也可以接受参数。实际上，对宏来说，接受参数是最常见的情况。最简单的参数类型是字面量，例如数字、符号和字符串。

为了在返回的表达式中利用这些参数，我们可以使用在 4.3 节中学习的插值技术。考虑以下代码：

```
macro hello(n)
    return :(
```

```
        for i in 1:$n
            println("hello world")
        end
        )
    end
```

hello 宏采用单个参数 n，该参数在运行宏时插入到表达式中。和之前一样，我们可以按如下方式调用宏。

```
julia> @hello(2)
hello world
hello world
```

根据前面所学，我们知道可以不需要括号，所以也可以按如下方式调用宏。

```
julia> @hello 2
hello world
hello world
```

你可以尝试使用字符串或符号参数进行类似的练习。传递字面量很容易理解，因为它与函数的工作方式相同。但是，在宏和函数之间确实存在细微的差别，我们将在之后详细讨论。

4.4.4 传递表达式参数

必须强调的是，宏参数是作为表达式而不是值传递的。初学者可能会感到困惑，因为宏的调用类似于函数，但是行为却完全不同。

我们需要完全理解这意味着什么。当使用变量调用函数时，变量的值将传递到函数中。对于 showme 函数，参考以下示例代码。

```
julia> a = 1; b = "hello"; c = :hello;

julia> function showme(x)
           @show x
       end
showme (generic function with 1 method)

julia> showme(a);
x = 1

julia> showme(b);
x = "hello"

julia> showme(c);
x = :hello
```

现在，让我们创建一个 @showme 宏，该宏除了在控制台中显示参数外什么也不做。然后我们可以将结果与前面的代码进行比较。

```
julia> macro showme(x)
           @show x
       end
@showme (macro with 1 method)

julia> @showme(a);
x = :a

julia> @showme(b);
x = :b

julia> @showme(c);
x = :c
```

如上所示，运行宏的结果与调用函数得到的结果完全不同。函数参数 `x` 实际上仅从调用宏的位置看到一个表达式。从本节开始的图中，我们可以看到宏应该接受表达式并作为结果返回单个表达式。它们不知道参数的值，因为它们在语法级别工作。

我们将在 4.4.5 节中看到，运行宏时甚至可以操纵表达式。

4.4.5 理解宏扩展过程

按照惯例，每个宏都必须返回一个表达式。获取一个或多个表达式并返回一个新表达式的过程称为宏扩展。有时，无须实际运行代码即可查看返回的表达式。为此，我们可以使用 `@macroexpand` 宏。让我们尝试将其用于之前面定义的 `@hello` 宏。

```
julia> @macroexpand @hello 2
:(for var"#67#i" = 1:2
      #= REPL[84]:4 =#
      Main.println("hello world")
  end)
```

此输出中有几点需要注意：

- `i` 变量重命名为 `# 67 # i`。这是由 Julia 编译器完成的，以确保卫生，我们将在稍后讨论。卫生宏是需要记住的重要特征，其所生成的代码不会与其他代码冲突。
- 在循环中插入一个注释，其中包含源文件和行号信息。当使用调试器时，这是表达式的有用部分。
- 对 `println` 的函数调用已绑定到当前环境 `Main` 中。这是有道理的，因为 `println` 是 `Core` 包的一部分，并且会自动纳入每个 Julia 程序的范围。

那么什么时候进行宏扩展？接下来讨论该问题。

宏扩展的时机

在 REPL 中，我们调用宏后就会对其进行扩展。比较有意思的是，当定义了包含宏的函数时，宏将作为函数定义过程的一部分进行扩展。

我们可以通过开发一个简单的 `@identity` 宏来看到这一点，该宏可以返回传递给它的任何表达式。在返回表达式之前，我们只是将对象 dump 到屏幕上。@identity 宏的代码如下：

```
macro identity(ex)
    dump(ex)
    return ex
end
```

由于此宏返回与传递的表达式相同的表达式，因此它最终应执行该宏之后的原始源代码。

现在，让我们定义一个使用 @identity 宏的函数。

```
julia> function foo()
           return @identity 1 + 2 + 3
       end
Expr
  head: Symbol call
  args: Array{Any}((4,))
    1: Symbol +
    2: Int64 1
    3: Int64 2
    4: Int64 3
foo (generic function with 1 method)
```

显然，编译器已经确定该宏用于 foo 函数的定义中，并且为了编译 foo 函数，它必须了解 @identity 宏的作用。因此，它扩展宏并将其融入到函数定义中。在宏扩展过程中，将显示表达式。

如果我们对 foo 函数使用 @code_lowered 宏，我们可以看到扩展后的代码现在位于 foo 函数的主体中。

```
julia> @code_lowered foo()
CodeInfo(
1 ─ %1 = 1 + 2 + 3
└──      return %1
)
```

TIP 在开发过程中，开发人员可能会经常更改函数、宏等的定义。由于在定义函数时会扩展宏，因此如果更改了所使用的任何宏，则重新定义该函数非常重要。否则，函数可以继续使用从先前的宏定义生成的代码。

@macroexpand 是用于开发宏的必不可少的工具，尤其是对于调试目的最为有用。

接下来，我们将尝试通过处理宏中的表达式来提高创造力。

4.4.6 操作表达式

宏的功能强大，因为它们允许在宏扩展过程中对表达式进行操作。这是非常有用的技术，尤其是对于代码生成和设计领域特定的语言。让我们来看一些例子，以了解可能发生的情况。

例子 1——生成新的表达式

让我们从一个简单的例子开始。假设我们要创建一个名为 `@squared` 的宏，该宏接受一个表达式并将其平方。换句话说，如果我们运行 `@squared(x)`，则应将其转换为 `x * x`：

```
macro squared(ex)
    return :($(ex) * $(ex))
end
```

当我们从 REPL 运行它时，乍一看它似乎可以正常工作。

但是该宏的执行上下文有问题。说明问题的最佳方法是定义一个使用宏的函数。因此，让我们定义一个 `foo` 函数，如下所示：

```
function foo()
    x = 2
    return @squared x
end
```

现在，当我们调用该函数时，会出现以下错误。

```
julia> foo()
ERROR: UndefVarError: x not defined
```

这是为什么？这是因为在宏扩展过程中，`x` 符号指向模块中的变量，而不是 `foo` 函数中的局部变量。我们可以使用 `@code_lowered` 宏来确认这一点。

```
julia> @code_lowered foo()
CodeInfo(
1 ─      x = 2
│   %2 = Main.x * Main.x
└──      return %2
)
```

显然，我们的意图是对局部 `x` 变量求平方而不是 `Main.x`。解决此问题的简单方法是在插值期间使用 `esc` 函数，以便将表达式直接放置在语法树中，而无须让编译器对其进行解析。以下是它的完成方式：

```
macro squared(ex)
    return :($(esc(ex)) * $(esc(ex)))
end
```

由于宏是在早期扩展的，因此在定义 `foo` 之前，我们需要再次定义 `foo` 函数，如下所示，更新的宏才能生效。另外，你可以启动一个新的 REPL 并再次定义 `@squared` 宏和 `foo` 函数。

```
julia> function foo()
           x = 2
           return @squared x
       end
foo (generic function with 1 method)

julia> foo()
4
```

foo 函数现在可以正常工作。

从此例子中，我们学习了如何使用插值技术创建新表达式。我们还了解到，需要使用 esc 函数对插入变量进行转义，以避免编译器将其解析为全局范围。

例子 2——调整抽象语法树

假设我们要设计一个名为 @compose_twice 的宏，该宏采用一个简单的函数调用表达式，然后再次使用结果来调用同一函数。例如，如果我们运行 @compose_twice sin(x)，则应将其转换为 sin(sin(x))。

在编写宏之前，首先让我们熟悉表达式的抽象语法树。

```
julia> :(sin(x)) |> dump
Expr
  head: Symbol call
  args: Array{Any}((2,))
    1: Symbol sin
    2: Symbol x
```

它如何寻找 sin(sin(x))？请参见以下内容。

```
julia> :(sin(sin(x))) |> dump
Expr
  head: Symbol call
  args: Array{Any}((2,))
    1: Symbol sin
    2: Expr
      head: Symbol call
      args: Array{Any}((2,))
        1: Symbol sin
        2: Symbol x
```

这并不奇怪，顶层调用的第二个参数只是另一个表达式，看起来像我们之前看到的那样。

我们可以如下编写宏：

```
macro compose_twice(ex)
    @assert ex.head == :call
    @assert length(ex.args) == 2
    me = copy(ex)
    ex.args[2] = me
    return ex
end
```

前两个 @assert 语句用于确保表达式表示采用单个参数的函数调用。当我们想用类似的表达式替换参数时，我们只需复制当前表达式对象并将其分配给 ex.args[2]。然后宏返回结果表达式以进行计算。

我们可以验证宏是否正常工作。

```
julia> @compose_twice(sin(1)) == sin(sin(1))
true
```

如上所示，我们可以通过直接处理抽象语法树而不是将变量插值为漂亮的表达式来转换源代码。

现在，你可能已经可以欣赏元编程的强大功能。与使用插值相比，直接操作表达式不那么容易理解，因为结果表达式未在代码中表示。但是，操作表达式的能力为翻译源代码提供了最大的灵活性。

接下来，我们将讨论元编程的一个重要功能——卫生宏。

4.4.7 理解卫生宏

卫生宏是指保持宏生成的代码干净的能力。之所以称为卫生，是因为所生成的代码不会被该代码的其他部分所污染。注意，许多其他编程语言不提供这种保证。以下是一个 C 程序，其中包含一个名为 SWAP 的宏，该宏用于交换两个变量的值：

```
#include <stdio.h>

#define SWAP(a,b) temp=a; a=b; b=temp;

int main(int argc, char *argv[])
{
    int a = 1;
    int temp = 2;

    SWAP(a,temp);
    printf("a=%d, temp=%d\n", a, temp);
}
```

但是，运行此 C 程序会产生错误的结果。

```
$ gcc swap.c
$ ./a.out
a=1, temp=1
```

它没有正确交换 a 和 temp 变量，因为 temp 变量还用作宏主体中的临时变量。

让我们回到 Julia。考虑下面的宏，它只运行一个 ex 表达式并将其重复 n 次：

```
macro ntimes(n, ex)
    quote
        times = $(esc(n))
        for i in 1:times
            $(esc(ex))
```

```
        end
    end
end
```

由于在返回的表达式中使用了 `times` 变量，如果在调用站点中已经使用相同的变量名，将会发生什么？让我们尝试以下示例代码，该示例代码在宏调用之前定义了一个 `times` 变量，并在宏调用之后输出了相同变量的值：

```
function foo()
    times = 0
    @ntimes 3 println("hello world")
    println("times = ", times)
end
```

如果宏扩展器按字面意义进行了处理，那么在宏调用之后，`times` 变量将被修改为 `3`。但是，我们可以在以下代码中看到它正常工作。

```
julia> foo()
hello world
hello world
hello world
times = 0
```

之所以起作用，是因为宏系统能够通过将 `times` 变量重命名为其他变量来保持卫生，从而不会发生冲突。让我们看一下使用 `@macroexpand` 的扩展代码。

```
julia> @macroexpand(@ntimes 3 println("hello world"))
quote
    #= REPL[12]:3 =#
    var"#44#times" = 3
    #= REPL[12]:4 =#
    for var"#45#i" = 1:var"#44#times"
        #= REPL[12]:5 =#
        println("hello world")
    end
end
```

在这里，我们可以看到 `times` 变量变成了 `# 44 # times`。循环变量 `i` 也变成了 `# 45 # i`。这些变量名由编译器动态生成，以确保宏生成的代码不会与其他用户编写的代码冲突。

卫生宏是宏正确运行的基本功能。开发人员不需要做任何事情，Julia 会自动提供保证。

接下来，我们将研究为非标准字符串字面量提供动力的另一种宏。

4.4.8　开发非标准字符串字面量

有一种特殊的宏，用于定义非标准字符串字面量（看起来像字面量字符串），但是在引用该宏时会调用它。

一个很好的例子是 Julia 的正则表达式字面量，例如 `r"^ hello"`。由于双引号前面有 r 前缀，因此它不是标准的字符串字面量。让我们首先检查这样一个字面量的数据类型。我们可以看到从字符串创建了一个 Regex 对象。

```
julia> typeof(r"^hello")
Regex
```

我们还可以创建自己的非标准字符串字面量。让我们尝试在这里一起完成一个有趣的示例。

假设出于开发目的，我们希望方便地创建具有不同列类型的样本数据帧。如下所示的语法有点乏味。

```
julia> using DataFrames

julia> DataFrame(x1 = rand(Float64, 100000), x2 = rand(Int16, 100000))
100000×2 DataFrame
│ Row    │ x1       │ x2     │
│        │ Float64  │ Int16  │
├────────┼──────────┼────────┤
│ 1      │ 0.153125 │ -26112 │
│ 2      │ 0.516002 │ 19489  │
⋮
│ 99998  │ 0.138176 │ 14862  │
│ 99999  │ 0.114268 │ -24262 │
│ 100000 │ 0.57595  │ -9610  │
```

想象一下，我们偶尔需要创建数十个具有不同数据类型的列。创建这样一个数据帧的代码很长，而作为一名开发人员，我会非常无聊地输入所有内容。因此，我们可以设计一个字符串字面量，使其包含构造此类数据帧的规范，我们将其称为 ndf（数值数据帧）字面量。

ndf 上的规范只需要编码所需数量的行和列类型。例如，字面量 ndf"100000:f64, i16" 可用于表示前面的示例数据帧（其中需要 100 000 行），其中两列标记为 Float64 和 Int16 列。

要实现此功能，我们只需定义一个名为 @ndf_str 的宏。宏采用字符串字面量，并相应地创建所需的数据帧。以下是实现宏的一种方法：

```
macro ndf_str(s)
    nstr, spec = split(s, ":")
    n = parse(Int, nstr) # number of rows
    types = split(spec, ",") # column type specifications
    num_columns = length(types)
    mappings = Dict(
    "f64"=>Float64, "f32"=>Float32,
    "i64"=>Int64, "i32"=>Int32, "i16"=>Int16, "i8"=>Int8)
    column_types = [mappings[t] for t in types]
    column_names = [Symbol("x$i") for i in 1:num_columns]
    DataFrame([column_names[i] => rand(column_types[i], n)
        for i in 1:num_columns]...)
end
```

前几行分析该字符串，并确定行数（n）以及列的类型（types）。然后，创建了一个名为 mappings 的字典，将速记映射到相应的数字类型。列名称和类型是根据类型和映射数据生成的。最后，它调用 DataFrame 构造函数并返回结果。

现在已经定义了宏，我们可以轻松创建新的数据帧，如下所示。

```
julia> ndf"100000:f64,f32,i16,i8"
100000×4 DataFrame
│ Row    │ x1        │ x2        │ x3     │ x4   │
│        │ Float64   │ Float32   │ Int16  │ Int8 │
├────────┼───────────┼───────────┼────────┼──────┤
│ 1      │ 0.0857999 │ 0.913402  │ 32766  │ -32  │
│ 2      │ 0.94144   │ 0.467502  │ 16344  │ -11  │
│ 3      │ 0.0977344 │ 0.0806381 │ 26006  │ 54   │
│ 4      │ 0.554632  │ 0.74744   │ 23622  │ -28  │
⋮
│ 99996  │ 0.693608  │ 0.024865  │ 10105  │ -98  │
│ 99997  │ 0.151315  │ 0.680554  │ -20284 │ 75   │
│ 99998  │ 0.525563  │ 0.186645  │ -20596 │ 10   │
│ 99999  │ 0.475524  │ 0.372738  │ 11549  │ -2   │
│ 100000 │ 0.0160358 │ 0.0794551 │ 18773  │ 50   │
```

在某些情况下，非标准字符串字面量可能会非常有用。我们可以将字符串规范视为编码在字符串中的一种特定于小型域的语言。只要正确定义字符串规范，它就能使代码更短、更简洁。

TIP 你可能已经注意到 ndf_str 宏返回一个常规的 DataFrame 对象，而不是通常使用宏的表达式对象。这非常好，因为最终的 DataFrame 对象将原样返回。你可能会认为常量的计算就像常量本身一样。我们可以在这里只返回一个值而不是一个表达式，因为返回的值不涉及调用站点或模块中的任何变量。

你可能会好奇地问：为什么我们不能为此创建一个常规函数？对于这个虚拟示例，我们当然可以这样做。但是，在某些情况下，使用字符串字面量可以提高性能。

例如，当我们在函数中使用 Regex 字符串字面量时，Regex 对象是在编译时创建的，因此只能执行一次。如果改用 Regex 构造函数，则每次调用函数时都会创建该对象。

现在我们已经结束了宏的主题。我们学习了如何通过获取表达式并生成新表达式来创建宏。我们使用 @macroexpand 宏调试宏扩展过程。我们还学习了如何处理卫生宏。最后，我们看了非标准的字符串字面量，并使用宏创建了自己的字面量。

接下来，我们将看另一种称为生成函数的元编程工具，该工具可用于解决常规宏无法处理的另一类问题。

4.5 使用生成函数

我们之前已经解释了如何创建返回表达式对象的宏。由于宏在语法级别起作用，因此它们只能通过检查代码的外观来操纵代码。但是，Julia 是一个动态系统，其中在运行时确定数据类型。因此，Julia 提供了创建生成函数的功能，使你可以检查函数调用的数据类型并返回表达式，就像宏一样。返回表达式后，将在调用站点对其进行求值。

为了了解为什么需要生成函数，让我们重新回顾宏的工作方式。假设我们创建了一个宏使它的参数值加倍，如下所示：

```
macro doubled(ex)
    return :( 2 * $(esc(ex)))
end
```

无论我们将什么表达式传递给该宏，它都将盲目地重写代码，从而使原始表达式加倍。假设有一天，开发了一款超级计数器软件，它使我们可以快速计算两倍的浮点数。在这种情况下，我们可能希望系统仅针对浮点数切换到该功能，而不是使用标准乘法运算符。

因此，我们的第一个尝试可能如下所示：

```
# This code does not work. Don't try it.
macro doubled(ex)
    if typeof(ex) isa AbstractFloat
        return :( double_super_duper($(esc(ex))) )
    else
        return :( 2 * $(esc(ex)))
    end
end
```

但是不幸的是，宏无法做到这一点。为什么？因为宏只能访问抽象语法树。这是编译管道的较早部分，没有可用的类型信息。前面代码中的 **ex** 变量仅仅是一个表达式对象。这个问题可以用生成函数解决。

4.5.1 定义生成函数

生成函数是在函数定义中以 **generated** 为前缀的函数。这些函数可以返回表达式对象，就像宏一样。例如，我们可以如下定义 **doubled** 函数：

```
@generated function doubled(x)
    return :( 2 * x )
end
```

让我们快速运行一个测试，并确保它可以正常工作。

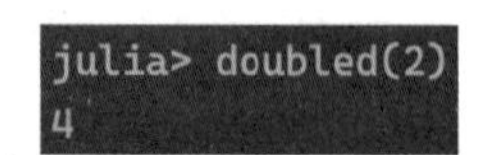

该段代码能够按预期设想工作。因此，定义生成函数与定义宏非常相似。在这两种情况下，我们都可以创建一个表达式对象并返回它，并且可以期望对表达式进行正确的计算。

但是，我们尚未充分发挥生成函数的全部功能。接下来，我们将研究如何使数据类型信息可用以及如何在生成函数中使用它。

4.5.2　检查生成函数参数

要记住的重要一点是，生成函数的参数包含数据类型，而不是实际值。图 4-4 是生成函数的工作方式的直观表示。

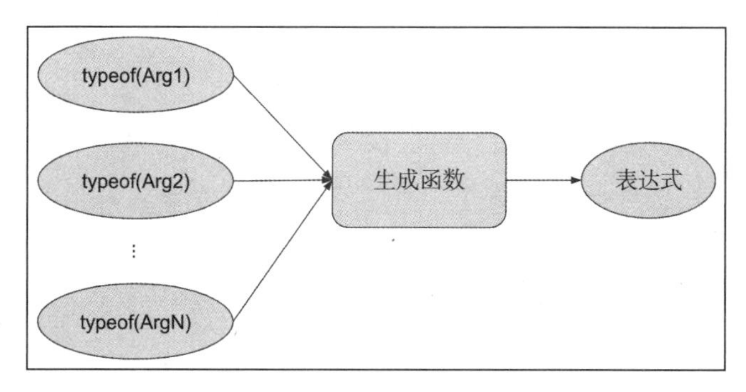

图　4-4

这与接受参数作为值的函数形成鲜明对比。它也不同于接受参数作为表达式的宏。在这里，生成函数接受参数作为数据类型。似乎有些奇怪，但是让我们做一个简单的实验来确认此事实。

对于本实验，我们将通过返回表达式之前在屏幕上显示参数来再次定义 doubleed 函数。

```
@generated function doubled(x)
    @show x
    return :( 2 * x )
end
```

让我们再次测试函数。

```
julia> doubled(2)
x = Int64
4

julia> doubled(2)
4
```

如图所示，在执行生成函数期间，参数 x 的值为 Int64 而不是 2。此外，再次调用该函数时，不再显示 x 的值。这是因为该函数是在第一次调用后编译的。

现在，让我们看看如果再次使用其他类型运行它会发生什么。

```
julia> doubled(3.0)
x = Float64
6.0
```

编译器再次插入并根据 Float64 的类型编译了新版本。因此，从技术上讲，每种参数类型现在都有两个 doubled 函数版本。

你可能已经意识到，在特化方面，生成函数的行为类似于常规函数。不同之处在于，在编译发生之前，我们有机会操纵抽象语法树。

有了这个新的生成函数，现在只要参数的数据类型是 **AbstractFloat** 的子类型，我们就可以通过切换到更快的 **double_super_duper** 函数来利用这个假设的极好的软件，如以下代码所示：

```
@generated function doubled(x)
    if x <: AbstractFloat
        return :( double_super_duper(x) )
    else
        return :( 2 * x )
    end
end
```

使用生成函数，我们可以根据参数的类型来特化函数。当类型为 **AbstractFloat** 时，该函数将求助于 **double_super_duper(x)** 而不是 **2 * x** 表达式。

TIP 如 Julia 官方语言参考手册中所述，开发生成函数时必须小心。精确的限制超出了本书的范围。如果需要为软件编写生成函数，强烈建议你参考手册。

生成函数是处理宏无法处理的情况的有用工具。具体来说，在宏扩展过程中，没有有关参数类型的信息。生成函数使我们更接近编译过程的核心。拥有有关参数类型的额外知识，我们在处理不同情况时会更加灵活。

作为元编程工具，宏的使用比生成函数要广泛得多。尽管如此，很高兴知道这两个工具都可用。

4.6 小结

在本章中，我们学习了 Julia 如何将表达式解析为抽象的语法树结构。我们了解到可以通过编程方式创建和运算表达式。我们还学习了如何将变量插入到带引号的表达式中。

然后，我们跳到了用于动态创建新代码的宏主题。我们了解到宏参数是表达式而不是值，并学习了如何从宏创建新表达式。创建有趣的宏来操纵抽象语法树来处理一些有趣的用例。

最后，我们研究了生成函数，这些函数可用于根据函数参数的类型生成代码。我们了解了生成函数如何对假设的用例有用。

现在，我们已经完成了关于 Julia 编程语言的入门部分。在第 5 章中，我们将开始研究与代码可重用性相关的设计模式。

4.7 问题

1. 引用表达式以便以后可以对代码进行操作的两种方式是什么？

2. `eval` 函数在什么范围内执行代码？
3. 如何将物理符号插入到带引号的表达式中，以免将其误解为源代码？
4. 定义非标准字符串字面量的宏的命名约定是什么？
5. 何时使用 `esc` 函数？
6. 生成函数与宏有何不同？
7. 如何调试宏？

第三部分 Part 3

实现设计模式

本部分的目的是向你提供现代的Julia专用设计模式以及传统的面向对象模式的详细清单。你将学习如何把这些模式应用于各种不同的问题。

Chapter 5 第 5 章

可重用模式

本章我们将学习与软件可重用性相关的几种模式。回顾第 1 章，我们知道可重用性是构建大型应用程序所需的四个软件质量目标之一。

没有人想重新发明轮子。重用现有软件组件可以节省时间和精力。本章中的模式是行之有效的技术，可以帮助我们改善应用程序设计，重用现有代码并减少整体代码量。

本章我们将介绍以下主题：

- 委托模式
- Holy Traits 模式
- 参数化类型模式

5.1 技术要求

示例源代码位于 https://github.com/PacktPublishing/Hands-on-Design-Patterns-and-Best-Practices-with-Julia/tree/master/Chapter05。

该代码在 Julia 1.3.0 环境中进行了测试。

5.2 委托模式

委托是一种在软件工程中普遍应用的模式，主要目标是通过 has-a 关系包装现有组件以增强其功能。

即使在面向对象的编程社区中，委托模式也被广泛采用。在面向对象编程的早期，人们认为使用继承可以很好地实现代码重用。但人们逐渐意识到，由于与继承相关的各种问题，无法完全兑现这一承诺。从那时起，许多软件工程师更喜欢使用复合而不是继承。复合的概念是将一个对象包装在另一个对象中。为了重用现有函数，我们必须将函数调用委托给包装的对象。本节将说明如何在 Julia 中实现委托。

一种方法是使用新功能增强现有组件。这听起来不错，但在实践中可能具有挑战性。例如以下情况：

- 现有的组件是来自供应商的产品，并且源代码不可用。即使该代码可用，供应商的许可证也可能不允许我们进行自定义更改。
- 现有组件是由另一个团队开发并用于关键任务的系统，不允许进行更改，也不适用于该系统。
- 现有组件包含大量旧代码，而新的更改可能会损害组件的稳定性并需要大量测试工作。

如果不能修改现有组件的源代码，那么我们至少应该能够通过其发布的编程接口使用该组件。这就是委托模式的优点。

5.2.1　在银行用例中应用委托模式

委托模式是通过包装一个称为父对象的现有对象来创建新对象的想法。为了重用对象的功能，可以将为新对象定义的函数委托（也称为转发）给父对象。

假设我们可以访问提供一些基本账户管理功能的银行库。为了了解其工作原理，让我们看一下源代码。

设计一个具有以下可变数据结构的银行账户：

```
mutable struct Account
    account_number::String
    balance::Float64
    date_opened::Date
end
```

作为编程接口的一部分，该库还提供了用于充值、提现和转账的字段访问器（参见第 8 章）和函数，如下所示：

```
# Accessors

account_number(a::Account) = a.account_number
balance(a::Account) = a.balance
date_opened(a::Account) = a.date_opened

# Functions

function deposit!(a::Account, amount::Real)
    a.balance += amount
    return a.balance
```

```
end

function withdraw!(a::Account, amount::Real)
    a.balance -= amount
    return a.balance
end

function transfer!(from::Account, to::Account, amount::Real)
    withdraw!(from, amount)
    deposit!(to, amount)
    return amount
end
```

实际上，这样的银行库肯定比这里看到的复杂得多。我怀疑当资金进出银行账户时，会产生许多对下游系统的影响，例如记录审计跟踪记录、在网站上提供新余额、向客户发送电子邮件等。

让我们继续学习如何利用委托模式。

组成一个包含现有类型的新类型

作为一项新计划的一部分，该银行希望我们支持一种新的储蓄账户产品，该产品可以为客户带来每日利息。由于现有的账户管理功能对银行的业务至关重要，并且由其他团队维护，因此我们决定重用其功能，而无须使用任何现有的源代码。

首先创建我们自己的 `SavingsAccount` 数据类型，如下：

```
struct SavingsAccount
    acct::Account
    interest_rate::Float64
    SavingsAccount(account_number, balance, date_opened, interest_rate) =
new(
        Account(account_number, balance, date_opened),
        interest_rate
    )
end
```

第一个字段 `acct` 用于保存 `Account` 对象，而第二个字段 `interest_rate` 包含该账户的年利率。还定义了一个构造函数用来实例化该对象。

为了使用潜在的 `Account` 对象，我们可以使用一种称为“委托”或“方法转发”的技术。这是我们在 `SavingsAccount` 中实现相同 API 的地方，并且只要我们想重用潜在对象中的现有方法，就将调用转发给潜在的 `Account` 对象。在这种情况下，我们可以转发 `Account` 对象中的所有字段访问函数和变异函数，如下所示：

```
# Forward assessors
account_number(sa::SavingsAccount) = account_number(sa.acct)
balance(sa::SavingsAccount) = balance(sa.acct)
date_opened(sa::SavingsAccount) = date_opened(sa.acct)

# Forward methods
deposit!(sa::SavingsAccount, amount::Real) = deposit!(sa.acct, amount)

withdraw!(sa::SavingsAccount, amount::Real) = withdraw!(sa.acct, amount)
```

```
transfer!(sa1::SavingsAccount, sa2::SavingsAccount, amount::Real) =
transfer!(
    sa1.acct, sa2.acct, amount)
```

现在我们已经成功地重用了 **Account** 数据类型，但是请不要忘记我们实际上想要构建新功能。储蓄账户应按日（隔夜）累计利息。因此，对于 **SavingsAccount** 对象，我们可以为 **interest_rate** 字段实现一个新的访问器，并实现一个名为 **accrue_daily_interest!** 的新变异函数：

```
# new accessor
interest_rate(sa::SavingsAccount) = sa.interest_rate

# new behavior
function accrue_daily_interest!(sa::SavingsAccount)
    interest = balance(sa.acct) * interest_rate(sa) / 365
    deposit!(sa.acct, interest)
end
```

如上我们创建了一个新的 **SavingsAccount** 对象，该对象的工作方式与原始 **Account** 对象的相同，只是它具有产生利息的附加功能！

但是，庞大数量的转发方法使我们感到有些不满意。如果我们不必手动编写所有这些代码，那就太好了。或许有更好的方法……

减少转发方法的引用代码

你可能想知道，为了将方法调用转发给父对象而写这么多代码，值得吗？确实，转发方法除了将完全相同的参数传递给父对象外没有其他用途。如果开发人员按代码行数付费，这将是一个非常昂贵的提议！

使用宏可以大大减少这种样板代码。有几种开源解决方案可以帮助解决这种情况。出于演示目的，我们可以利用 **Lazy.jl** 包中的 **@forward** 宏。替换所有转发方法，如下所示：

```
using Lazy: @forward

# Forward assessors and functions
@forward SavingsAccount.acct account_number, balance, date_opened
@forward SavingsAccount.acct deposit!, withdraw!

transfer!(from::SavingsAccount, to::SavingsAccount, amount::Real) =
transfer!(
    from.acct, to.acct, amount)
```

@forward 的用法非常简单。它使用两个表达式作为参数。第一个参数是你要转发到的 **SavingsAccount.acct** 对象，而第二个参数只是希望转发到的函数名称的元组，例如 **account_number**、**balance** 和 **date_opened**。

请注意，我们能够转发 **deposit!** 和 **withdraw!** 的变异函数，但无法委托 **transfer!**，这是因为 **transfer!** 要求我们转发其第一个和第二个参数。在这种情况下，我们只保留手动转发方法。但是，我们仅用两行代码就可以转发六个函数中的五个函数。

可以制作更多带有两个或三个参数的转发宏。实际上，还有其他支持此类情况的开源包，例如 TypedDelegation.jl 包。

@forward 宏如何工作？我们可以使用 @macroexpand 宏来检查如何扩展代码。以下是删除行号节点的结果。基本上，对于每个要转发的方法（balance 和 deposit!），它都会创建带有所有参数（以 args... 表示法）的相应函数定义。它还会抛出一个 @inline 节点，以向编译器提供更好性能的提示。

```
julia> @macroexpand @forward SavingsAccount.acct balance, deposit!
quote
    balance(var"#41#x"::SavingsAccount, var"#42#args"...) = begin
            #= /Users/tomkwong/.julia/packages/Lazy/ZAeCx/src/macros.jl:285 =#
            $(Expr(:meta, :inline))
            #= /Users/tomkwong/.julia/packages/Lazy/ZAeCx/src/macros.jl:285 =#
            balance((var"#41#x").acct, var"#42#args"...)
        end
    deposit!(var"#43#x"::SavingsAccount, var"#44#args"...) = begin
            #= /Users/tomkwong/.julia/packages/Lazy/ZAeCx/src/macros.jl:285 =#
            $(Expr(:meta, :inline))
            #= /Users/tomkwong/.julia/packages/Lazy/ZAeCx/src/macros.jl:285 =#
            deposit!((var"#43#x").acct, var"#44#args"...)
        end
    #= /Users/tomkwong/.julia/packages/Lazy/ZAeCx/src/macros.jl:287 =#
    Lazy.nothing
end
```

内联是编译器的一种优化，其中内联函数调用就好像代码已插入到当前代码中一样。通过减少重复调用函数时分配调用栈的开销，可以提高性能。

@forward 宏仅用几行代码实现。如果你对元编程感兴趣，建议你看一下源代码。

你可能想知道为什么会有几个有趣的变量名，例如 #41#x 或 #42#args。我们可以将它们视为正常变量。它们由编译器自动生成，并且选择这种特殊命名约定是为了避免与当前作用域中的其他变量冲突。

最后，重要的是理解我们可能并不总是希望将所有函数调用都转发给对象。如果我们不想使用 100% 的基础功能怎么办？确实有这样的情况。例如，假设我们必须支持另一种账户——定期存款单，也称为 CD。CD 是一种短期投资产品，其支付的利息高于储蓄账户的利息，但是在投资期内无法提取资金。通常，CD 的期限可以是 3 个月、6 个月或更长时间。回到我们的代码，如果创建一个新的 CertificateOfDepositAccount 对象并再次重用 Account 对象，那么不希望转发 withdraw! 和 transfer! 方法，因为它们不是 CD 的功能。

你可能想知道委托与面向对象编程语言中的类继承有何不同。例如，在 Java 语言中，父类的所有公共方法和受保护方法都是自动继承的。这类似于从父类自动转发所有方法。无法选择继承的内容实际上是选择委托而不选择继承的原因之一。有关更深入的讨论，请参见第 12 章。

5.2.2 现实生活中的例子

委托模式已在开源包中广泛使用。例如，JuliaArrays GitHub 组织中的许多包都实现了 `AbstractArray` 接口。这个特殊的数组类型通常包含一个常规的 `AbstractArray` 对象。

例子 1——OffsetArrays.jl 包

`OffsetArrays.jl` 包允许我们定义具有任意索引而不是标准线性或笛卡尔风格索引的数组。一个有趣的例子是使用从零开始的数组，就像在其他编程语言中可能会发现的那样。

```
julia> using OffsetArrays

julia> y = OffsetArray(rand(3), 0:2)
3-element OffsetArray(::Array{Float64,1}, 0:2) with eltype Float64 with indices 0:2:
 0.886166992999051
 0.045775632545100864
 0.48873087789789316

julia> y[0:2]
3-element Array{Float64,1}:
 0.886166992999051
 0.045775632545100864
 0.48873087789789316
```

要了解其工作原理，我们需要深入研究源代码。为了保持简洁，只回顾部分代码：

```
struct OffsetArray{T,N,AA<:AbstractArray} <: AbstractArray{T,N}
    parent::AA
    offsets::NTuple{N,Int}
end

Base.parent(A::OffsetArray) = A.parent

Base.size(A::OffsetArray) = size(parent(A))
Base.size(A::OffsetArray, d) = size(parent(A), d)

Base.eachindex(::IndexCartesian, A::OffsetArray) =
CartesianIndices(axes(A))
Base.eachindex(::IndexLinear, A::OffsetVector) = axes(A, 1)
```

`OffsetArray` 数据类型由 `Parent` 字段和 `offsets` 字段组成。为了满足 `AbstractArray` 接口，它实现了一些基本函数，例如 `Base.size`、`Base.eachindex` 等。由于这些函数非常简单，因此代码只需手动将调用转发给父对象。

例子 2——ScikitLearn.jl 包

我们再来看看 `ScikitLearn.jl` 包，它定义了一个一致的 API，用于拟合机器学习模型并进行预测。

以下是 `FitBit` 类型的定义方式：

```
""" `FitBit(model)` will behave just like `model`, but also supports
`isfit(fb)`, which returns true IFF `fit!(model, ...)` has been called """
mutable struct FitBit
    model
    isfit::Bool
```

```
    FitBit(model) = new(model, false)
end

function fit!(fb::FitBit, args...; kwargs...)
    fit!(fb.model, args...; kwargs...)
    fb.isfit = true
    fb
end

isfit(fb::FitBit) = fb.isfit
```

这里我们可以看到 `FitBit` 对象包含一个 `model` 对象，并且它添加了一个新功能来跟踪是否已拟合模型：

```
@forward FitBit.model transform, predict, predict_proba, predict_dist,
get_classes
```

它使用 `@forward` 宏来委托所有主要函数，即 `transform`、`predict` 等。

5.2.3 注意事项

你应该记住委托模式引入了新的间接层级，这会增加代码的复杂性并使代码更难以理解。在决定使用委托模式时，应考虑一些因素。

首先，你可以从现有组件中重用多少代码？ 20%、50% 还是 80%？在考虑重用现有组件之前，这应该是你提出的第一个问题。我们称重用率为利用率。显然，利用率越高，从重用的角度来看就越好。

其次，通过重用现有组件可以节省多少开发工作？如果开发相同功能的成本很低，则可能不值得重复使用组件并增加额外间接的复杂性。

从相反的角度来看，我们还应该检查现有组件中是否存在任何关键业务逻辑。如果我们决定不重用该组件，那么我们可能最终再次实现相同的逻辑，这违反了“不要重复代码”（DRY）原则。这意味着不重用组件可能是维护的噩梦。

考虑到这些因素，我们应该就是否使用委托模式做出正确的判断。

接下来，我们将学习如何在 Julia 中实现特质 (trait)。

5.3 Holy Traits 模式

Holy Traits 模式有一个有趣的名字。有人也称其为“Tim Holy Traits Trick”（THTT）。可能你已经猜到，该模式是以 Tim Holy 的名字命名的，他是 Julia 语言和生态系统的长期贡献者。

特质（trait）是什么？简而言之，特质对应于对象的行为。例如，鸟类和蝴蝶会飞，因此它们都具有 CanFly 特性。海豚和海龟会游泳，因此它们都具有 CanSwim 特性。鸭子会飞和游泳，因此具有 CanFly 和 CanSwim 特质。特质通常是二元的（你可以展示特质或不展示特质），这不是强制性要求。

为什么我们需要特质？特质可以用作有关如何使用数据类型的正式契约。例如，如果一个对象具有 CanFly 特质，那么我们将很有信心该对象已定义了某种飞行方法。同样，如果对象具有 CanSwim 特质，那么我们可能可以调用某种游泳函数。

让我们回到编程。Julia 语言没有任何内置的特质支持。但是，该语言具有足够的通用性，使开发人员可以在多重分派系统的帮助下使用特质。在本节中，我们将研究如何使用称为 Holy Traits 的特殊技术来完成此工作。

5.3.1　重温个人资产管理用例

在设计可重用的软件时，我们经常将抽象创建为数据类型，并将行为与它们相关联。行为建模的一种方法是利用类型层次结构。遵循里氏替换原理，当调用函数时，我们应该能够用子类型替换类型。

让我们回顾一下管理个人资产的抽象类型层次结构（如图 5-1 所示）。

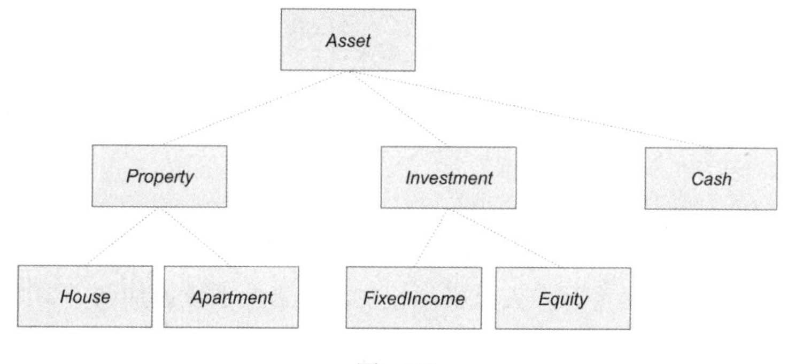

图　5-1

我们可以定义一个称为 `value` 的函数来确定任何资产的价值。如果我们假设所有资产类型都具有某种货币价值，那么该函数可以应用于 `Asset` 层次结构中的所有类型。按照这种思路，我们可以说几乎所有资产都具有 HasValue 特质。

有时，行为只能应用于层次结构中的某些类型。例如，如果我们要定义仅适用于流动投资的 `trade` 函数，该怎么办？在这种情况下，我们将为 `Investment` 和 `Cash` 定义 `trade` 函数，而不为 `House` 和 `Apartment` 定义 `trade` 函数。

> 流动投资是指可以在公开市场上轻松交易的证券工具。投资者可以迅速将流动性工具转换为现金，反之亦然。通常，在紧急情况下，大多数投资者希望其部分投资具有流动性。
>
> 非流动投资称为非现金的。

我们如何用编程的方式知道哪些资产类型是流动的？一种方法是对照表示流动投资的类型列表检查对象的类型。假设我们拥有一系列资产，并且需要找出可以快速将其交易为现金的资产。在这种情况下，代码可能看起如下所示：

```
function show_tradable_assets(assets::Vector{Asset})
    for asset in assets
        if asset isa Investment || asset isa Cash
            println("Yes, I can trade ", asset)
        else
            println("Sorry, ", asset, " is not tradable")
        end
    end
end
```

即使在这个简单的例子中，前面代码中的 `if` 条件也有点难看。如果条件中有更多类型，则情况会更糟。当然，我们可以创建一个联合类型以使其更好一点：

```
const LiquidInvestments = Union{Investment, Cash}

function show_tradable_assets(assets::Vector{Asset})
    for asset in assets
        if asset isa LiquidInvestments
            println("Yes, I can trade ", asset)
        else
            println("Sorry, ", asset, " is not tradable")
        end
    end
end
```

这种方法存在一些问题：

- 每当我们添加新的流动资产类型时，都必须更新联合类型。从设计的角度来看，这种维护是不好的，因为开发人员必须记住，每当向系统添加新类型时，都要更新此联合类型。
- 此联合类型不可用于扩展。如果其他开发人员想要重用我们的交易库，那么他们可能想要添加新的资产类型。但是，由于他们不拥有源代码，因此无法更改我们对联合类型的定义。
- 每当我们需要对流动资产和非流动资产采取不同的做法时，我们可能会在源的许多地方重复使用 if-then-else 逻辑。

这些问题都可以使用 Holy Traits 模式解决。

5.3.2 实现 Holy Traits 模式

为了说明这种模式的概念，我们将为在第 2 章中开发的个人资产数据类型实现一些函数。你可能还记得，资产类型层次结构的抽象类型定义如下：

```
abstract type Asset end

abstract type Property <: Asset end
abstract type Investment <: Asset end
abstract type Cash <: Asset end

abstract type House <: Property end
```

```
abstract type Apartment <: Property end

abstract type FixedIncome <: Investment end
abstract type Equity <: Investment end
```

`Asset`类型位于层次结构的顶部，并具有`Property`、`Investment`和`Cash`子类型。在下一层级，`House`和`Apartment`是`Property`的子类型，而`FixedIncome`和`Equity`是`Investment`的子类型。

我们定义一些具体的类型：

```
struct Residence <: House
    location
end

struct Stock <: Equity
    symbol
    name
end

struct TreasuryBill <: FixedIncome
    cusip
end

struct Money <: Cash
    currency
    amount
end
```

我们现在有什么？让我们更详细地看一下这些概念：

- `Residence`是有人居住并具有位置的房屋。
- `Stock`是股权投资，由交易代码和公司名称标识。
- `TreasuryBill`是美国政府发行的短期证券形式，并使用称为CUSIP的标准标识符进行定义。
- `Money`只是现金，但我们要在此处存储货币和相应的金额。

注意，我们没有注释字段的类型，因为它们对于在此处说明特质概念并不重要。

定义特质类型

在投资方面，我们可以区分可以在公开市场上轻松出售为现金的投资和需要花费更多精力和时间才能转换为现金的投资。可以在几天之内轻松转换为现金的事物被称为流动性，而难以出售的事物被称为非流动性。例如，股票是流动性的，而住宅不是。

我们要做的第一件事就是定义特质本身：

```
abstract type LiquidityStyle end
struct IsLiquid <: LiquidityStyle end
struct IsIlliquid <: LiquidityStyle end
```

特质只是Julia中的数据类型！`LiquidityStyle`特质的总体概念是它是一种抽象类型。这里的特定特质`IsLiquid`和`IsIlliquid`已设置为没有任何字段的具体类型。

TIP 对于特质没有标准的命名约定，但是我的研究似乎表明包作者倾向于使用 `Style` 或 `Trait` 作为特质类型的后缀。

识别特质

下一步是将数据类型分配给这些特质。Julia 可以非常方便地使用函数签名中的 `<:` 运算符将特质批量分配给整个子类型树：

```
# Default behavior is illiquid
LiquidityStyle(::Type) = IsIlliquid()

# Cash is always liquid
LiquidityStyle(::Type{<:Cash}) = IsLiquid()

# Any subtype of Investment is liquid
LiquidityStyle(::Type{<:Investment}) = IsLiquid()
```

让我们看一下如何解释这三行代码：

- 默认情况下，我们选择使所有类型都具有非流动性。请注意，我们可以采用另一种方法来完成此操作，并且默认情况下使所有内容都是流动性的。可以根据特定的用例任意选择。
- 我们选择将 `Cash` 的所有子类型都设为流动性，包括具体的 `Money` 类型。`::Type{<:Cash}` 的写法表示 `Cash` 的所有子类型。
- 我们使所有 `Investment` 子类型都是具有流动性。这包括 `FixedIncome` 和 `Equity` 的所有子类型，在此例中也涵盖了 `Stock`。

你可能想知道为什么我们不将 `::Type{<:Asset}` 用作默认特质函数的参数。这样做会使限制更加严格，然而默认值仅适用于在 `Asset` 类型层次结构下定义的类型。具体可不可行需要根据如何使用特质来选择。两种方法都可以。

实现特质的行为

现在我们可以判断哪些类型是流动性的，哪些不是，我们可以定义具有这些特质的对象的方法。首先，让我们做一些非常简单的事情：

```
# The thing is tradable if it is liquid
tradable(x::T) where {T} = tradable(LiquidityStyle(T), x)
tradable(::IsLiquid, x) = true
tradable(::IsIlliquid, x) = false
```

在 Julia 中类型是第一类实体。`tradable(x::T) where {T}` 签名将捕获类型为 `T` 的参数。由于我们已经定义了 `LiquidityStyle` 函数，因此我们可以得出所传递的参数是否具有 `IsLiquid` 或 `IsIlliquid` 性质。这样第一个 `tradable` 方法仅采用 `LiquidityStyle(T)` 的返回值，并将其作为其他两个 `tradable` 方法的第一个参数传递。这个简单的例子演示了分派效果。

现在，让我们看一个利用相同特质的更有趣的函数。由于流动资产很容易在市场上交易，因此我们也应该能够迅速发现其市场价格。对于股票，我们可能会调用证券交易所的定价服务。对于现金，市场价格就是货币金额。让我们看看对于它的代码应该如何编写：

```
# The thing has a market price if it is liquid
marketprice(x::T) where {T} = marketprice(LiquidityStyle(T), x)
marketprice(::IsLiquid, x) = error("Please implement pricing function for
", typeof(x))
marketprice(::IsIlliquid, x) = error("Price for illiquid asset $x is not
available.")
```

代码的结构与 `tradable` 函数相同。一种方法用于确定特质，而另两种方法则针对流动性和非流动性实现不同的行为。在这里，两个 `marketprice` 函数都只是通过调用 `error` 函数引发异常。当然，这不是我们真正想要的。我们真正应该拥有的是针对 `Stock` 和 `Money` 类型的特定定价函数。我们如下编写代码：

```
# Sample pricing functions for Money and Stock
marketprice(x::Money) = x.amount
marketprice(x::Stock) = rand(200:250)
```

现在 `Money` 类型的 `marketprice` 方法仅返回金额。这实际上是一个简化，因为在实践中，我们可以根据货币和金额以当地货币（例如美元）计算金额。至于 `Stock`，我们只是返回一个随机数以进行测试。实际上，我们会将此函数附加到股票定价服务中。

为了说明目的，我们开发了以下测试函数：

```
function trait_test_cash()
    cash = Money("USD", 100.00)
    @show tradable(cash)
    @show marketprice(cash)
end

function trait_test_stock()
    aapl = Stock("AAPL", "Apple, Inc.")
    @show tradable(aapl)
    @show marketprice(aapl)
end

function trait_test_residence()
    try
        home = Residence("Los Angeles")

        @show tradable(home) # returns false
        @show marketprice(home) # exception is raised
    catch ex
        println(ex)
    end
    return true
end

function trait_test_bond()
    try
        bill = TreasuryBill("123456789")
        @show tradable(bill)
```

```
        @show marketprice(bill) # exception is raised
    catch ex
        println(ex)
    end
    return true
end
```

以下是 Julia REPL 的结果。

```
julia> trait_test_cash();
tradable(cash) = true
marketprice(cash) = 100.0

julia> trait_test_stock();
tradable(aapl) = true
marketprice(aapl) = 244

julia> trait_test_residence();
tradable(home) = false
ErrorException("Price for illiquid asset Residence(\"Los Angeles\") is not available.")

julia> trait_test_bond();
tradable(bill) = true
ErrorException("Please implement pricing function for TreasuryBill")
```

tradable 函数可以正确识别现金、股票和债券为流动性，而住宅为非流动性。对于现金和股票，marketprice 函数能够按预期返回值。由于住宅不是流动性的，因此引发了错误。最后，尽管国库券是流动性的，但由于尚未为该工具定义 marketprice 函数，因此引发了错误。

在不同类型的层次结构中使用特质

Holy Traits 模式的最好之处在于，即使其类型属于不同的抽象类型层次结构，我们也可以将其与任何对象一起使用。让我们探讨文学的例子，在这里我们可以如下定义其自己的类型层次结构：

```
abstract type Literature end

struct Book <: Literature
    name
end
```

我们可以使其遵循 LiquidityStyle 特质，如下所示：

```
# assign trait
LiquidityStyle(::Type{Book}) = IsLiquid()

# sample pricing function
marketprice(b::Book) = 10.0
```

我们可以像其他可交易资产一样交易书籍。

5.3.3 重温一些常见用法

Holy Traits 模式通常在开源包中使用。让我们看一些例子。

例子 1 ——Base 包里的 IteratorSize

Julia Base 库非常广泛地使用特质。`Base.IteratorSize` 是此类特质的一个例子。可以使用 `generator.jl` 找到其定义：

```
abstract type IteratorSize end
struct SizeUnknown <: IteratorSize end
struct HasLength <: IteratorSize end
struct HasShape{N} <: IteratorSize end
struct IsInfinite <: IteratorSize end
```

此特质与到目前为止所学的特质略有不同，因为它不是二元的。`IteratorSize` 特质可以是 `SizeUnknown`、`HasLength`、`HasShape{N}` 或 `IsInfinite`。`IteratorSize` 函数的定义如下：

```
"""
    IteratorSize(itertype::Type) -> IteratorSize
"""
IteratorSize(x) = IteratorSize(typeof(x))
IteratorSize(::Type) = HasLength() # HasLength is the default

IteratorSize(::Type{<:AbstractArray{<:Any,N}}) where {N} = HasShape{N}()
IteratorSize(::Type{Generator{I,F}}) where {I,F} = IteratorSize(I)

IteratorSize(::Type{Any}) = SizeUnknown()
```

让我们关注 `IsInfinite` 特质，因为它看起来很有趣。在 `Base.Iterators` 中定义了一些函数，这些函数生成无限序列。例如，`Iterators.repeated` 函数可用于永远生成相同的值，而我们可以使用 `Iterators.take` 函数从序列中选取值。我们来看看它是如何工作的。

```
julia> collect(Iterators.take(Iterators.repeated(1), 5))
5-element Array{Int64,1}:
 1
 1
 1
 1
 1
```

如果查看源代码，你会看到 `Repeated` 是迭代器的类型，并且为它分配了 `IsInfinite` 的 `IteratorSize` 特质：

```
IteratorSize(::Type{<:Repeated}) = IsInfinite()
```

我们可以如下所示快速进行测试。

```
julia> Base.IteratorSize(Iterators.repeated(1))
Base.IsInfinite()
```

正如我们所料的一样，它是无限的！但是如何利用此特质？我们可以从 Base 库中查看 `BitArray`，这是一种节省空间的布尔数组实现。它的构造函数可以接受任何可迭代的对象，例如数组。

```
julia> BitArray([isodd(x) for x in 1:5])
5-element BitArray{1}:
 1
 0
 1
 0
 1
```

也许不难理解，构造函数无法真正使用无限的东西！因此，`BitArray` 构造函数的实现必须考虑到这一点。因为我们可以基于 `IteratorSize` 特质进行分派，所以当传递此类迭代器时，`BitArray` 的构造函数会引发异常：

```
BitArray(itr) = gen_bitarray(IteratorSize(itr), itr)

gen_bitarray(::IsInfinite, itr) = throw(ArgumentError("infinite-size
iterable used in BitArray constructor"))
```

为了看到它的实际效果，我们可以使用 `Repeated` 迭代器调用 `BitArray` 构造函数，如下所示。

```
julia> BitArray(Iterators.repeated(1))
ERROR: ArgumentError: infinite-size iterable used in BitArray constructor
```

例子 2——AbstractPlotting.jl 中的 ConversionTrait

`AbstractPlotting.jl` 是抽象绘图库，是 Makie 绘图系统的一部分。该库的源代码可以在 https://github.com/JuliaPlots/AbstractPlotting.jl 中找到。

让我们看一下与数据转换相关的特质：

```
abstract type ConversionTrait end

struct NoConversion <: ConversionTrait end
struct PointBased <: ConversionTrait end
struct SurfaceLike <: ConversionTrait end

# By default, there is no conversion trait for any object
conversion_trait(::Type) = NoConversion()
conversion_trait(::Type{<: XYBased}) = PointBased()
conversion_trait(::Type{<: Union{Surface, Heatmap, Image}}) = SurfaceLike()
```

它定义了可用于 `convert_arguments` 函数的 `ConversionTrait`。就目前而言，转换逻辑可以应用于三种不同的情况：

1）没有转换。这由 `NoConversion` 的默认特质类型处理。

2）`PointBased` 转换

3）`SurfaceLike` 转换

默认情况下，当不需要转换时，`convert_arguments` 函数仅返回未修改的参数：

```
# Do not convert anything if there is no conversion trait
convert_arguments(::NoConversion, args...) = args
```

然后，定义了各种 `convert_arguments` 函数。以下是 2D 绘图的函数：

```
"""
    convert_arguments(P, x, y)::(Vector)

Takes vectors `x` and `y` and turns it into a vector of 2D points of the
values
from `x` and `y`.

`P` is the plot Type (it is optional).
"""
convert_arguments(::PointBased, x::RealVector, y::RealVector) =
(Point2f0.(x, y),)
```

5.3.4　使用 SimpleTraits.jl 包

`SimpleTraits.jl` 包（https://github.com/mauro3/SimpleTraits.jl）可用于使编写特质更容易一些。

我们来尝试使用 SimpleTraits 重做 `LiquidityStyle` 示例。首先，定义一个名为 `IsLiquid` 的特质，如下所示：

```
@traitdef IsLiquid{T}
```

该语法可能看起来有点奇怪，因为 `T` 似乎什么也不做，但实际上它是必需的，因为特质适用于特定类型 `T`。接下来的事情是将类型分配给该特质：

```
@traitimpl IsLiquid{Cash}
@traitimpl IsLiquid{Investment}
```

然后，可以使用带有四个冒号的特殊语法来定义函数，这些函数采用表现出特质的对象：

```
@traitfn marketprice(x::::IsLiquid) = error("Please implement pricing
function for ", typeof(x))
@traitfn marketprice(x::::(!IsLiquid)) = error("Price for illiquid asset $x
is not available.")
```

正数参数以 `x::::IsLiquid` 注释，而负数参数以 `x::::(! IsLiquid)` 注释。请注意，必须使用括号，以便可以正确解析代码。现在，我们可以测试以下函数。

```
julia> marketprice(Stock("AAPL", "Apple"))
ERROR: Please implement pricing function for Stock

julia> marketprice(Residence("Los Angeles"))
ERROR: Price for illiquid asset Residence("Los Angeles") is not available.
```

与预期的一样，两个默认实现都引发错误。现在，我们可以实现 `Stock` 的定价函数并再次快速测试。

```
julia> marketprice(x::Stock) = 123
marketprice (generic function with 4 methods)

julia> marketprice(Stock("AAPL", "Apple"))
123
```

如上所示，`SimpleTrait.jl` 包简化了特质的创建过程。

使用特质可以使你的代码更具扩展性。但是，我们必须记住，设计适当的特质需要花费一些精力。并且文档也很重要，这样任何想要扩展代码的人都可以理解如何利用预定义的特质。接下来，我们将介绍通常用于轻松扩展数据类型的参数化类型。

5.4 参数化类型模式

参数化类型是一种核心语言功能，用于通过参数实现数据类型。这是一项非常强大的技术，因为可以将相同的对象结构重用于其字段中的不同数据类型。在本节中，我们将演示如何有效地应用参数化类型。

在设计应用程序时，我们经常创建复合类型以方便地容纳多个字段元素。在最简单的形式中，复合类型仅充当字段的容器。随着我们创建越来越多的复合类型，很明显这些类型中的某些看起来几乎相同。此外，在这些类型上运行的函数也可能非常相似。我们可能会得到很多样板代码。有一个模板可以让我们为特定用途自定义常规复合类型，这不是很酷吗?

考虑一个支持买卖股票的交易应用程序。在第一个版本中，我们可能具有如图 5-2 所示的设计。

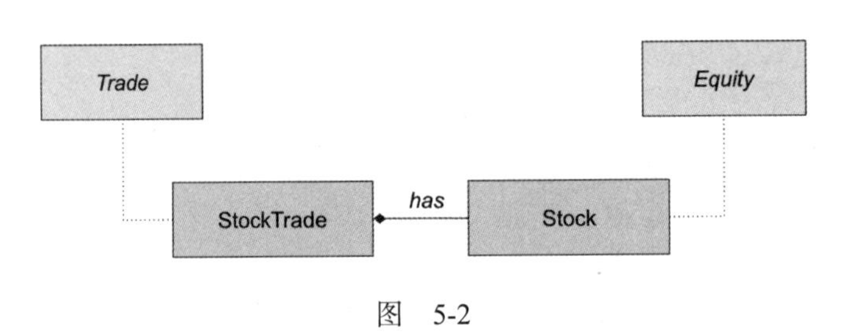

图 5-2

> 请注意，上图中的符号看起来很像统一建模语言（UML）。但是，由于 Julia 不是一种面向对象的语言，因此在使用这些图说明设计概念时，我们可能会出现某些例外情况。

对应代码如下：

```
# Abstract type hierarchy for personal assets
abstract type Asset end
abstract type Investment <: Asset end
abstract type Equity <: Investment end

# Equity Instruments Types
struct Stock <: Equity
    symbol::String
    name::String
end
```

```
# Trading Types
abstract type Trade end

# Types (direction) of the trade
@enum LongShort Long Short

struct StockTrade <: Trade
    type::LongShort
    stock::Stock
    quantity::Int
    price::Float64
end
```

我们在前面的代码中定义的数据类型非常简单。`LongShort` 枚举类型用于指示交易方向，即买入股票将做多，而卖出股票将做空。`@enum` 宏可方便地用于定义 `Long` 和 `Short` 常量。

现在，假设要求我们在软件的下一版本中支持股票期权。其实我们可以定义更多的数据类型，如图 5-3 所示。

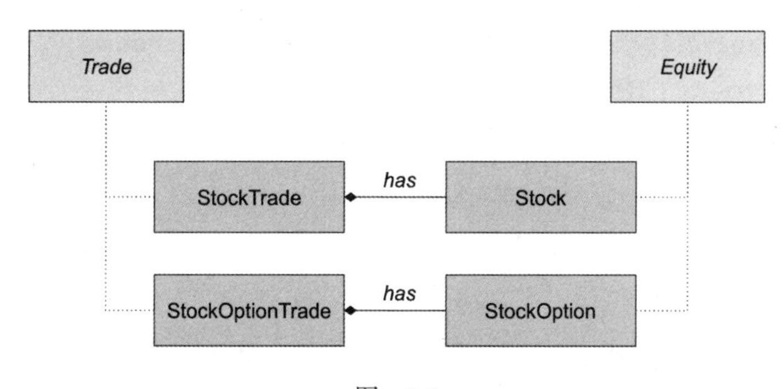

图　5-3

该代码将使用其他数据类型进行更新，如下所示：

```
# Types of stock options
@enum CallPut Call Put

struct StockOption <: Equity
    symbol::String
    type::CallPut
    strike::Float64
    expiration::Date
end
struct StockOptionTrade <: Trade
    type::LongShort
    option::StockOption
    quantity::Int
    price::Float64
end
```

你可能已经注意到 `StockTrade` 和 `StockOptionTrade` 类型非常相似。这样的重复有些令人不满意。当我们为这些数据类型定义函数时，情况看起来更加糟糕，如下所示：

```
# Regardless of the instrument being traded, the direction of
# trade (long/buy or short/sell) determines the sign of the
# payment amount.
sign(t::StockTrade) = t.type == Long ? 1 : -1
sign(t::StockOptionTrade) = t.type == Long ? 1 : -1

# market value of a trade is simply quantity times price
payment(t::StockTrade) = sign(t) * t.quantity * t.price
payment(t::StockOptionTrade) = sign(t) * t.quantity * t.price
```

`StockTrade` 和 `StockOptionTrade` 类型的 `sign` 和 `payment` 方法都非常相似。也许不难想象，当我们向应用程序中添加更多可交易的类型时，这种方法无法很好地扩展。必须有一个更好的方法来做到这一点。这就是参数化类型施展拳脚的地方！

5.4.1 在股票交易应用程序中使用删除文本参数化类型

在我们之前描述的交易应用程序中，我们可以利用参数化类型来简化代码，并在添加未来交易工具时使其更加可重用。

很显然，`SingleStockTrade` 和 `SingleStockOptionTrade` 几乎相同。实际上，甚至 `sign` 和 `payment` 的函数定义都是相同的。在这个非常简单的例子中，每种类型我们只有两个函数。实际上，我们可以有更多的函数，但是会变得很混乱。

设计参数化类型

为了简化此设计，我们可以参数化交易商品的类型。这是什么意思呢？意思是我们可以在这里利用抽象类型。`Stock` 的超类型是 `Equity`，而 `Equity` 的超类型是 `Investment`。由于我们要保持泛型代码，并且购买 / 出售投资产品是相似的，因此我们可以选择接受作为 `Investment` 子类型的任何类型：

```
struct SingleTrade{T <: Investment} <: Trade
    type::LongShort
    instrument::T
    quantity::Int
    price::Float64
end
```

现在，我们定义了一个名为 `SingleTrade` 的新类型，其中基础工具的类型为 `T`，其中 `T` 可以是 `Investment` 的任何子类型。在这一点上，我们可以使用各种工具创建交易。

```
julia> stock = Stock("AAPL", "Apple Inc")
Stock("AAPL", "Apple Inc")

julia> option = StockOption("AAPLC", Call, 200, Date(2019, 12, 20))
StockOption("AAPLC", Call, 200.0, 2019-12-20)

julia> SingleTrade(Long, stock, 100, 188.0)
SingleTrade{Stock}(Long, Stock("AAPL", "Apple Inc"), 100, 188.0)

julia> SingleTrade(Long, option, 100, 3.5)
SingleTrade{StockOption}(Long, StockOption("AAPLC", Call, 200.0, 2019-12-20
), 100, 3.5)
```

这些对象实际上具有不同的类型——`SingleTrade{Stock}`和`SingleTrade{StockOption}`。它们如何相互联系？它们是`SingleTrade`的子类型，如以下屏幕截图所示。

```
julia> SingleTrade{Stock} <: SingleTrade
true

julia> SingleTrade{StockOption} <: SingleTrade
true
```

由于这两种类型都是`SingleTrade`的子类型，因此我们可以定义适用于这两种类型的函数。

设计参数化方法

为了充分利用编译器的特化功能，我们应该定义使用参数化类型的参数化方法，如下所示：

```
# Return + or - sign for the direction of trade
function sign(t::SingleTrade{T}) where {T}
    return t.type == Long ? 1 : -1
end

# Calculate payment amount for the trade
function payment(t::SingleTrade{T}) where {T}
    return sign(t) * t.quantity * t.price
end
```

让我们测试一下。

```
julia> SingleTrade(Long, stock, 100, 188.0) |> payment
18800.0

julia> SingleTrade(Long, option, 1, 3.50) |> payment
3.5
```

但是，我们刚刚发现了一个小错误。3.50美元的期权似乎太美好了，不可能是真的！在查看买卖期权时，每个期权合约实际上代表100股相关股票。因此，股票期权交易的支付金额需要乘以100。要解决此问题，我们可以实施更具体的支付方法：

```
# Calculate payment amount for option trades (100 shares per contract)
function payment(t::SingleTrade{StockOption})
    return sign(t) * t.quantity * 100 * t.price
end
```

现在，我们可以再次测试。由于上述更改，新方法仅用于期权交易。

```
julia> SingleTrade(Long, stock, 100, 188.0) |> payment
18800.0

julia> SingleTrade(Long, option, 1, 3.50) |> payment
350.0
```

看，多么完美！之后我们将看一个更详细的例子。

使用多个参数化类型参数

到目前为止，我们对重构感到非常满意。但是，我们的老板刚刚打电话说，我们必须在下一个版本中支持配对交易。这个新需求为我们的设计增添了新的变化！

> 配对交易可用于实施特定的交易策略，例如市场中性交易或期权策略（如持保看涨期权）。
> 市场中性交易包括同时买入一只股票和卖空另一只股票。这样做的目的是抵消市场的影响，使投资者可以集中精力挑选相对于同业而言表现优于或落后的股票。
> 持保看涨期权策略包括买入股票，但卖出价格较高的看涨期权。这使投资者可以赚取额外的溢价，以换取标的股票有限的上升潜力。

使用参数化类型可以轻松处理。让我们创建一个名为 `PairTrade` 的新类型：

```
struct PairTrade{T <: Investment, S <: Investment} <: Trade
    leg1::SingleTrade{T}
    leg2::SingleTrade{S}
end
```

请注意，交易的两条腿可以具有不同的类型 `T` 和 `S`，并且它们可以是 `Investment` 的任何子类型。因为我们希望每种 `Trade` 类型都支持 `payment` 函数，所以我们可以轻松实现此函数，如下所示：

```
payment(t::PairTrade) = payment(t.leg1) + payment(t.leg2)
```

我们可以重用上一交易日的 `Stock` 和 `option` 对象，并创建一个配对交易，在该交易中我们购买 100 股股票并出售 1 份期权合约。预期的付款金额为 \$18 800 − \$350 = \$18 450。

```
julia> stock
Stock("AAPL", "Apple Inc")

julia> option
StockOption("AAPLC", Call, 200.0, 2019-12-20)

julia> pt = PairTrade(SingleTrade(Long, stock, 100, 188.0), SingleTrade(Sho
rt, option, 1, 3.5));

julia> payment(pt)
18450.0
```

为了了解多少参数化类型简化了我们的设计，请想象一下，如果必须创建单独的具体类型，则必须编写多少个函数。在此示例中，由于我们在配对交易中有两个可能的交易，并且每个交易可以是股票交易或期权交易，因此我们必须支持 2 x 2 = 4 个不同的场景：

- `payment(PairTradeWithStockAndStock)`

- payment(PairTradeWithStockAndStockOption)
- payment(PairTradeWithStockOptionAndStock)
- payment(PairTradeWithStockOptionAndStockOption)

使用参数化类型，我们只需要一个 payment 函数就可以涵盖所有场景。

5.4.2 现实生活中的例子

你几乎可以在所有开源包中找到参数化类型的使用。让我们来看一些例子。

例子 1——ColorTypes.jl 包

ColorTypes.jl 是一个包，用于定义表示颜色的各种数据类型。实际上，可以使用多种方法定义颜色：红色 – 绿色 – 蓝色（RGB）、色相饱和度值（HSV）等。在大多数情况下，可以使用三个实数来定义颜色。在灰度的情况下，只需要一个数字即可表示暗度。为了支持透明颜色，可以使用附加值来存储不透明度值。首先，让我们看一下类型定义：

```
"""
`Colorant{T,N}` is the abstract super-type of all types in ColorTypes,
and refers to both (opaque) colors and colors-with-transparency (alpha
channel) information. `T` is the element type (extractable with
`eltype`) and `N` is the number of *meaningful* entries (extractable
with `length`), that is, the number of arguments you would supply to the
constructor.
"""
abstract type Colorant{T,N} end

# Colors (without transparency)
"""
`Color{T,N}` is the abstract supertype for a color (or
grayscale) with no transparency.
"""
abstract type Color{T, N} <: Colorant{T,N} end

"""
`AbstractRGB{T}` is an abstract supertype for red/green/blue color types
that
can be constructed as `C(r, g, b)` and for which the elements can be
extracted as `red(c)`, `green(c)`, `blue(c)`. You should *not* make
assumptions about internal storage order, the number of fields, or the
representation. One `AbstractRGB` color-type, `RGB24`, is not
parametric and does not have fields named `r`, `g`, `b`.
"""
abstract type AbstractRGB{T}      <: Color{T,3} end
```

Colorant{T,N} 类型可以表示各种颜色（带有或不带有透明度）。T 参数代表颜色定义中每个单独值的类型，例如 Int、Float64 等。N 参数代表颜色定义中的值的数量，通常为三个。

Color{T,N} 是 Colorant{T,N} 的子类型，代表不透明的颜色。最后，AbstractRGB{T} 是 Color{T,N} 的子类型。请注意，在 AbstractRGB{T} 中不再需要将 N 参数

用作参数，因为已经使用 N = 3 定义了它。现在，具体的参数化类型 `RGB{T}` 定义如下：

```
const Fractional = Union{AbstractFloat, FixedPoint}

"""
`RGB` is the standard Red-Green-Blue (sRGB) colorspace. Values of the
individual color channels range from 0 (black) to 1 (saturated). If
you want "Integer" storage types (for example, 255 for full color), use
`N0f8(1)`
instead (see FixedPointNumbers).
"""
struct RGB{T<:Fractional} <: AbstractRGB{T}
    r::T # Red [0,1]
    g::T # Green [0,1]
    b::T # Blue [0,1]
    RGB{T}(r::T, g::T, b::T) where {T} = new{T}(r, g, b)
end
```

`RGB{T <:Fractional}` 的定义非常简单。它包含三个类型 T 的值，它们可以是 `Fractional` 的子类型。由于 `Fractional` 类型定义为 `AbstractFloat` 和 `FixedPoint` 的并集，因此 `r`、`g` 和 `b` 字段可用作 `AbstractFloat` 的任何子类型，例如 `Float64` 和 `Float32`，或任何 `FixedPoint` 数字类型。

> `FixedPoint` 是在 `FixedPointNumbers.jl` 包中定义的类型。定点数字表示实数的方式与浮点格式不同。可以在 https://github.com/JuliaMath/FixedPointNumbers.jl 中找到更多信息。

如果进一步检查源代码，你会发现以相似的方式定义了许多类型。

例子 2——NamedDims.jl 包

`NamedDims.jl` 包将名称添加到多维数组的每个维。可以在 https://github.com/invenia/NamedDims.jl 上找到源代码。

让我们看一下 `NamedDimsArray` 的定义：

```
"""
The `NamedDimsArray` constructor takes a list of names as `Symbol`s,
one per dimension, and an array to wrap.
"""
struct NamedDimsArray{L, T, N, A<:AbstractArray{T, N}} <: AbstractArray{T,
N}
    # `L` is for labels, it should be an `NTuple{N, Symbol}`
    data::A
end
```

不要被它的签名吓到，实际非常简单。

`NamedDimsArray` 是抽象数组类型 `AbstractArray{T,N}` 的子类型。它仅包含单个字段 `data`，用于跟踪基础数据。由于 `T` 和 `N` 已经是 `A` 中的参数，因此还需要在 `NamedDimsArray` 的签名中指定它们。`L` 参数用于跟踪维度名称。请注意，`L` 在任何字段中均未使用，但可以方便地存储在类型签名本身中。

主要构造函数定义如下：

```
function NamedDimsArray{L}(orig::AbstractArray{T, N}) where {L, T, N}
    if !(L isa NTuple{N, Symbol})
        throw(ArgumentError(
            "A $N dimensional array, needs a $N-tuple of dimension names.
Got: $L"
        ))
    end
    return NamedDimsArray{L, T, N, typeof(orig)}(orig)
end
```

该函数仅需要采用 `AbstractArray{T,N}`，它是元素类型为 `T` 的 N 维数组。首先，它检查 `L` 是否包含 `N` 个符号的元组。由于类型参数是第一类实体，因此可以在函数主体内对其进行检查。假设 `L` 包含正确数量的符号，它仅使用已知参数 `L`、`T`、`N` 以及数组参数的类型实例化 `NamedDimsArray`。

看看它的用法可能会更容易，所以让我们看一下使用过程。

```
julia> using NamedDims

julia> M = reshape(collect(1:9), 3, 3)
3×3 Array{Int64,2}:
 1  4  7
 2  5  8
 3  6  9

julia> nda = NamedDimsArray{(:x, :y)}(M)
3×3 NamedDimsArray{(:x, :y),Int64,2,Array{Int64,2}}:
 1  4  7
 2  5  8
 3  6  9
```

在上面的输出中，我们可以看到类型签名为 `NamedDimsArray{(:x,:y),Int64,2,Array{Int64,2}}`。将其与 `NamedDimsArray` 类型的签名匹配，我们可以看到 `L` 只是两个符号的元组 `(:x,:y)`，`T` 是 `Int64`，`N` 是 `2`，基础数据是 `Array{Int64,2}` 类型。

让我们看一下 `dimnames` 函数，其定义如下：

```
dimnames(::Type{<:NamedDimsArray{L}}) where L = L
```

此函数返回维度元组。

```
julia> dimnames(nda)
(:x, :y)
```

现在，事情变得越来越有趣了。什么是 `NamedDimsArray{L}`？我们在这种类型中不是需要四个参数吗？值得注意的是，诸如 `NamedDimsArray{L,T,N,A}` 之类的类型实际上是 `NamedDimsArray{L}` 的子类型。我们可以证明这一点。

```
julia> NamedDimsArray{(:x, :y),Int64,2,Array{Int64,2}} <: NamedDimsArray{(:x, :y)}
true

julia> NamedDimsArray{(:x, :y),Int64,2,Array{Int64,2}} <: NamedDimsArray{(:a, :b)}
false
```

如果我们真的想看看 `NamedDimsArray{L}` 是什么，我们可以尝试以下方法。

```
julia> NamedDimsArray{(:x, :y)}
NamedDimsArray{(:x, :y),T,N,A} where A<:AbstractArray{T,N} where N where T

julia> NamedDimsArray{(:x, :y), T, N, A} where A<:AbstractArray{T,N} where
N where T
NamedDimsArray{(:x, :y),T,N,A} where A<:AbstractArray{T,N} where N where T

julia> NamedDimsArray{L, T, N, A} where A<:AbstractArray{T,N} where N where
 T where L
NamedDimsArray
```

似乎正在发生的事情是，`NamedDimsArray{(:x,:y)}` 只是 `NamedDimsArray {(:x,:y),T,N,A} where A<:AbstractArray{T,N} where N where T` 的简写。因为这是带有三个未知参数的泛型类型，所以我们可以看到为什么 `NamedDimsArray{(:x,:y),Int64,2,Array{Int64,2}}` 是 `NamedDimsArray {(:x,:y)}` 的子类型。

如果我们希望重用函数，则使用参数化类型会非常好。我们几乎可以将每个类型参数视为一个“维度”。当参数化类型具有两个类型参数时，基于每个类型参数的各种组合，我们将有许多可能的子类型。

5.5 小结

在本章中，我们探讨了几种与可重用性有关的模式。这些模式非常有价值，可以在应用程序的许多地方使用。此外，来自面向对象背景的人们在设计 Julia 应用程序时可能会发现本章必不可缺。

首先，我们详细介绍了委托模式，该模式可用于创建新函数，并让我们重用现有对象中的函数。泛型技术涉及定义包含父对象的新数据类型。然后定义了转发函数，以便我们可以重用父对象的功能。我们了解到，可以使用 `Lazy.jl` 包提供的 `@forward` 大大简化实现委托。

然后，我们研究了 Holy Traits 模式，这是定义对象行为的正式方法。这个想法是将特质定义为本地类型，并利用 Julia 的内置调度机制来分派正确的方法实现。我们意识到，特质对于使代码更具可扩展性很有用。我们还了解到 `SimpleTraits.jl` 包中的宏可以使特质编码更容易。

最后，我们研究了参数化类型模式以及如何利用它来简化代码设计。我们了解到参数化类型可以减少代码的大小。我们还看到可以在参数化函数的主体中使用参数。

在第 6 章中，我们将讨论一个重要的主题——性能模式，该主题吸引了很多人使用 Julia 编程语言！

5.6　问题

1. 委托模式如何工作？
2. 特质的目的是什么？
3. 特质总是二元的吗？
4. 特质可以用于来自不同类型层次结构的对象吗？
5. 参数化类型的好处是什么？
6. 如何存储参数化类型的信息？

Chapter 6 第6章

性能模式

本章包括与提高系统性能有关的模式。高性能是科学计算、人工智能、机器学习和大数据处理的主要需求。这是为什么?

在过去的十年中，由于云的可扩展性，数据几乎成倍增长。如物联网（IoT)，传感器无处不在，家庭安全系统、个人助理，甚至室温控制设备都在不断收集大量数据。此外，收集的数据由想要构建更智能产品的公司存储和分析。诸如此类的用例需要更高的计算能力和速度。

我曾经与一位同事就使用云技术解决计算密集型问题进行过辩论。计算资源肯定在云中可用，但是它们不是免费的。因此，将计算机程序设计为更加高效和优化以避免云中不必要的成本非常重要。

幸运的是，Julia 编程语言使我们能够轻松地最大限度地利用 CPU 资源。只要遵循一些规则，快速完成任务的方法并不困难。Julia 在线参考手册已经包含了一些技巧。本章提供了更多的模式，这些模式已由资深 Julia 开发人员广泛使用以提高性能。

我们将介绍以下设计模式：

- 全局常量模式
- 数组结构模式
- 共享数组模式
- 记忆模式
- 闸函数模式

让我们开始吧！

6.1 技术要求

示例源代码位于 https://github.com/PacktPublishing/Hands-on-Design-Patterns-and-Best-Practices-with-Julia/tree/master/Chapter06。

该代码在 Julia 1.3.0 环境中进行了测试。

6.2 全局常量模式

全局变量通常被认为是邪恶的。我不是在开玩笑，它们确实是邪恶的。如果你不相信我，只需在 Google 上搜索即可。它们之所以很糟糕，有很多原因，但是在 Julia 看来，它们也可能是导致应用程序性能不佳的原因。

我们为什么要使用全局变量？在 Julia 语言中，变量位于全局或局部范围内。例如，模块顶层的所有变量分配都被视为全局变量。函数内部出现的变量是局部变量。考虑一个连接到外部系统的应用程序，通常在连接时创建一个句柄对象。这样的句柄对象可以保留在全局变量中，因为模块中的所有函数都可以访问变量，而不必将其作为函数参数传递。那就是便利因素。同样，此处理程序对象仅需要创建一次，然后就可以随时将其用于后续操作。

不幸的是，全局变量也要付出代价。乍一看可能并不明显，但确实会损害性能，在某些情况下确实非常糟糕。在本节中，我们将讨论不良的全局变量如何损害性能，以及如何使用全局常量解决问题。

6.2.1 使用全局变量对性能进行基准测试

有时，使用全局变量比较方便，因为可以从代码中的任何位置访问它们。但是，使用全局变量时，应用程序性能可能会受到影响。让我们一起找出性能受到多大影响。这是一个非常简单的函数，只需将两个数字相加即可：

```
variable = 10

function add_using_global_variable(x)
    return x + variable
end
```

为了对该代码进行基准测试，我们将使用出色的 `BenchmarkTools.jl` 包，这个程序包可以多次重复运行该代码并报告一些性能统计信息。让我们开始吧。

```
julia> using BenchmarkTools

julia> @btime add_using_global_variable(10);
  31.350 ns (1 allocation: 16 bytes)
```

仅将两个数字相加似乎有点慢。让我们摆脱全局变量，仅使用两个函数参数添加数字。我们可以如下定义新函数：

```
function add_using_function_arg(x, y)
    return x + y
end
```

让我们对这个新函数进行基准测试。

```
julia> @btime add_using_function_arg(10, 10);
  0.031 ns (0 allocations: 0 bytes)
```

简直不可思议！删除对全局变量的引用可以将函数的运行速度加快了将近 900 倍。要了解性能下降的原因，我们可以使用 Julia 内置的自省工具查看生成的 LLVM 代码。

以下是为更快的代码生成的代码。它很干净，仅包含一条 add 指令。

```
julia> @code_llvm add_using_function_arg(10, 10)

;  @ REPL[9]:2 within `add_using_function_arg'
define i64 @julia_add_using_function_arg_17228(i64, i64) {
top:
; ┌ @ int.jl:53 within `+'
   %2 = add i64 %1, %0
; └
  ret i64 %2
}
```

另一方面，使用全局变量的函数生成了以下丑陋的代码。

```
julia> @code_llvm add_using_global_variable(10)

;  @ REPL[6]:2 within `add_using_global_variable'
define nonnull %jl_value_t addrspace(10)* @julia_add_using_global_variable_17100(i64) {
top:
  %1 = alloca %jl_value_t addrspace(10)*, i32 2
  %gcframe = alloca %jl_value_t addrspace(10)*, i32 4
  %2 = bitcast %jl_value_t addrspace(10)** %gcframe to i8*
  call void @llvm.memset.p0i8.i32(i8* %2, i8 0, i32 32, i32 0, i1 false)
  %3 = call %jl_value_t*** inttoptr (i64 4494723472 to %jl_value_t*** ()*)() #4
  %4 = getelementptr %jl_value_t addrspace(10)*, %jl_value_t addrspace(10)** %gcframe, i32 0
  %5 = bitcast %jl_value_t addrspace(10)** %4 to i64*
  store i64 4, i64* %5
  %6 = getelementptr %jl_value_t**, %jl_value_t*** %3, i32 0
  %7 = load %jl_value_t**, %jl_value_t*** %6
  %8 = getelementptr %jl_value_t addrspace(10)*, %jl_value_t addrspace(10)** %gcframe, i32 1
  %9 = bitcast %jl_value_t addrspace(10)** %8 to %jl_value_t***
  store %jl_value_t** %7, %jl_value_t*** %9
  %10 = bitcast %jl_value_t*** %6 to %jl_value_t addrspace(10)***
  store %jl_value_t addrspace(10)** %gcframe, %jl_value_t addrspace(10)*** %10
  %11 = load %jl_value_t addrspace(10)*, %jl_value_t addrspace(10)** inttoptr (i64 4814001384 to %jl_valu
e_t addrspace(10)**), align 8
  %12 = getelementptr %jl_value_t addrspace(10)*, %jl_value_t addrspace(10)** %gcframe, i32 2
  store %jl_value_t addrspace(10)* %11, %jl_value_t addrspace(10)** %12
  %13 = call %jl_value_t addrspace(10)* @jl_box_int64(i64 signext %0)
  %14 = getelementptr %jl_value_t addrspace(10)*, %jl_value_t addrspace(10)** %gcframe, i32 3
  store %jl_value_t addrspace(10)* %13, %jl_value_t addrspace(10)** %14
  %15 = getelementptr %jl_value_t addrspace(10)*, %jl_value_t addrspace(10)** %1, i32 0
  store %jl_value_t addrspace(10)* %13, %jl_value_t addrspace(10)** %15
  %16 = getelementptr %jl_value_t addrspace(10)*, %jl_value_t addrspace(10)** %1, i32 1
  store %jl_value_t addrspace(10)* %11, %jl_value_t addrspace(10)** %16
  %17 = call nonnull %jl_value_t addrspace(10)* @jl_apply_generic(%jl_value_t addrspace(10)* addrspacecas
t (%jl_value_t* inttoptr (i64 4655294832 to %jl_value_t*) to %jl_value_t addrspace(10)*), %jl_value_t add
rspace(10)** %1, i32 2)
  %18 = getelementptr %jl_value_t addrspace(10)*, %jl_value_t addrspace(10)** %gcframe, i32 1
  %19 = load %jl_value_t addrspace(10)*, %jl_value_t addrspace(10)** %18
  %20 = getelementptr %jl_value_t**, %jl_value_t*** %3, i32 0
  %21 = bitcast %jl_value_t*** %20 to %jl_value_t addrspace(10)**
  store %jl_value_t addrspace(10)* %19, %jl_value_t addrspace(10)** %21
  ret %jl_value_t addrspace(10)* %17
}
```

这是为什么？编译器不应该更聪明吗？答案是，编译器无法真正假设全局变量始终是整数。因为它是一个变量，这意味着它可以随时更改，所以编译器必须生成可处理任何数据类型的代码，以确保安全。在这种情况下，这种额外的灵活性会带来巨大的开销。

6.2.2 享受全局常量的速度

为了提高性能，让我们使用 const 关键字创建一个全局常量。然后，我们可以定义一个访问常量的新函数，如下所示：

```
const constant = 10

function add_using_global_constant(x)
    return constant + x
end
```

让我们现在对其性能进行基准测试。

```
julia> @btime add_using_global_constant(10);
  0.032 ns (0 allocations: 0 bytes)
```

如果我们再次自检该函数，则会得到以下干净的代码。

```
julia> @code_llvm add_using_global_constant(10)

;  @ REPL[27]:2 within `add_using_global_constant'
define i64 @julia_add_using_global_constant_17419(i64) {
top:
; ┌ @ int.jl:53 within `+'
   %1 = add i64 %0, 10
; └
  ret i64 %1
}
```

接下来，我们将讨论如何使用全局变量（而不是常量），并使它变得更好一些。

6.2.3 使用类型信息注释变量

最好只使用全局常量。但是，如果在应用程序的生命周期中需要更改变量，该怎么办？例如，也许它是一个全局计数器，用于跟踪网站上的访问者数量。

一开始我们可能很想做以下事情，但是我们很快意识到 Julia 不支持使用类型信息对全局变量进行注释。

```
julia> variable::Int = 10
ERROR: syntax: type declarations on global variables are not yet supported
```

相反，我们可以做的是在函数本身中注释变量类型，如下所示：

```
function add_using_global_variable_typed(x)
    return x + variable::Int
end
```

让我们看看它的表现如何。

```
julia> variable = 10
10

julia> @btime add_using_global_variable_typed(10);
  5.541 ns (0 allocations: 0 bytes)
```

与无类型版本的 31 纳秒相比，这是一个很大的速度提升！但是，它离全局常量解决方案的运行时间还很远。

6.2.4 理解常量为何有助于性能

由于以下原因，编译器在处理常量时具有更高的自由度：

- 常量值不变。
- 常量的类型不变。

通过研究一些简单的示例，这一点将变得清楚。

让我们看一下以下函数：

```
function constant_folding_example()
    a = 2 * 3
    b = a + 1
    return b > 1 ? 10 : 20
end
```

如果我们按照这个逻辑，那么不难看出它总是返回值 10。让我们在这里展开来看：

- a 变量的值为 6。
- b 变量的值为 a + 1，即 7。
- 由于 b 变量大于 1，因此返回 10。

从编译器的角度来看，可以将 a 变量推断为常量，因为它是已分配但从未更改的变量，对于 b 变量也是如此。

我们可以看一下 Julia 为此生成的代码。

```
julia> @code_typed constant_folding_example()
CodeInfo(
1 ─     return 10
) => Int64
```

Julia 编译器经历了几个阶段。在这种情况下，我们可以使用 `@code_typed` 宏，该宏显示已解析所有类型信息的已生成代码。

编译器已经解决了所有问题，并且为此函数返回的值为 10。

我们注意到这里发生了几件事：

- 当编译器看到两个常量值的乘积 `(2*3)` 时，它计算 a 的最终值为 6。该过程称为常量折叠。

- 当编译器推断 a 为 6 时，它将 b 计算为 7。此过程称为常量传播。
- 当编译器推断 b 为 7 时，它从 if-then-else 操作中删除 else 分支。此过程称为消除无效代码。

Julia 的编译器优化确实是最先进的。这些只是我们可以自动提高性能而无须重构大量代码的一些示例。

6.2.5 将全局变量作为函数参数传递

还有另一种解决全局变量问题的方法。在对性能敏感的函数中，我们可以直接将全局变量作为参数传递给函数，而不是直接访问全局变量。

让我们通过添加第二个参数来重构前面的代码，如下所示：

```
function add_by_passing_global_variable(x, v)
    return x + v
end
```

现在，我们可以通过传入变量来调用函数。让我们对代码进行如下基准测试。

```
julia> @btime add_by_passing_global_variable(10, $variable);
  0.032 ns (0 allocations: 0 bytes)
```

太棒了！它就像将其视为常量一样快。神奇在哪里？事实证明，Julia 的编译器会根据其参数类型自动生成专用函数。在这种情况下，当我们将变量作为整数值传递时，该函数将编译为最优化的版本，因为参数的类型是已知的。现在速度很快，其原因与使用常量相同。

当然，你可能会争辩说它违反了使用全局变量的目的。尽管如此，灵活性仍然存在，可以在你确实需要获得最佳性能时使用。

TIP 使用 BenchmarkTools.jl 宏时，我们必须使用美元符号前缀对全局变量进行插值。否则，性能测试中将包含引用全局变量所需的时间。

6.2.6 将变量隐藏在全局常量中

还有另一种选项可以在不损失过多性能的情况下保持全局变量的灵活性。我们可以称其为全局变量占位符。

现在你应该已经很清楚了，只要在编译时知道变量的类型，Julia 就可以生成高度优化的代码。因此，解决该问题的一种方法是创建一个常量占位符并将一个值存储在占位符内部。

考虑以下代码：

```
# Initialize a constant Ref object with the value of 10
const semi_constant = Ref(10)

function add_using_global_semi_constant(x)
```

```
    return x + semi_constant[]
end
```

全局常量被分配了一个 `Ref` 对象。在 Julia 中，`Ref` 对象不过是一个占位符，其中包含已知封闭对象的类型。你可以在 Julia REPL 中尝试以下操作。

```
julia> Ref(10)
Base.RefValue{Int64}(10)

julia> Ref("abc")
Base.RefValue{String}("abc")
```

如我们所见，根据类型签名 `Base.RefValue{Int64}`，`Ref(10)` 中的值具有 `Int64` 类型。同样，`Ref("abc")` 内部的值的类型为 `String`。

要获取 `Ref` 对象内部的值，我们可以使用不带参数的索引运算符。因此，在前面的代码中，我们使用 `semi_constant[]`。这种额外的间接访问的性能开销是多少？让我们像往常一样对代码进行基准测试。

```
julia> @btime add_using_global_semi_constant(10);
  2.097 ns (0 allocations: 0 bytes)
```

结果并不坏，尽管它与使用全局常量的最佳性能相去甚远，但仍比使用普通全局变量快约 15 倍。由于 `Ref` 对象只是一个占位符，因此还可以分配基础值。

```
julia> semi_constant[] = 20
20

julia> semi_constant
Base.RefValue{Int64}(20)
```

总之，使用 `Ref` 可以使我们模拟全局变量而不会牺牲太多性能。

6.2.7 现实生活中的例子

全局常量在 Julia 包中非常常见。这并不奇怪，因为常量也用于避免直接在函数中对值进行硬编码。

示例 1——SASLib.jl 程序包

在 `SASLib.jl` 包中，大多数常量是在位于 https://github.com/tk3369/SASLib.jl/blob/master/src/constants.jl 的 `Constants.jl` 文件中定义的。以下是代码片段：

```
# default settings
const default_chunk_size = 0
const default_verbose_level = 1

const magic = [
        b"\x00\x00\x00\x00\x00\x00\x00\x00" ;
        b"\x00\x00\x00\x00\xc2\xea\x81\x60" ;
```

```
        b"\xb3\x14\x11\xcf\xbd\x92\x08\x00" ;
        b"\x09\xc7\x31\x8c\x18\x1f\x10\x11" ]

const align_1_checker_value = b"3"
const align_1_offset = 32
const align_1_length = 1
const align_1_value = 4
```

使用这些常量可以使文件读取函数正常运行。

示例 2——PyCall.jl 程序包

`PyCall.jl` 包的文档建议用户使用全局变量占位符技术存储 Python 对象。在其文档中可以找到以下摘录:

"对于类型稳定的全局常量，请在顶层将常量初始化为 `PyNULL()`，然后使用模块的 `__init__` 函数中的 `copy!` 函数将其更改为实际值。"

对于高性能代码，通常需要类型稳定的全局常量。基本上，初始化模块时，可以使用 `PyNULL()` 值初始化此全局常量。该常量实际上只是一个占位符对象，以后可以用实际值对其进行更改。此技术类似于在 6.26 节中提到的 `Ref` 的用法。

6.2.8 注意事项

如果可以将全局变量替换为全局常量，则应该始终这样做。这样做的原因不仅在于性能。常量具有很好的特性，可以保证它们的值在整个应用程序生命周期中保持不变。通常，全局状态更改越少，程序就越健壮。传统上，变异状态是难以发现的错误的来源。

有时，我们可能会陷入无法避免使用全局变量的情况。但在对此感到难过之前，我们还可以检查系统性能是否受到实质性影响。

在两个数字相加的示例中，访问全局变量会带来较大的开销，因为实际操作是如此简单且高效。因此，在访问全局变量方面做了更多工作。另一方面，如果我们有一个更复杂的函数，它需要更长的时间（例如 500 纳秒），那么额外的 25 纳秒的开销就变得不那么重要了。在这种情况下，随着开销变得无关紧要，我们也可以忽略该问题。

最后，我们应该始终注意何时使用了太多的全局变量。当使用更多的全局变量时，问题也会增加。多少算太多？这确实取决于你的情况，但是考虑应用程序设计并询问你自己是否正确设计了应用程序并没有什么坏处。

在 6.3 节中，我们将讨论一种模式，该模式仅通过在内存中以不同的方式布置数据即可帮助提高系统性能。

6.3 数组结构模式

近年来，现代 CPU 架构越来越能满足当今的需求。由于各种物理限制，要获得更高的处理器速度非常困难。现在，许多英特尔处理器都支持一种称为单指令多数据（SIMD）的技术。通过利用流 SIMD 扩展（SSE）和高级矢量扩展（AVX）寄存器，可以在单个 CPU 周期内执行多个数学运算。

这固然很好，但是利用这些奇特的 CPU 指令的先决条件之一就是首先要确保数据位于连续的内存块中。我们如何将数据定向在连续的内存块中？你可以在本节中找到解决方案。

6.3.1 使用业务领域模型

在设计应用程序时，我们经常创建一个模仿业务领域概念的对象模型，这样做的目的是清楚地表达出开发人员认为最自然的形式的数据。

假设我们需要从关系数据库中检索客户的数据。客户记录可以存储在 `CUSTOMER` 表中，每个客户在表中存储为一行。当我们从数据库中获取客户数据时，我们可以构造一个 `Customer` 对象并将其推入数组。同样，当我们使用 NoSQL 数据库时，我们可能会以 JSON 文档的形式接收数据并将其放入对象数组中。在这两种情况下，我们都可以看到数据被表示为对象数组。应用程序通常设计为与使用 `struct` 语句定义的对象一起使用。

让我们看一下一个用于分析来自纽约市的出租车数据的用例。数据以几个 CSV 文件的形式公开提供。出于说明目的，我们下载了 2018 年 12 月的数据并将其截断为 100 000 条记录。

> 完整的数据文件可从 https://data.cityofnewyork.us/Transportation/2018-Yellow-Taxi-Trip/Data/t29m-gskq 下载。
> 为方便起见，可从我们的 GitHub 站点 https://github.com/PacktPublishing/Hands-On-Design-Patterns-with-Julia-1.0/raw/master/Chapter06/StructOfArraysPattern/yellow_tripdata_2018-12_100k.csv 获得一个较小的文件，其中具有 100 000 条记录。

首先，我们定义一个称为 `TripPayment` 的类型，如下所示：

```
struct TripPayment
    vendor_id::String
    tpep_pickup_datetime::String
    tpep_dropoff_datetime::String
    passenger_count::Int
    trip_distance::Float64
    fare_amount::Float64
    extra::Float64
    mta_tax::Float64
    tip_amount::Float64
    tolls_amount::Float64
    improvement_surcharge::Float64
    total_amount::Float64
end
```

要将数据读入内存，我们需要利用 `CSV.jl` 包。让我们定义一个将文件读入向量的函数：

```
function read_trip_payment_file(file)
    f = CSV.File(file, datarow = 3)
    records = Vector{TripPayment}(undef, length(f))
    for (i, row) in enumerate(f)
        records[i] = TripPayment(row.VendorID,
                                 row.tpep_pickup_datetime,
                                 row.tpep_dropoff_datetime,
                                 row.passenger_count,
                                 row.trip_distance,
                                 row.fare_amount,
                                 row.extra,
                                 row.mta_tax,
                                 row.tip_amount,
                                 row.tolls_amount,
                                 row.improvement_surcharge,
                                 row.total_amount)
    end
    return records
end
```

现在，当我们获取数据时，我们得到一个数组。在此示例中，我们下载了 100 000 条记录，如以下屏幕截图所示。

```
julia> records = read_trip_payment_file("yellow_tripdata_2018-12_100k.csv")
100000-element Array{TripPayment,1}:
 TripPayment(1, "2018-12-01 00:28:22", "2018-12-01 00:44:07", 2, 2.5, 12.0, 0.5, 0.5
, 3.95, 0.0, 0.3, 17.25)
 TripPayment(1, "2018-12-01 00:52:29", "2018-12-01 01:11:37", 3, 2.3, 13.0, 0.5, 0.5
, 2.85, 0.0, 0.3, 17.15)
 TripPayment(2, "2018-12-01 00:12:52", "2018-12-01 00:36:23", 1, 0.0, 2.5, 0.5, 0.5,
 0.0, 0.0, 0.3, 3.8)
 TripPayment(1, "2018-12-01 00:35:08", "2018-12-01 00:43:11", 1, 3.9, 12.5, 0.5, 0.5
, 2.75, 0.0, 0.3, 16.55)
 ⋮
 TripPayment(1, "2018-12-01 11:23:12", "2018-12-01 11:43:25", 1, 1.6, 13.0, 0.0, 0.5
, 3.45, 0.0, 0.3, 17.25)
 TripPayment(1, "2018-12-01 11:45:56", "2018-12-01 11:58:25", 1, 1.7, 10.0, 0.0, 0.5
, 2.7, 0.0, 0.3, 13.5)
 TripPayment(2, "2018-12-01 11:11:12", "2018-12-01 11:27:17", 2, 2.88, 13.5, 0.0, 0.
5, 2.14, 0.0, 0.3, 16.44)
```

现在，假设我们需要分析此数据集。在许多数据分析用例中，我们只需为支付记录中的某些属性计算各种统计数据即可。例如，我们可能想要找到平均票价，如下所示。

```
julia> mean(r.fare_amount for r in records)
11.985990599999994
```

这已经是相当快的操作，因为它使用生成器语法并避免分配。

TIP 某些 Julia 函数接受生成器语法，它可以像不带方括号的数组推导一样编写。这样的内存是非常高效的，因为它避免了为中间对象分配内存。

唯一的事情是，它需要访问每条记录的 `fare_amount` 字段。如果我们对该函数进行基准测试，它将显示以下内容。

```
julia> @btime mean(r.fare_amount for r in $records);
  629.761 μs (1 allocation: 16 bytes)
```

我们如何知道它是否以最佳速度运行？除非我们尝试以不同的方式来做，否则我们不会知道。因为我们所做的只是计算 100 000 个浮点数的平均值，所以我们可以使用一个简单的数组轻松地复制它。让我们将数据复制到一个单独的数组中：

```
fare_amounts = [r.fare_amount for r in records];
```

然后，我们可以通过按如下方式传递数组来对 `mean` 函数进行基准测试。

```
julia> @btime mean(fare_amounts);
  27.097 μs (1 allocation: 16 bytes)
```

发生了什么事？它比以前快了 24 倍。

在这种情况下，编译器能够使用更高级的 CPU 指令。因为 Julia 数组是密集数组，也就是说，数据紧凑地存储在连续的内存块中，所以它使编译器可以完全优化操作。

将数据转换为数组似乎是一个不错的解决方案。但是，试想一下，你必须为每个单个字段创建这些临时数组。它不再是一件有趣的事了，因为这样做可能会错过一些字段。有解决这个问题的更好方法吗？

6.3.2 使用不同的数据布局提高性能

我们刚刚看到的问题是由使用结构数组引起的。我们真正想要的是数组的结构。注意到结构数组与数组结构之间的区别了吗？

在结构数组中，要访问对象的字段，程序必须首先索引该对象，然后通过内存中的预定偏移量找到该字段。例如，`TripPayment` 对象中的 `passenger_count` 字段是结构的第四个字段，其中前三个字段是 `Int64`、`String` 和 `String types`。因此，到第四个字段的偏移量为 24。结构的数组具有面向行的布局，因为每一行都存储在连续的内存块中。

现在我们介绍数组结构的概念。在数组的结构中，我们采用面向列的方法。在这种情况下，我们只为整个数据集维护一个对象。在对象内，每个字段代表原始记录的特定字段的数组。例如，`fare_amount` 字段将作为票价金额数组存储在此对象中。面向列的格式针对高性能计算进行了优化，因为数组中的数据值均具有相同的类型。此外，它们的内存也更紧凑。

> TIP 在 64 位系统中，结构通常对齐到 8 字节存储块中。例如，一个仅包含 `Int32` 和 `Int16` 类型的两个字段的结构仍然消耗 8 个字节，即使 6 个字节足以存储数据。两个额外的字节用于将数据结构填充到 8 字节边界。

在以下各节中，我们将研究如何实现此模式并确认性能有所提高。

构造数组结构

构造数组结构很简单。毕竟，我们能够较早地对单个字段进行快速处理。为了完整起见，我们可以通过以下方式设计一种新的数据类型，以便以面向列的格式存储相同的行程支付数据。如下代码显示此模式有助于提高性能：

```
struct TripPaymentColumnarData
    vendor_id::Vector{Int}
    tpep_pickup_datetime::Vector{String}
    tpep_dropoff_datetime::Vector{String}
    passenger_count::Vector{Int}
    trip_distance::Vector{Float64}
    fare_amount::Vector{Float64}
    extra::Vector{Float64}
    mta_tax::Vector{Float64}
    tip_amount::Vector{Float64}
    tolls_amount::Vector{Float64}
    improvement_surcharge::Vector{Float64}
    total_amount::Vector{Float64}
end
```

请注意，每个字段都已变成 **Vector{T}**，其中 **T** 是特定字段的原始数据类型。它看起来很丑陋，但出于性能原因，我们愿意在这里牺牲美感。

> TIP 一般的经验法则是，我们应该保持简单（KISS）。在某些情况下，当我们确实需要更高的运行时性能时，我们可能会稍微调整一下。

尽管现在我们有一个针对性能进行了优化的数据类型，但是我们仍然需要用测试数据填充它。在这种情况下，可以很容易地使用数组推导语法来实现：

```
columar_records = TripPaymentColumnarData(
    [r.vendor_id for r in records],
    [r.tpep_pickup_datetime for r in records],
    [r.tpep_dropoff_datetime for r in records],
    [r.passenger_count for r in records],
    [r.trip_distance for r in records],
    [r.fare_amount for r in records],
    [r.extra for r in records],
    [r.mta_tax for r in records],
    [r.tip_amount for r in records],
    [r.tolls_amount for r in records],
    [r.improvement_surcharge for r in records],
    [r.total_amount for r in records]
);
```

完成后，我们可以证明新的对象结构确实已优化。

```
julia> @btime mean(columar_records.fare_amount);
  27.202 μs (1 allocation: 16 bytes)
```

正如我们预期的那样，它现在具有出色的性能。

使用 StructArrays 包

我们非常不满意先前丑陋的柱状（列）结构。我们不仅需要创建带有大量 `Vector` 字段的新数据类型，还需要创建构造函数以将结构数组转换为新类型。

当我们在 Julia 生态系统中使用功能强大的包时，我们可以意识到 Julia 的强大。为了完全实现此模式，我们将引入 `StructArrays.jl` 包，该包可将把数机械重复的转换任务（将结构体数组转换为数组结构）自动化。

实际上，使用 `StructArrays` 非常简单：

```
using StructArrays
sa = StructArray(records)
```

让我们快速浏览一下内容。首先，我们可以像对待原始数组一样对待 `sa`，例如我们可以像以前一样处理数组的前三个元素。

```
julia> sa[1:3]
3-element StructArray(::Array{Int64,1}, ::Array{String,1}, ::Array{String,1}, ::Arra
y{Int64,1}, ::Array{Float64,1}, ::Array{Float64,1}, ::Array{Float64,1}, ::Array{Floa
t64,1}, ::Array{Float64,1}, ::Array{Float64,1}, ::Array{Float64,1}, ::Array{Float64,
1}) with eltype TripPayment:
 TripPayment(1, "2018-12-01 00:28:22", "2018-12-01 00:44:07", 2, 2.5, 12.0, 0.5, 0.5
, 3.95, 0.0, 0.3, 17.25)
 TripPayment(1, "2018-12-01 00:52:29", "2018-12-01 01:11:37", 3, 2.3, 13.0, 0.5, 0.5
, 2.85, 0.0, 0.3, 17.15)
 TripPayment(2, "2018-12-01 00:12:52", "2018-12-01 00:36:23", 1, 0.0, 2.5, 0.5, 0.5,
 0.0, 0.0, 0.3, 3.8)
```

如果我们只选择一条记录，它将返回原始的 `TripPayment` 对象。

```
julia> sa[1]
TripPayment(1, "2018-12-01 00:28:22", "2018-12-01 00:44:07", 2, 2.5, 12.0, 0.5, 0.5,
 3.95, 0.0, 0.3, 17.25)
```

为了确保没有错误，我们还可以检查第一条记录的类型。

```
julia> typeof(sa[1])
TripPayment
```

因此，新的 `sa` 对象的工作原理与以前一样。现在，区别在于何时需要从单个字段访问所有数据。例如我们可以如下获取 `fare_amount` 字段。

```
julia> sa.fare_amount
100000-element Array{Float64,1}:
 12.0
 13.0
  ⋮
 10.0
 13.5
```

因为该类型已经实现为密集数组，所以在对该字段进行数值或统计分析时，我们可以期望它具有出色的性能，如下所示。

```
julia> @btime mean(sa.fare_amount);
  27.193 μs (1 allocation: 16 bytes)
```

什么是 DenseArray？实际上，它是一种抽象类型，其数组中的所有元素都分配给一个连续的内存块。DenseArray 是数组的超类型。

Julia 默认情况下支持动态数组，这意味着当我们向其中推送更多数据时，数组的大小会增加。当分配更多内存时，它将现有数据复制到新的内存位置。

为了避免过多的内存重新分配，当前的实现使用一种复杂的算法来增加内存分配的大小——以足够快的速度避免过多的重新分配，但又要足够保守以至于不会过度分配内存。

理解空间与时间的权衡

StructArrays.jl 包提供了一种方便的机制，可以快速将结构数组转换为数组结构。我们必须认识到，我们要付出的代价是内存中数据的额外副本。因此，我们再次进入经典的计算中的空间与时间权衡。

再次快速查看我们的用例。我们可以在 Julia REPL 中使用 Base.summarysize 函数来查看内存占用量。

```
julia> Base.summarysize(records) / 1024 / 1024
15.068092346191406

julia> Base.summarysize(sa) / 1024 / 1024
14.305671691894531
```

Base.summarysize 函数以字节为单位返回对象的大小。我们对数字 1024 进行了两次划分，以得出兆字节单位。有趣的是，数组结构 sa 比原始结构数组 record 的内存效率更高。但是，我们在内存中有两个数据副本。

幸运的是，如果我们要节省内存，这里确实有一些选择。第一种，如果我们不再需要该结构中的数据，则可以只丢弃 record 变量中的原始数据。我们甚至可以强制垃圾收集器运行，如下所示。

```
julia> record = nothing

julia> GC.gc()
```

第二种，完成计算后，我们可以丢弃 sa 变量。

处理嵌套对象结构

前面的案例适用于任何平面数据结构。如今，设计包含其他复合类型的类型已经很普遍了。让我们深入一点，看看如何处理这样的嵌套结构。

首先，假设我们要在单独的复合数据类型中将与票价相关的字段分开：

```
struct TripPayment
    vendor_id::String
    tpep_pickup_datetime::String
    tpep_dropoff_datetime::String
    passenger_count::Int
    trip_distance::Float64
    fare::Fare
end

struct Fare
    fare_amount::Float64
    extra::Float64
    mta_tax::Float64
    tip_amount::Float64
    tolls_amount::Float64
    improvement_surcharge::Float64
    total_amount::Float64
end
```

我们可以稍微调整文件阅读器：

```
function read_trip_payment_file(file)
    f = CSV.File(file, datarow = 3)
    records = Vector{TripPayment}(undef, length(f))
    for (i, row) in enumerate(f)
        records[i] = TripPayment(row.VendorID,
                                 row.tpep_pickup_datetime,
                                 row.tpep_dropoff_datetime,
                                 row.passenger_count,
                                 row.trip_distance,
                                 Fare(row.fare_amount,
                                      row.extra,
                                      row.mta_tax,
                                      row.tip_amount,
                                      row.tolls_amount,
                                      row.improvement_surcharge,
                                      row.total_amount))
    end
    return records
end
```

读取数据后，差旅费数据数组将如下所示。

```
julia> records = read_trip_payment_file("yellow_tripdata_2018-12_100k.csv");

julia> records[1]
TripPayment(1, "2018-12-01 00:28:22", "2018-12-01 00:44:07", 2, 2.5, Fare(12.0,
 0.5, 0.5, 3.95, 0.0, 0.3, 17.25))
```

如果仅像以前那样创建 `StructArray`，则无法提取 `fare_amount` 字段。

```
julia> sa = StructArray(records);

julia> sa.fare.fare_amount
ERROR: type Array has no field fare_amount
```

为了更深入地达到相同的结果，我们可以使用 `unwrap`。

```
julia> sa = StructArray(records, unwrap = t -> t <: Fare);
```

关键字参数 unwrap 的值基本上是一个函数，该函数接受特定字段的数据类型。如果函数返回 true，则将使用嵌套的 StructArray 构造该特定字段。

现在，我们可以使用另一种间接访问级别来访问 fare_amount 字段，如下所示。

```
julia> sa.fare.fare_amount
100000-element Array{Float64,1}:
 12.0
 13.0
  2.5
  ⋮
 10.0
 13.5
```

使用 unwrap 关键字参数，我们可以轻松遍历整个数据结构并创建一个 StructArray 对象，该对象使我们可以访问密集数组结构中的任何数据元素。从这一点开始，可以提高应用程序性能。

6.3.3　注意事项

在设计应用程序时，我们应该确定用户最看重的是什么。同样，在进行数据分析或数据科学项目时，我们应该考虑最关心的是什么。在任何决策过程中，客户至上的方法都是必不可少的。

假设我们的首要任务是获得更好的性能。然后，下一个问题是系统的哪个部分需要优化？如果由于使用结构数组而使组件速度变慢，那么采用数组结构模式时，我们的速度提高了多少？性能提升是否显著，是否以毫秒、分钟、小时或天为单位进行度量？

此外，我们需要考虑系统约束。我们喜欢认为一切皆有可能，但是回到现实之后，我们到处都受到系统资源的限制——CPU 核心数、可用内存和磁盘空间，以及系统管理员施加的其他限制，例如打开文件数和进程数的最大值。

尽管数组结构可以提高性能，但为新数组分配内存会产生开销。如果数据量很大，分配和数据复制操作也将花费一些时间。

在 6.4 节中，我们将探讨另一种有助于节省内存并允许分布式计算的模式——共享数组模式。

6.4　共享数组模式

现代操作系统可以处理许多并发进程，并充分利用所有处理器核心。对于分布式计算，通常将较大的任务分解为较小的任务，以便多个进程可以同时执行任务。有时，可能需要合并或汇总这些单独执行的结果以最终交付。此过程称为还原。

这个概念以各种形式转世。例如，在函数式编程中，通常使用映射－化简来实现数据处理。映射过程获取一个列表并将一个函数应用于每个元素，而化简过程将结果合并。在大数据处理中，Hadoop 使用一种类似的映射－化简形式，只不过它在集群中的多台机器上运行。`DataFrames` 包包含执行 Split-Apply-Combine 模式的函数。这些都呈现几乎相同的概念。

有时，并行工作进程需要相互通信。通常，进程可以通过某种形式的进程间通信（IPC）传递数据来相互通信。有很多方法可以执行此操作，如套接字、Unix 域套接字、管道、命名管道、消息队列、共享内存和内存映射。

Julia 附带了一个名为 `SharedArrays` 的标准库，该库与操作系统的共享内存和内存映射接口连接。此功能允许 Julia 进程通过共享中央数据源相互通信。

在本节中，我们研究如何将 `SharedArrays` 用于高性能计算。

6.4.1 风险管理用例介绍

在风险管理用例中，我们希望使用称为蒙特卡罗模拟的过程来估计投资组合收益的波动性。这个概念很简单。首先，我们基于历史数据开发风险模型。其次，我们使用该模型以 10 000 种方式预测未来。最后，我们查看证券投资组合中证券收益的分布，并评估每种情况下投资组合的收益或损失。

投资组合通常根据基准进行衡量。例如，股票投资组合可以以标准普尔 500 指数为基准。原因是投资组合经理通常会因赚取阿尔法（alpha）而获得回报，阿尔法是用来描述超出基准收益率的超额收益的术语。换句话说，投资组合经理会因其挑选合适股票的技能而获得奖励。

在固定收益市场中，这个问题更具挑战性。与股票市场不同，典型的固定收益基准非常大，最多有 10 000 种债券。在评估投资组合风险时，我们经常要分析收益来源。投资组合的价值上升是因为它正处于牛市中，还是因为每个人都在卖出而下降？与市场走势相关的风险称为系统风险。回报的另一个来源与个人债券有关。例如，如果债券的发行人经营状况良好且获利丰厚，则该债券的风险较低，价格上涨。由于特定的个人纽带而产生的这种运动称为特质风险。对于全球投资组合，一些债券也面临货币风险。从计算复杂性的角度来看，要估计 10 000 种基准指数的收益，我们必须执行 10 000 种未来方案 ×10 000 股 × 3 种收益来源 =3 亿个定价计算。

回到我们的模拟示例，我们可以生成 10 000 种投资组合的未来可能方案，并且结果基本上是所有这些方案的一组收益。收益数据存储在磁盘上，现在可以进行其他分析了。问题来了，资产经理必须分析 1 000 多种投资组合，每种投资组合可能需要访问 10 000 到 50 000 种债券之间的收益数据，具体取决于基准指数的大小。不幸的是，生产服务器的内存有限，但是拥有大量的 CPU 资源。

我们如何充分利用硬件来尽快执行分析？

快速总结一下我们的问题：

- 硬件：
  - 16 vCPU
  - 32 GB RAM
- 证券的收益数据
  - 存储在 100 000 个单独的文件中
  - 每个文件包含 10 000 ×3 矩阵（10 000 种未来状态和 3 个收益源）
  - 总内存占用约为 22 GB
- 任务
  - 计算 10 000 种未来状态的所有证券收益的统计度量（标准差、偏度和峰度）
  - 以最快的速度完成

比较天真的办法是按顺序加载所有文件。不用说，无论文件多小，一个一个地加载 100 000 个文件都不会很快。我们将使用 Julia 分布式计算工具来完成它。

6.4.2 准备示例数据

为了遵循此模式的后续代码，我们可以准备一些测试数据。在运行代码之前，请确保你有足够的磁盘空间用于测试数据。你将需要大约 22GB 的可用空间。与其将 100 000 个文件放在一个目录中，不如将它们分成 100 个子目录。因此，我们首先创建目录。为此创建了一个简单的函数：

```
function make_data_directories()
    for i in 0:99
        mkdir("$i")
    end
end
```

我们可以假设每个证券都由介于 1 到 100 000 之间的数字索引值标识。让我们定义一个函数，该函数生成查找文件的路径：

```
function locate_file(index)
    id = index - 1
    dir = string(id % 100)
    joinpath(dir, "sec$(id).dat")
end
```

该函数旨在将文件散列到 100 个子目录之一中。让我们看看它是如何工作的：

```
julia> locate_file.(vcat(1:2, 100:101))
4-element Array{String,1}:
 "0/sec0.dat"
 "1/sec1.dat"
 "99/sec99.dat"
 "0/sec100.dat"
```

因此，前 100 种证券位于名为 `0,1,...,99` 的目录中。第 101 种证券开始包装并返回目录

0。出于一致性原因，文件名包含的证券索引为负 1。

现在我们准备生成测试数据。让我们定义一个函数如下所示：

```
function generate_test_data(nfiles)
    for i in 1:nfiles
        A = rand(10000, 3)
        file = locate_file(i)
        open(file, "w") do io
            write(io, A)
        end
    end
end
```

要生成所有测试文件，我们只需要通过传递值 `100 000` 的 `nfile` 来调用此函数。在本练习结束时，应该将测试文件分散在所有 100 个子目录中。请注意，`generate_test_data` 函数将花费几分钟来生成所有测试数据。让我们现在开始。

```
julia> folder = joinpath(ENV["HOME"], "julia_book_ch06_data")
"/home/ubuntu/julia_book_ch06_data"

julia> make_data_directories(folder)

julia> cd(folder)

julia> generate_test_data(100_000)
```

完成后，让我们快速查看一下终端中的数据文件。

```
$ pwd
/home/ubuntu/julia_book_ch06_data
$ ls
0   14  2   25  30  36  41  47  52  58  63  69  74  8   85  90  96
1   15  20  26  31  37  42  48  53  59  64  7   75  80  86  91  97
10  16  21  27  32  38  43  49  54  6   65  70  76  81  87  92  98
11  17  22  28  33  39  44  5   55  60  66  71  77  82  88  93  99
12  18  23  29  34  4   45  50  56  61  67  72  78  83  89  94
13  19  24  3   35  40  46  51  57  62  68  73  79  84  9   95
$ ls -l 0 | tail -6
-rw-rw-r-- 1 ubuntu ubuntu 240000 Dec  8 18:36 sec99400.dat
-rw-rw-r-- 1 ubuntu ubuntu 240000 Dec  8 18:36 sec99500.dat
-rw-rw-r-- 1 ubuntu ubuntu 240000 Dec  8 18:36 sec99600.dat
-rw-rw-r-- 1 ubuntu ubuntu 240000 Dec  8 18:36 sec99700.dat
-rw-rw-r-- 1 ubuntu ubuntu 240000 Dec  8 18:36 sec99800.dat
-rw-rw-r-- 1 ubuntu ubuntu 240000 Dec  8 18:36 sec99900.dat
```

现在，我们准备使用共享数组模式来解决该问题。让我们开始吧。

6.4.3 高性能解决方案概述

`SharedArrays` 的优点在于，数据作为单个副本维护，并且多个进程可以同时具有读取和写入访问权限。这是解决我们问题的完美解决方案。在此解决方案中，我们将执行以下操作：

1）主程序创建一个共享数组。

2）使用分布式 for 循环，主程序命令工作进程将每个文件读入数组的特定段。

3）同样，使用分布式 for 循环，主程序命令工作进程执行统计分析。

我们可以充分利用 16 个 vCPU。

TIP 实际上，我们可能应该利用更少的 vCPU，以便为操作系统本身留出一些空间。你的里程可能会有所不同，具体取决于同一服务器上正在运行的其他内容。最好的方法是测试各种配置并确定最佳设置。

6.4.4 在共享数组中填充数据

证券收益文件已分发并存储在 100 个不同的目录中。它的存储位置基于一个简单的公式：文件索引模数 100，其中文件索引是每种证券的数字标识符，编号在 1 到 100 000 之间。

每个数据文件都是简单的二进制格式。上游流程已计算出 10 000 × 3 矩阵中的 10 000 种未来状态的 3 个收益源。布局是面向列的，这意味着前 10 000 个数字用于第一个收益源，接下来的 10 000 个数字用于第二个收益源，依此类推。

在开始使用分布式计算功能之前，我们必须产生工作进程。Julia 带有一个方便的命令行选项（-p），用户可以预先指定工作进程数，如下所示。

```
$ julia -p 16
               _
   _       _ _(_)_     |  Documentation: https://docs.julialang.org
  (_)     | (_) (_)    |
   _ _   _| |_  __ _   |  Type "?" for help, "]?" for Pkg help.
  | | | | | | |/ _` |  |
  | | |_| | | | (_| |  |  Version 1.3.0 (2019-11-26)
 _/ |\__'_|_|_|\__'_|  |  Official https://julialang.org/ release
|__/                   |

julia> nworkers()
16
```

当 REPL 启动时，我们已经有 16 个进程正在运行并准备就绪。nworkers 函数确认所有 16 个工作进程均可用。

现在让我们看一下代码。首先，我们必须加载 Distributed 和 SharedArrays 包：

```
using Distributed
using SharedArrays
```

为了确保工作进程知道在哪里可以找到文件，我们必须更改所有文件的目录：

```
@everywhere cd(joinpath(ENV["HOME"], "julia_book_ch06_data"))
```

@everywhere 宏在所有辅助进程上执行该语句。

主程序如下所示：

```
nfiles = 100_000
nstates = 10_000
```

```
nattr = 3
valuation = SharedArray{Float64}(nstates, nattr, nfiles)
load_data!(nfiles, valuation)
```

在这种情况下，我们将创建一个3维共享数组。然后，我们调用 **load_data!** 函数读取所有100 000个文件并将数据铲入评估矩阵。怎么使 **load_data!** 函数工作？让我们来看看：

```
function load_data!(nfiles, dest)
    @sync @distributed for i in 1:nfiles
        read_val_file!(i, dest)
    end
end
```

这是一个非常简单的 **for** 循环，仅调用带有索引号的 **read_val_file!** 函数。注意这里使用了两个宏——**@distributed** 和 **@sync**。首先，**@distributed** 宏通过将 **for** 循环的主体发送给辅助进程来发挥作用。通常，此处的主程序不等待工作进程返回。但是，**@sync** 宏会阻塞，直到所有作业都完全完成。

它实际上如何读取二进制文件？让我们来看看：

```
# Read a single data file into a segment of the shared array `dest`
# The segment size is specified as in `dims`.
@everywhere function read_val_file!(index, dest)
    filename = locate_file(index)
    (nstates, nattrs) = size(dest)[1:2]

    open(filename) do io
        nbytes = nstates * nattrs * 8
        buffer = read(io, nbytes)
        A = reinterpret(Float64, buffer)
        dest[:, :, index] = A
    end
end
```

在此，该函数首先找到数据文件的路径。然后，它打开文件并将所有二进制数据读入字节数组。由于数据只是64位浮点数，因此我们使用 **reinterpret** 函数将数据解析为 **Float64** 值的数组。我们确实希望每个文件中都有30 000个 **Float64** 值，代表10 000种未来状态和3个收益源。数据准备好后，我们将它们保存到特定索引的数组中。

我们还使用 **@everywhere** 宏来确保该函数已定义并且可用于所有辅助进程。**locate_file** 函数不太有趣。为了完整起见，这里包括了它：

```
@everywhere function locate_file(index)
    id = index - 1
    dir = string(id % 100)
    return joinpath(dir, "sec$(id).dat")
end
```

要并行加载数据文件，我们可以定义 **load_data!** 函数，如下所示：

```
function load_data!(nfiles, dest)
    @sync @distributed for i in 1:nfiles
        read_val_file!(i, dest)
    end
end
```

在这里，我们只是将 @sync 和 @distributed 宏放在 for 循环的前面。Julia 自动在所有工作流程中安排并分配调用。现在已经完成了所有设置，我们可以运行该程序：

```
nfiles = 100_000
nstates = 10_000
nattr = 3
valuation = SharedArray{Float64}(nstates, nattr, nfiles)
```

我们仅创建一个评估 SharedArray 对象。然后，将其传递给 load_data 函数来处理。

```
julia> @time load_data!(nfiles, valuation);
180.645677 seconds (1.26 M allocations: 63.418 MiB, 0.00% gc time)
```

使用 16 个并行进程将 100 000 个文件加载到内存中仅花费了 3 分钟。

TIP 如果尝试在自己的环境中运行程序但遇到错误，则可能是由于系统限制所致。有关更多信息，请参见 6.4.7 节。

事实证明，此练习仍受 I/O 绑定。在加载过程中，CPU 利用率仅徘徊在 5% 左右。如果问题需要增量计算，我们可以通过产生其他对数据进行操作并刚加载到内存中的异步进程来利用剩余的 CPU 资源。

6.4.5 直接在共享数组上分析数据

使用共享数组可以使我们对单个存储空间中的数据执行并行操作。只要我们不对数据进行变异，那么这些操作就可以独立运行而不会发生冲突。这种类型的问题称为“易并行问题”(embarrassingly parallel)。

为了说明多重处理的强大，我们首先对一个简单的函数进行基准测试，该函数计算所有证券的收益的标准差：

```
using Statistics: std

# Find standard deviation of each attribute for each security
function std_by_security(valuation)
    (nstates, nattr, n) = size(valuation)
    result = zeros(n, nattr)
    for i in 1:n
        for j in 1:nattr
            result[i, j] = std(valuation[:, j, i])
        end
    end
    return result
end
```

n 的值表示证券数量。nattr 的值表示收益来源的数量。让我们看看一个过程需要花费多少时间。最佳时间是 5.286 秒。

```
julia> @benchmark std_by_security($valuation) seconds=30
BenchmarkTools.Trial:
  memory estimate:  22.38 GiB
  allocs estimate:  600002
  --------------
  minimum time:     5.286 s (3.20% GC)
  median time:      5.305 s (3.30% GC)
  mean time:        5.679 s (3.74% GC)
  maximum time:     6.586 s (4.73% GC)
  --------------
  samples:          6
  evals/sample:     1
```

TIP @benchmark 宏提供了一些有关性能基准的统计信息。有时，查看分布并了解多少 GC 影响性能很有用。

之所以指定了 seconds=30 参数，是因为该函数需要几秒才能运行。默认参数值为 5 秒，这将使基准测试无法收集足够的样本进行报告。

现在，我们准备并行运行该程序。首先，我们需要确保所有子进程都加载了相关包：

```
@everywhere using Statistics: std
```

然后，我们可以定义一个分布式函数，如下所示：

```
function std_by_security2(valuation)
    (nstates, nattr, n) = size(valuation)
    result = SharedArray{Float64}(n, nattr)
    @sync @distributed for i in 1:n
        for j in 1:nattr
            result[i, j] = std(valuation[:, j, i])
        end
    end
    return result
end
```

该函数看起来与前一个函数非常相似，但有一些例外：

1）我们分配了一个新的共享数组 result，用于存储计算的数据。该数组是二维的，因为我们将三维缩小为单个标准偏差值。所有工作进程均可访问此数组。

2）for 循环前面的 @distributed 宏用于将工作（即 for 循环的主体）自动分配给工作进程。

3）for 循环前面的 @sync 宏使系统等待，直到完成所有工作。

现在，我们可以使用相同的 16 个工作进程对这个新函数的性能进行基准测试。

```
julia> @benchmark std_by_security2($valuation) seconds=30
BenchmarkTools.Trial:
  memory estimate:  227.22 KiB
  allocs estimate:  4948
```

```
--------------
minimum time:     842.373 ms (0.00% GC)
median time:      875.328 ms (0.00% GC)
mean time:        864.056 ms (0.00% GC)
maximum time:     884.748 ms (0.00% GC)
--------------
samples:          35
evals/sample:     1
```

与单个过程的性能相比，这大约比以前快6倍。

6.4.6 理解并行处理的开销

你注意到这个有趣的事情了吗？由于有16个工作进程，我们希望并行处理函数能快近16倍。但是实际结果为速度加快大约6倍，略低于我们的预期。这是为什么？

答案是规模太小了。使用并行处理工具会有一些性能开销。通常，可以忽略此开销，因为与执行的工作量相比，它并不重要。在我们的特定示例中，计算标准偏差确实是微不足道的计算。因此，相对而言，协调远程函数调用和收集结果的开销比实际工作花销更大。

也许我们应该证明这一点。除了标准偏差外，让我们做一点工作来计算偏度和峰度：

```
using Statistics: std, mean, median
using StatsBase: skewness, kurtosis

function stats_by_security(valuation, funcs)
    (nstates, nattr, n) = size(valuation)
    result = zeros(n, nattr, length(funcs))
    for i in 1:n
        for j in 1:nattr
            for (k, f) in enumerate(funcs)
                result[i, j, k] = f(valuation[:, j, i])
            end
        end
    end
    return result
end
```

并行处理版本类似于如下代码：

```
@everywhere using Statistics: std, mean, median
@everywhere using StatsBase: skewness, kurtosis

function stats_by_security2(valuation, funcs)
    (nstates, nattr, n) = size(valuation)
    result = SharedArray{Float64}((n, nattr, length(funcs)))
    @sync @distributed for i in 1:n
        for j in 1:nattr
            for (k, f) in enumerate(funcs)
                result[i, j, k] = f(valuation[:, j, i])
            end
        end
    end
    return result
end
```

现在让我们比较一下它们的性能。

```
julia> funcs = (std, skewness, kurtosis);

julia> @time result = stats_by_security(valuation, funcs);
 21.099982 seconds (3.60 M allocations: 67.156 GiB, 3.27% gc time)

julia> @time result = stats_by_security2(valuation, funcs);
  2.329082 seconds (5.06 k allocations: 242.359 KiB)
```

如上所示，并行处理现在快了 9 倍。如果我们继续使用这种方法，并进行更多的非平凡计算，那么我们可以期望产生更大的影响。

6.4.7 配置共享内存使用情况

`SharedArrays` 的魅力来自操作系统中对内存映射和共享内存工具的使用。当处理大量数据时，我们可能需要配置系统以处理该卷。

调整系统内核参数

Linux 操作系统对共享内存的大小有限制。为了找出是什么限制，我们可以使用 `ipcs` 命令。

```
$ ipcs -lm --human

------ Shared Memory Limits --------
max number of segments = 4096
max seg size = 16E
max total shared memory = 16E
min seg size = 1B
```

`E` 单位可能看起来有些陌生。它以埃字节为单位，表示 18 个零。单位依次有 `kilo`、`mega`、`giga`、`tera`、`peta` 和 `exa` 等。想要到达这个极限？我们很幸运，因为极限太高了，我们可能永远都无法达到。但是，如果看到的数量很少，则可能需要重新配置系统。3 个内核参数如下：

- 最大段数（SHMMNI）
- 最大段大小（SHMMAX）
- 最大共享内存总量（SHMALL）

我们可以使用 `sysctl` 命令找出实际值。

```
$ sysctl kernel.shmmni kernel.shmall kernel.shmmax
kernel.shmmni = 4096
kernel.shmall = 18446744073692774399
kernel.shmmax = 18446744073692774399
```

为了调整值，我们可以再次使用 `sysctl` 命令。例如，将最大段大小（`shmmax`）设置为 128 GiB，我们可以执行以下操作。

```
$ sudo sysctl -w kernel.shmmax=137438953472
kernel.shmmax = 137438953472
```

我们可以看到内核设置现在已更新。

配置共享存储设备

仅如之前所示更改系统限制是不够的。Linux 内核实际上使用 `/dev/shm` 设备作为共享内存的内存后备存储。我们可以使用常规的 `df` 命令找出设备的大小。

```
$ df -h
Filesystem      Size  Used Avail Use% Mounted on
udev             16G     0   16G   0% /dev
tmpfs           3.1G  796K  3.1G   1% /run
/dev/nvme0n1p1   39G   25G   15G  63% /
shmfs            16G     0   16G   0% /dev/shm
tmpfs           5.0M     0  5.0M   0% /run/lock
tmpfs            16G     0   16G   0% /sys/fs/cgroup
/dev/loop0       18M   18M     0 100% /snap/amazon-ssm-agent/1480
/dev/loop1       90M   90M     0 100% /snap/core/7713
tmpfs           3.1G     0  3.1G   0% /run/user/1000
```

如上所示，在当前状态下 `/dev/shm` 设备未使用。块设备的整体大小为 16 GiB。作为练习，现在让我们打开 Julia REPL 并创建 `SharedArray`。

```
julia> using SharedArrays

julia> A = SharedArray{Float64}(10000,10000);

julia> A[:] = rand(10000, 10000);

julia> varinfo(Main, r"A")
  name        size summary
  ---- ----------- ---------------------------------
  A    762.940 MiB 10000×10000 SharedArray{Float64,2}
```

重新运行 `df` 命令，我们可以看到现在使用了 `/dev/shm`。

```
$ df -h | egrep '(Used|shm)'
Filesystem      Size  Used Avail Use% Mounted on
shmfs            16G  763M   16G   5% /dev/shm
```

现在我们知道 `SharedArray` 使用了 `/dev/shm` 设备，我们如何增加大小来适应需要超过 22 GiB 的问题？可以使用具有新大小的 `mount` 命令来完成。

```
$ sudo mount -t tmpfs shmfs -o size=28g /dev/shm
$
$ df -h | egrep '(Used|shm)'
Filesystem      Size  Used Avail Use% Mounted on
shmfs            28G     0   28G   0% /dev/shm
```

`/dev/shm` 的大小现在清楚地显示为 28 G。

调试共享内存大小问题

如果忘记增加共享存储设备的大小（如前所述），会发生什么？假设我们需要分配 20 GiB，但只有 16 GiB。

```
julia> using SharedArrays

julia> A = SharedArray{UInt8}(20 * 1024 * 1024 * 1024);

julia> varinfo(Main, r"A")
  name       size summary
  ---- ---------- ----------------------------------------
  A    20.000 GiB 21474836480-element SharedArray{UInt8,1}
```

即使超出限制，也没有错误！我们要使用它吗？答案是不。事实证明，Julia 不知道该限制已被违反。我们甚至可以使用紧贴 16 GiB 的数组。

```
julia> 15 * 1024 * 1024 * 1024
16106127360

julia> A[1:16106127360] .= 0x01;
```

前面的代码只是将内存的前 15 GiB 设置为 `0x01`。到目前为止，未显示任何错误。回到 shell，我们可以再次检查 `/dev/shm` 的大小。显然，正在使用 15 GiB：

```
$ df -h | egrep '(Used|shm)'
Filesystem      Size  Used Avail Use% Mounted on
shmfs            16G   15G  1.0G  94% /dev/shm
```

现在，如果我们继续为数组的后半部分分配值，则会遇到一个丑陋的总线错误和一个长栈跟踪。

```
julia> A[16106127361:end]

signal (7): Bus error
in expression starting at REPL[21]:1
getindex at ./array.jl:744 [inlined]
getindex at /buildworker/worker/package_linux64/build/usr/share/julia/stdlib/v1.3
/SharedArrays/src/SharedArrays.jl:508 [inlined]
```

你可能想知道为什么 Julia 不能更聪明，并预先告知共享空间不足。事实证明，如果你使用了底层操作系统的 `mmap` 函数，则行为相同。坦率地说，Julia 没有关于系统约束的更多信息。

有时，C 函数的手册页可能很有用并提供一些提示。例如，有关 `mmap` 调用的文档指出，当程序尝试访问内存缓冲区中无法访问的部分时，将引发 SIGBUS 信号。可以在 https://linux.die.net/man/2/mmap 上找到该手册页。

6.4.8 确保工作进程可以访问代码和数据

开发并行计算时，初学者经常会遇到以下问题：

- 工作进程中未定义的函数：这可能是没有加载库包的症状，或者是仅在当前进程中定义但在工作进程中未定义的函数的症状。这两个问题都可以通过使用 `@everywhere` 宏来解决，如前面的示例所示。
- 工作进程中不可用的数据：这可能是数据在当前进程中存储为变量但没有传递给工作进程的征兆。`SharedArray` 使用方便，因为它可以自动供工作进程使用。对于其他情况，开发人员通常有两个选择：
  - 通过函数参数显式传递数据。
  - 如果数据在全局变量中，则可以使用 `@everywhere` 宏进行传递，如下所示：

```
@everywhere my_global_var = whatever_value
```

对于更高级的用例，`ParallelDataTransfer.jl` 包提供了一些有用的函数来促进主进程和工作进程之间的数据传输。

6.4.9 避免并行进程之间的竞态

`SharedArray` 提供了跨多个进程共享数据的方便渠道。同时，`SharedArray` 在设计上是所有工作进程中的全局变量。作为每个并行程序的一般经验法则，对数组进行更改时应格外小心。如果相同的内存地址需要由多个进程写入，则这些操作必须同步，否则程序很容易崩溃。最好的选择是尽可能避免更改。

另一种可选的方法是为每个工作线程分配一组互斥的槽（slot），以免它们相互冲突。

6.4.10 使用共享数组的约束

`SharedArray` 中的元素必须是位类型。这是什么意思？位类型的形式定义可以概括如下：

- 类型是不可变的。
- 该类型仅包含原始类型或其他位类型。

下面的 `OrderItem` 类型是位类型，因为所有字段都是原始类型：

```
struct OrderItem
    order_id::Int
    item_id::Int
    price::Float64
    quantity::Int
end
```

以下 `Customer` 类型不是位类型，因为它包含对 `String` 的引用，该引用既不是原始类型也不是位类型：

```
struct Customer
    name::String
    age::Int
end
```

让我们尝试为位类型创建 `SharedArray`。以下代码确认它正常工作。

```
julia> @everywhere struct Point{T <: Real}
           x::T
           y::T
       end

julia> A = SharedArray{Point{Float64}}(3);

julia> A .= [Point(rand(), rand()) for in in 1:length(A)]
3-element SharedArray{Point{Float64},1}:
 Point{Float64}(0.691831981451819, 0.04122373427955228)
 Point{Float64}(0.34750583216758857, 0.48636218254669883)
 Point{Float64}(0.38570823722796876, 0.15871901377125908)
```

如果我们尝试使用非位类型（例如可变结构类型）来创建 `SharedArray`，将导致错误。

```
julia> @everywhere mutable struct MutablePoint{T <: Real}
           x::T
           y::T
       end

julia> B = SharedArray{MutablePoint{Float64}}(3);
ERROR: ArgumentError: type of SharedArray elements must be bits types,
 got MutablePoint{Float64}
```

总之，Julia 的共享数组是一种将数据分配到多个并行进程以进行高性能计算的好方法。编程接口也非常易于使用。

在 6.5 节中，我们将研究一种通过利用空间—时间权衡来提高性能的模式。

6.5 记忆模式

1968 年发表了一篇有趣的文章——它设想计算机应该能够从执行过程中的经验中学习并提高其效率。

在开发软件时，我们经常遇到执行速度受到许多因素限制的情况。某个函数可能需要从磁盘读取大量历史数据（也称为 I/O 绑定）。或者一个函数只执行一些复杂的计算就需要很多时间（也称为 CPU 绑定）。重复调用这些函数时，应用程序性能会受到很大影响。

记忆化是解决这些问题的强大概念。近年来，随着函数式编程变得越来越主流，记忆化变得越来越流行。这个想法真的很简单。首次调用函数时，返回值存储在缓存中。如果使用与以前完全相同的参数再次调用该函数，我们可以从缓存中查找值并立即返回结果。正如你将在本节后面看到的那样，记忆化是一种特殊的缓存形式，其中函数调用的返回数据根据传递给函数的参数进行缓存。

6.5.1 斐波那契函数介绍

在函数式编程中，递归是计算的常用技术。有时，我们可能会在不知不觉中陷入性能陷阱。一个经典的例子是斐波那契数列的生成，其定义如下。

```
julia> fib(n) = n < 3 ? 1 : fib(n-1) + fib(n-2);

julia> fib.(1:10)
10-element Array{Int64,1}:
  1
  1
  2
  3
  5
  8
 13
 21
 34
 55
```

它在功能上运作良好，但效率不是很高。为什么？这是因为该函数是递归定义的，并且使用相同的参数多次调用同样的函数。让我们看一下找到第六个斐波那契数时的计算图，其中每个 `f(n)` 节点代表对 `fib` 函数的调用（如图 6-1 所示）

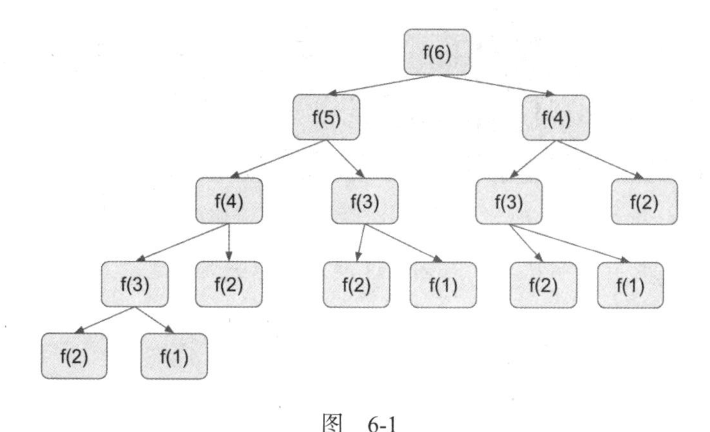

图 6-1

如上所示，该函数被多次调用，尤其是对于序列开头部分的函数。为了计算 `fib(6)`，我们最终要调用该函数 15 次！这就像滚雪球一样，很快会变得越来越糟。

6.5.2 改善斐波那契函数的性能

首先，让我们通过修改函数以跟踪执行次数来分析性能有多差。代码如下：

```
function fib(n)
    if n < 3
        return (result = 1, counter = 1)
    else
        result1, counter1 = fib(n - 1)
        result2, counter2 = fib(n - 2)
        return (result = result1 + result2, counter = 1 + counter1 +
counter2)
    end
end
```

每次调用 fib 函数时，它都会跟踪一个计数器。如果 n 的值小于 3，则返回计数 1 和结果。如果 n 是一个较大的数字，则 n 为对 fib 函数的递归调用的计数汇总。让我们使用各种输入值运行几次。

```
julia> fib(6)
(result = 8, counter = 15)

julia> fib(10)
(result = 55, counter = 109)

julia> fib(20)
(result = 6765, counter = 13529)
```

这个简单的例子说明了当计算机没有之前所做的事情的记忆时，它如何迅速变成灾难。一名高中生只需 18 个加法就可以手动（扣除序列的前两个数字）计算 fib(20)。我们的函数调用自身超过 13 000 项！

现在让我们放回原始代码并对函数进行基准测试。为了说明问题，我将从 fib(40) 开始。

```
julia> fib(n) = n < 3 ? 1 : fib(n-1) + fib(n-2);

julia> using BenchmarkTools

julia> @btime fib(40);
  426.559 ms (0 allocations: 0 bytes)
```

对于此任务，该函数应立即返回。430 毫秒对于计算机时间来说就像永恒一样漫长！

我们可以使用记忆化来解决这个问题。这是我们的首次尝试：

```
const fib_cache = Dict()

_fib(n) = n < 3 ? 1 : fib(n-1) + fib(n-2)

function fib(n)
    if haskey(fib_cache, n)
        return fib_cache[n]
    else
        value = _fib(n)
        fib_cache[n] = value
        return value
    end
end
```

首先，我们创建了一个名为 fib_cache 的字典对象，用于存储先前计算的结果。然后，在私有函数 _fib 中捕获斐波那契数列的核心逻辑。

fib 函数的工作方式是首先从 fib_cache 字典中查找输入参数。如果找到该值，则返回它。否则，它将调用私有函数 _fib，并在返回值之前更新缓存。

现在的性能应该要好得多。让我们快速测试一下。

```
julia> @btime fib(40);
  31.777 ns (0 allocations: 0 bytes)
```

我们现在应该非常满意性能结果。

为了演示的目的，我们在这里使用了 `Dict` 对象来缓存计算结果。实际上，我们可以通过使用数组作为缓存来进一步优化它。从数组中查找应该比字典键查找快得多。请注意，数组缓存对于 `fib` 函数非常有效，因为它采用了正整数参数。对于更复杂的函数，使用 `Dict` 缓存会更合适。

6.5.3 自动化构造记忆缓存

虽然前面实现的结果已经很好，但是还是感觉有些不满意，因为每次需要记住一个新函数时，我们都必须编写相同的代码。如果自动维护缓存不是很好吗？实际上，对于每个要记住的函数，我们只需要一个缓存。

因此，让我们做一些不同的事情。我们的想法是，我们应该能够构建一个采用现有函数并返回其已记忆版本的高阶函数。在完成这些之前，让我们首先将 `fib` 函数重新定义为匿名函数，如下所示：

```
fib = n -> begin
    println("called")
    return n < 3 ? 1 : fib(n-1) + fib(n-2)
end
```

现在，我们仅添加了一个 `println` 语句，以便我们可以验证实现的正确性。如果运行正常，则不应调用 `fib` 数百万次。之后，我们可以定义一个 `memoize` 函数，如下所示：

```
function memoize(f)
    memo = Dict()
    x -> begin
        if haskey(memo, x)
            return memo[x]
        else
            value = f(x)
            memo[x] = value
            return value
        end
    end
end
```

`memoize` 函数首先创建一个称为 `memo` 的局部变量，用于存储先前的返回值。然后，它返回一个匿名函数，该函数捕获 `memo` 变量，执行高速缓存查找，并在需要时调用 `f` 函数。这种在匿名函数中捕获变量的编码方式称为闭包。现在，我们可以使用 `memoize` 函数来构建可识别缓存的 `fib` 函数：

```
fib = memoize(fib)
```

我们还要证明它不会多次调用原始的 `fib` 函数。例如，运行 `fib(6)` 时调用不应超过 6 次。

```
julia> fib(6)
called with n = 6
called with n = 5
called with n = 4
called with n = 3
called with n = 2
called with n = 1
8
```

结果看起来令人满意。如果我们使用小于或等于6的任何输入再次运行该函数，则根本不应调用原始逻辑，并且应直接从缓存中返回所有结果。但是，如果输入大于6，则将计算大于6的值。让我们现在试一下。

```
julia> fib(5)
5

julia> fib(10)
called with n = 10
called with n = 9
called with n = 8
called with n = 7
55
```

在对新代码进行基准测试之前，我们无法得出结论，所做的是否工作足够好。让我们现在就开始做吧。

```
julia> fib = n -> n < 3 ? 1 : fib(n-1) + fib(n-2);

julia> fib = memoize(fib);

julia> @btime fib(40)
  46.617 ns (0 allocations: 0 bytes)
102334155
```

原始函数花了433毫秒来计算`fib(400)`。该记忆版本仅需50纳秒。这是一个巨大的差异。

6.5.4 理解泛型函数的约束

上述方法的一个缺点是我们必须将原始函数定义为匿名函数而不是泛型函数。这似乎是一个主要限制。问题是为什么它不能与泛型函数一起使用？

让我们通过启动一个新的Julia REPL，再次定义原始的`fib`函数，并使用相同的`memoize`函数包装它来进行快速测试。

```
julia> fib(n) = n < 3 ? 1 : fib(n-1) + fib(n-2);

julia> fib = memoize(fib)
ERROR: invalid redefinition of constant fib
```

问题在于，`fib`已被定义为泛型函数，无法将其绑定到新的匿名函数，这个匿名函数是从`memoize`函数返回的内容。要变通解决此问题，我们可能会想为该`memoize`函数分配一个新名称：

```
fib_fast = memoize(fib)
```

但是，它并不会起作用，因为原始的 `fib` 函数对自身进行了递归调用，而不是对新的记忆版本进行了递归调用。为了更清楚地看到它，我们可以按以下方式展开调用：

1）将函数调用为 `fib_fast(6)`。

2）在 `fib_fast` 函数中，它检查缓存是否包含等于 6 的键。

3）答案是否定的，因此调用 `fib(5)`。

4）在 `fib` 函数中，由于 `n` 为 5 且大于 3，因此它递归调用 `fib(4)` 和 `fib(3)`。

原始的 `fib` 函数被调用，而不是调用记忆的版本，因此我们回到了与之前相同的问题。因此，如果被记忆函数使用递归，则我们必须将该函数编写为匿名函数。否则，可以使用新名称创建被记忆函数。

6.5.5　支持具有多个参数的函数

实际上，我们可能会遇到比这更复杂的函数。例如，有加速需求的函数可能需要多个参数，也可能需要关键字参数。6.5.4 节中的 `memoize` 函数假设只有一个参数，因此无法正常工作。解决此问题的简单方法如下所示：

```
function memoize(f)
    memo = Dict()
    (args...; kwargs...) -> begin
        x = (args, kwargs)
        if haskey(memo, x)
            return memo[x]
        else
            value = f(args...; kwargs...)
            memo[x] = value
            return value
        end
    end
end
```

现在，返回的匿名函数涵盖了任意数量的位置参数和关键字参数，这些参数在 splatted 参数、`args...` 和 `kwargs...` 中指定。我们可以使用虚拟函数快速对其进行测试，如下所示：

```
# Simulate a slow function with positional arguments and keyword arguments
slow_op = (a, b = 2; c = 3, d) -> begin
    sleep(2)
    a + b + c + d
end
```

然后，我们可以如下创建快速版本：

```
op = memoize(slow_op)
```

让我们用几种不同的情况测试已记忆函数。

```
julia> @time op(2, d = 5);
  2.425834 seconds (474.05 k allocations: 23.989 MiB, 7.40% gc time)

julia> @time op(2, d = 5);
  0.000023 seconds (14 allocations: 480 bytes)

julia> @time op(1, c = 4, d = 5);
  2.142616 seconds (240.63 k allocations: 11.878 MiB)

julia> @time op(1, c = 4, d = 5);
  0.000022 seconds (16 allocations: 624 bytes)
```

可以看出效果很好！

6.5.6 处理参数中的可变数据类型

到目前为止，我们对传递给函数的参数或关键字参数的关注并不多。当这些参数中的任何一个是可变的时，必须小心。为什么？因为我们当前的实现使用参数作为字典缓存的键。如果我们更改字典的键，则可能导致意外的结果。

假设我们有一个需要 2 秒钟才能运行的函数：

```
# This is a slow implementation
slow_sum_abs = (x::AbstractVector{T} where {T <: Real}) -> begin
    sleep(2)
    sum(abs(v) for v in x)
end
```

知道它很慢，我们像往常一样记住它：

```
sum_abs = memoize(slow_sum_abs)
```

最初，它似乎一直很完美，因为它一直都是如下所示。

```
julia> x = [1, -2, 3, -4, 5]
5-element Array{Int64,1}:
  1
 -2
  3
 -4
  5

julia> sum_abs = memoize(slow_sum_abs);

julia> @time sum_abs(x)
  2.212859 seconds (474.49 k allocations: 23.549 MiB)
15

julia> @time sum_abs(x)
  0.000008 seconds (6 allocations: 192 bytes)
15
```

但是，我们对以下观察感到震惊。

```
julia> push!(x, -6)
6-element Array{Int64,1}:
  1
```

```
-2
 3
-4
 5
-6

julia> @time sum_abs(x)
  0.000008 seconds (6 allocations: 192 bytes)
15
```

它没有返回值 21，而是返回前一个结果，就好像没有将 -6 插入到数组中一样。出于好奇，让我们将另一个值推入数组，然后重试。

```
julia> push!(x, 7)
7-element Array{Int64,1}:
  1
 -2
  3
 -4
  5
 -6
  7

julia> @time sum_abs(x)
  2.001202 seconds (14 allocations: 368 bytes)
28
```

它再次正常工作。为什么会这样呢？为了理解这一点，让我们回顾一下 memoize 函数的编写方式：

```
function memoize(f)
    memo = Dict()
    (args...; kwargs...) -> begin
        x = (args, kwargs)
        if haskey(memo, x)
            return memo[x]
...
```

我们使用 (args,kwargs) 元组作为字典对象的键来缓存数据。问题在于传递给已记忆的 sum_abs 函数的参数是可变对象。键发生突变时，字典对象会感到困惑。在那种情况下，它可能会或可能不会再找到键。

当我们在数组中添加 -6 时，它在字典中找到了相同的对象并返回了缓存的结果。当我们将 7 添加到数组时，它找不到该对象。因此，该函数不能 100% 地起作用。

要解决此问题，我们需要确保考虑参数的内容，而不仅仅是容器的内存地址。一种常见的做法是将散列函数应用于我们希望用作字典键的事物。以下是一个实现：

```
function hash_all_args(args, kwargs)
    h = 0xed98007bd4471dc2
    h += hash(args, h)
    h += hash(kwargs, h)
    return h
end
```

h 变量的初始值是随机选择的。在 64 位系统上，我们可以通过调用 rand(UInt64)

生成它。散列函数是在基本模块中定义的泛型函数。为了便于说明，我们将在这里保持简单。实际上，更好的实现也将支持32位系统。

现在可以重写memoize函数以利用散列方案。

```
# Adjust memoize function
function memoize(f)
    memo = Dict()
    (args ... ; kwargs ... ) -> begin
        key = hash_all_args(args, kwargs)
        if haskey(memo, key)
            return memo[key]
        else
            value = f(args ... ; kwargs ... )
            memo[key] = value
            return value
        end
    end
end
```

我们可以再次对其进行更广泛的测试。让我们使用新的memoize函数再次定义sum_abs函数。然后，我们运行一个循环并捕获计算结果和时间。

结果如下所示。

```
julia> sum_abs = memoize(slow_sum_abs);

julia> x = [1, -2, 3, -4, 5];

julia> for i in 6:10
           push!(x, i * (iseven(i) ? -1 : 1))
           ts = @elapsed val = sum_abs(x)
           println(i, ": ", x, " -> ", val, " (", round(ts, digits=1), "s)")
           ts = @elapsed val = sum_abs(x)
           println(i, ": ", x, " -> ", val, " (", round(ts, digits=1), "s)")
       end
6: [1, -2, 3, -4, 5, -6] -> 21 (2.0s)
6: [1, -2, 3, -4, 5, -6] -> 21 (0.0s)
7: [1, -2, 3, -4, 5, -6, 7] -> 28 (2.0s)
7: [1, -2, 3, -4, 5, -6, 7] -> 28 (0.0s)
8: [1, -2, 3, -4, 5, -6, 7, -8] -> 36 (2.0s)
8: [1, -2, 3, -4, 5, -6, 7, -8] -> 36 (0.0s)
9: [1, -2, 3, -4, 5, -6, 7, -8, 9] -> 45 (2.0s)
9: [1, -2, 3, -4, 5, -6, 7, -8, 9] -> 45 (0.0s)
10: [1, -2, 3, -4, 5, -6, 7, -8, 9, -10] -> 55 (2.0s)
10: [1, -2, 3, -4, 5, -6, 7, -8, 9, -10] -> 55 (0.0s)
```

Fast and correct

太棒了！现在，即使输入数据改变，它仍会返回正确的结果。

6.5.7 使用宏来记忆泛型函数

之前，我们讨论了memoize函数不能支持泛型功能。如果我们仅在定义函数时注释它们，那将是最棒的。例如，如下语法：

```
@memoize fib(n) = n < 3 ? 1 : fib(n-1) + fib(n-2)
```

事实证明，已经有一个名为 `Memoize.jl` 的出色包可以执行完全相同的操作，它确实很方便。

```
julia> using Memoize

julia> @memoize fib(n) = n < 3 ? 1 : fib(n-1) + fib(n-2);

julia> @time fib(40)
  0.012276 seconds (7.45 k allocations: 374.536 KiB)
102334155

julia> @time fib(40)
  0.000005 seconds (7 allocations: 208 bytes)
102334155

julia> @time fib(39)
  0.000004 seconds (7 allocations: 208 bytes)
63245986
```

在这里，我们可以观察到以下内容：

1）对 `fib(40)` 的第一次调用已经非常快，这表明已使用缓存。

2）对 `fib(40)` 的第二次调用几乎是即时的，这意味着结果只是一个缓存查找。

3）对 `fib(39)` 的第三次调用几乎是即时的，这意味着结果只是一个缓存查找。

`Memoize.jl` 不支持将可变数据作为参数。由于它使用对象的内存地址作为字典的键，因此它遇到了与 6.5.6 节相同的问题。

6.5.8　现实生活中的例子

某些开源包中使用了记忆功能。在私有应用程序和数据分析中，实际用法可能更常见。在以下各节中，让我们看一些用于记忆的用例。

Symata.jl

`Symata.jl` 包支持斐波那契多项式。正如我们已经意识到的那样，斐波那契多项式的实现也是递归的，就像我们在本节前面讨论的斐波那契数列问题一样。`Symata.jl` 使用 `Memoize.jl` 包创建 `_fibpoly` 函数，如下所示：

```
fibpoly(n::Int) = _fib_poly(n)

let myzero = 0, myone = 1, xvar = Polynomials.Poly([myzero,myone]), zerovar
= Polynomials.Poly([myzero]), onevar = Polynomials.Poly([myone])
    global _fib_poly
    @memoize function _fib_poly(n::Int)
        if n == 0
            return zerovar
        elseif n == 1
```

```
            return onevar
        else
            return xvar * _fib_poly(n-1) + _fib_poly(n-2)
        end
    end
end
```

Omega.jl

Omega.jl 包实现了自己的记忆缓存。有趣的是，它使用 Core.Compiler.return_type 函数从缓存查找中确保正确的返回类型。这样做是为了避免类型不稳定性问题。在本章后面的闸函数模式部分，我们将更多地讨论类型不稳定的问题以及如何处理该问题。查看以下代码示例：

```
@inline function memapl(rv::RandVar, mω::TaggedΩ)
  if dontcache(rv)
    ppapl(rv, proj(mω, rv))
  elseif haskey(mω.tags.cache, rv.id)
    mω.tags.cache[rv.id]::(Core.Compiler).return_type(rv,
typeof((mω.taggedω,)))
  else
    mω.tags.cache[rv.id] = ppapl(rv, proj(mω, rv))
  end
end
```

6.5.9 注意事项

记忆只能应用于纯函数。

什么是纯函数？当在给定相同输入的情况下始终返回相同值的函数称为纯函数。对于每个函数来说，这样做似乎很直观，但实际上，并不是那么简单。由于以下原因，某些函数并不纯：

- 函数使用随机数生成器，并且期望返回随机结果。
- 函数依赖于来自外部源的数据，该外部源在不同时间产生不同的数据。

由于记忆模式将函数参数用作内存中缓存的键，因此对于相同的键，它将始终返回相同的结果。

另一个考虑因素是，我们应该意识到由于使用了高速缓存而导致的额外内存开销。为特定用例选择正确的缓存失效策略很重要。典型的缓存失效策略包括最近最少使用（LRU）、先进先出（FIFO）和基于时间的过期。

6.5.10 使用 Caching.jl 包

有几个包可以使记忆更容易。

- Memoize.jl 提供一个 @memoize 宏。它很容易使用。
- Anamnesis.jl 提供一个 @anamnesis 宏。它比 Memoize.jl 具有更多功能。

- 创建 Caching.jl 的目的是提供更多功能，例如对磁盘的持久性、压缩和缓存大小管理。

在这里，我们可以看一下 Caching.jl，因为它是最近开发的并且功能强大。

让我们构建一个有记忆功能的 CSV 文件阅读器，如下所示。

```
julia> using Caching, CSV, DataFrames

julia> @cache function read_csv(filename::AbstractString)
           println("Reading file: ", filename)
           @time df = CSV.File(filename) |> DataFrame
           return df
       end
read_csv (cache with 0 entries, 0 in memory 0 on disk)
```

@cache 宏为 read_csv 函数提供了一个记忆版本。为了确认文件只能读取一次，我们插入了一个 println 语句，并为文件读取操作计时。

为了演示，我们从 data.gov 的“City of New York”中下载了电影许可证文件的副本。该文件可从 https://catalog.data.gov/dataset/filmpermits 获得。

现在让我们阅读数据文件。

```
julia> df = read_csv("Film_Permits.csv");
Reading file: Film_Permits.csv
 10.485855 seconds (11.47 M allocations: 606.323 MiB, 2.00% gc time)

julia> size(df)
(61920, 14)

julia> df_again = read_csv("Film_Permits.csv");

julia> df === df_again
true
```

在这里，我们可以看到该文件只能读取一次。如果我们再次使用相同的文件名调用 read_csv，则立即返回相同的对象。

我们可以检查缓存。在此之前，让我们看一下 read_csv 支持哪些属性。

```
julia> propertynames(read_csv)
(:name, :filename, :func, :cache, :offsets, :history, :max_size)
```

不用看手册，我们就可以猜测 cache 属性代表了缓存。让我们快速看一下。

```
julia> read_csv.cache
Dict{UInt64,Any} with 1 entry:
  0x602537e6ffb4d3f0 => 61920×14 DataFrame. Omitted printing of 11 colum…
```

我们还可以将缓存持久化到磁盘。让我们检查缓存文件的名称和大小。

```
julia> read_csv.filename
"/Users/tomkwong/Downloads/_5f33edd2ce0e7123_.bin"
```

```
shell> ls -1s /Users/tomkwong/Downloads/_5f33edd2ce0e7123_.bin
ls: /Users/tomkwong/Downloads/_5f33edd2ce0e7123_.bin: No such file or directory

julia> @persist! read_csv
read_csv (cache with 1 entry, 1 in memory 1 on disk)

shell> ls -1s /Users/tomkwong/Downloads/_5f33edd2ce0e7123_.bin
45408 /Users/tomkwong/Downloads/_5f33edd2ce0e7123_.bin
```

Save cached content to disk

缓存文件的位置在 `filename` 属性中找到。在使用 `@persist!` 宏将数据持久化到磁盘之前，该文件不存在。我们还可以仅通过 REPL 检查函数来查看内存或磁盘中存在多少个对象。

```
julia> read_csv
read_csv (cache with 1 entry, 1 in memory 1 on disk)
```

`@empty!` 宏可用于清除内存中的缓存。

```
julia> @empty! read_csv
read_csv (cache with 1 entry, 0 in memory 1 on disk)
```

有趣的是，由于磁盘上的缓存仍然存在，因此我们仍然可以使用它，而不必重新填充内存缓存。

```
julia> df = read_csv("Film_Permits.csv");

julia> size(df)
(61920, 14)

julia> read_csv
read_csv (cache with 1 entry, 0 in memory 1 on disk)
```

Does not display "Reading file:" so it must be reading from cache

最后，我们可以同步内存和磁盘缓存。

```
julia> @syncache! read_csv "disk"
read_csv (cache with 1 entry, 1 in memory 1 on disk)
```

`Caching.jl` 包具有更多的功能，只是此处未显示。希望我们已经了解 `Caching.jl` 包具备的功能。

接下来，我们将研究一种可用于解决类型不稳定性问题的模式，该问题是导致性能问题的常见问题。

6.6 闸函数模式

Julia 被设计为一种动态语言，同时它还追求高性能。秘诀来自其先进的编译器。当函数中的变量类型已知时，编译器可以生成高度优化的代码。但是，当变量的类型不稳定时，编译器必须编译可与任何数据类型一起使用的更通用的代码。从某种意义上说，Julia是可以被谅解的——即使为运行时性能付出了代价，它也永远不会失败。

是什么使变量的类型不稳定？这意味着在某些情况下变量可以是一种类型，而在其他情况下则可以是另一种类型。本节将讨论这样的类型不稳定性问题，它可能如何发生以及我们可以如何应对它。

闸函数是一种可用于解决由类型不稳定而导致的性能问题的模式。因此，让我们看看如何实现这一目标。

6.6.1 识别类型不稳定的函数

在Julia中，无须指定变量的类型。实际上，更确切地说，不指定变量类型。变量仅仅是对值的绑定，而值是类型化的。这就是Julia程序具有动态性的原因。但是，这种灵活性要付出代价。因为编译器必须生成支持运行时也许会出现的所有可能类型的代码，所以它无法生成优化的代码。

考虑一个仅返回随机数数组的简单函数：

```
random_data(n) = isodd(n) ? rand(Int, n) : rand(Float64, n)
```

如果`n`参数为奇数，则它将返回一个随机的`Int`值数组。否则，它将返回随机`Float64`值的数组。

这个函数实际上是类型不稳定的。我们可以使用`@code_warntype`工具来检查。

```
julia> @code_warntype random_data(3)
Variables
  #self#::Core.Compiler.Const(random_data, false)
  n::Int64

Body::Union{Array{Float64,1}, Array{Int64,1}}
1 ─ %1 = Main.isodd(n)::Bool
└──      goto #3 if not %1
2 ─ %3 = Main.rand(Main.Int, n)::Array{Int64,1}
└──      return %3
3 ─ %5 = Main.rand(Main.Float64, n)::Array{Float64,1}
└──      return %5
```

`@code_warntype`宏显示代码的中间表示（IR）。编译器了解该代码中每一行的流和数据类型后，便会生成一个IR。出于此处的目的，我们不需要了解屏幕上打印的所有内容，但可以注意与代码生成的数据类型相关的突出显示的文本。通常，当你看到红色文本时，它也将是一个危险信号。

在这种情况下，编译器认为此函数的结果可以是`Float64`数组或`Int64`数组。因此，返回类型仅为`Union {Array{Float64,1},Array{Int64,1}}`。

TIP 通常，来自`@code_warntype`输出的红色标记越多表示代码中类型不稳定性问题越多。

该函数正是我们想要做的。但是，当将其用于其他函数的主体时，类型不稳定性问题会进一步影响运行时性能。我们可以使用闸函数来解决此问题。

6.6.2 理解性能影响

调用函数时，将知道其参数的类型，然后使用其参数中的确切数据类型来编译该函数。这称为特化。闸函数到底是什么？它只是利用 Julia 的函数特化来稳定变量的类型，这是函数调用的一部分。我们将继续前面的示例来说明该技术。

首先，让我们创建一个使用类型不稳定函数的简单函数，如前所述。

```
function double_sum_of_random_data(n)
    data = random_data(n)
    total = 0
    for v in data
        total += 2 * v
    end
    return total
end
```

`double_sum_of_random_data` 函数只是一个简单的函数，它返回由 `random_data` 函数生成的双倍随机数之和。如果仅使用奇数或偶数参数对函数进行基准测试，则返回的结果如下。

```
julia> @btime double_sum_of_random_data(100000);
  347.050 μs (2 allocations: 781.33 KiB)

julia> @btime double_sum_of_random_data(100001);
  179.623 μs (2 allocations: 781.39 KiB)
```

对于输入值为 100001 的调用，计时更短，这很可能是因为 `Int` 的随机数生成器比 `Float64` 的随机数生成器好。让我们看看此函数返回的 `@code_warntype`。

```
julia> @code_warntype double_sum_of_random_data(100000);
Variables
  #self#::Core.Compiler.Const(double_sum_of_random_data, false)
  n::Int64
  data::Union{Array{Float64,1}, Array{Int64,1}}
  total::Union{Float64, Int64}
  @_5::Union{Nothing, Tuple{Union{Float64, Int64},Int64}}
  v::Union{Float64, Int64}

Body::Union{Float64, Int64}
1 ─       (data = Main.random_data(n))
│         (total = 0)
│   %3  = data::Union{Array{Float64,1}, Array{Int64,1}}
│         (@_5 = Base.iterate(%3))
│   %5  = (@_5 === nothing)::Bool
│   %6  = Base.not_int(%5)::Bool
└──       goto #4 if not %6
2 ─ %8  = @_5::Tuple{Union{Float64, Int64},Int64}::Tuple{Union{Float64, I
nt64},Int64}
```

```
          (v = Core.getfield(%8, 1))
    %10 = Core.getfield(%8, 2)::Int64
    %11 = total::Union{Float64, Int64}
    %12 = (2 * v)::Union{Float64, Int64}
          (total = %11 + %12)
          (@_5 = Base.iterate(%3, %10))
    %15 = (@_5 === nothing)::Bool
    %16 = Base.not_int(%15)::Bool
          goto #4 if not %16
3 ─       goto #2
4 ┄       return total
```

如上所示，有大量的红色标记。单个函数的类型不稳定性问题对使用该函数的其他函数有较大影响。

6.6.3 开发闸函数

闸函数是将一部分逻辑从现有函数重构为新的独立的函数。完成后，新函数所需的所有数据将作为函数参数传递。继续前面的示例，我们可以分解出计算数据加倍和的逻辑，如下所示：

```
function double_sum(data)
    total = 0
    for v in data
    total += 2 * v
    end
    return total
end
```

然后，我们只需修改原始函数即可使用它：

```
function double_sum_of_random_data(n)
    data = random_data(n)
    return double_sum(data)
end
```

它真的提高了性能吗？让我们运行测试。

```
julia> @btime double_sum_of_random_data(100000);
  245.044 μs (2 allocations: 781.33 KiB)

julia> @btime double_sum_of_random_data(100001);
  180.454 μs (2 allocations: 781.39 KiB)
```

事实证明，这与 `Float64` 案例有很大的不同——经过的时间从 347 微秒降低到 245 微秒。将浮点和与整数和的情况进行比较，结果也很合理，因为对整数求和通常比对浮点数求和更快。

6.6.4 处理类型不稳定的输出变量

我们没有注意到的是与累加器有关的另一种类型的不稳定性问题。在前面的示例中，

double_sum 函数具有一个 total 变量，该变量跟踪加倍的数字。问题是该变量被定义为整数，但随后数组可能包含浮点数。通过在两种情况下运行 @code_warntype 可以很容易地发现此问题。

以下是将整数数组传递给函数时 @code_warntype 的输出。

```
julia> @code_warntype double_sum(rand(Int, 3))
Variables
  #self#::Core.Compiler.Const(double_sum, false)
  data::Array{Int64,1}
  total::Int64
  @_4::Union{Nothing, Tuple{Int64,Int64}}
  v::Int64

Body::Int64
1 ─       (total = 0)
│   %2  = data::Array{Int64,1}
│         (@_4 = Base.iterate(%2))
│   %4  = (@_4 === nothing)::Bool
│   %5  = Base.not_int(%4)::Bool
└──       goto #4 if not %5
2 ─ %7  = @_4::Tuple{Int64,Int64}::Tuple{Int64,Int64}
│         (v = Core.getfield(%7, 1))
│   %9  = Core.getfield(%7, 2)::Int64
│   %10 = total::Int64
│   %11 = (2 * v)::Int64
│         (total = %10 + %11)
│         (@_4 = Base.iterate(%2, %9))
│   %14 = (@_4 === nothing)::Bool
│   %15 = Base.not_int(%14)::Bool
└──       goto #4 if not %15
3 ─       goto #2
4 ─       return total
```

传递 Float64 数组时，将其与输出进行比较。

```
julia> @code_warntype double_sum(rand(Float64, 3))
Variables
  #self#::Core.Compiler.Const(double_sum, false)
  data::Array{Float64,1}
  total::Union{Float64, Int64}
  @_4::Union{Nothing, Tuple{Float64,Int64}}
  v::Float64

Body::Union{Float64, Int64}
1 ─       (total = 0)
│   %2  = data::Array{Float64,1}
│         (@_4 = Base.iterate(%2))
│   %4  = (@_4 === nothing)::Bool
│   %5  = Base.not_int(%4)::Bool
└──       goto #4 if not %5
2 ─ %7  = @_4::Tuple{Float64,Int64}::Tuple{Float64,Int64}
│         (v = Core.getfield(%7, 1))
│   %9  = Core.getfield(%7, 2)::Int64
│   %10 = total::Union{Float64, Int64}
│   %11 = (2 * v)::Float64
│         (total = %10 + %11)
```

```
        (@_4 = Base.iterate(%2, %9))
   %14 = (@_4 === nothing)::Bool
   %15 = Base.not_int(%14)::Bool
         goto #4 if not %15
3 ─      goto #2
4 ─      return total
```

如果我们使用整数数组调用该函数，则类型是稳定的。如果我们使用浮点数组调用该函数，那么我们将看到类型不稳定性问题。

我们该如何解决？有一些标准的 `Base` 函数可以创建类型稳定的零或一。例如，我们可以执行以下操作，而不是将 `total` 的初始值硬编码为整数零：

```
function double_sum(data)
    total = zero(eltype(data))
    for v in data
        total += 2 * v
    end
    return total
end
```

如果我们查看 `double_sum_of_random_data` 函数的 `@code_warntype` 输出，它会比以前好得多。我会让你进行此练习，并将 `@code_warntype` 输出与上一个进行比较。

类似的解决方案利用了参数化方法：

```
function double_sum(data::AbstractVector{T}) where {T <: Number}
    total = zero(T)
    for v in data
        total += v
    end
    return total
end
```

`T` 类型参数用于将总变量初始化为正确键入的值零。这种性能陷阱有时很难抓住。为了确保生成优化的代码，将以下函数用于存储输出值的累加器或数组是一个好习惯：

- 对于所需的类型，`zero` 和 `zeros` 为所需类型创建一个值 0 或数组 0。
- `one` 和 `ones` 为所需类型创建一个值 1 或数组 1。
- `similar` 创建一个与数组参数类型相同的数组。

例如，我们可以为任何数字类型创建一个值 0 或一个数组 0，如下所示。

```
julia> zero(Int)
0

julia> zeros(Float64, 5)
5-element Array{Float64,1}:
 0.0
 0.0
 0.0
 0.0
 0.0
```

同样，`one` 和 `ones` 函数的工作方式相同。

```
julia> one(UInt8)
0x01

julia> ones(UInt8, 5)
5-element Array{UInt8,1}:
 0x01
 0x01
 0x01
 0x01
 0x01
```

如果我们要创建一个看起来像另一个数组（换言之，具有相同的类型、形状和大小）的数组，则可以使用 `similar` 函数。

```
julia> A = rand(3,4)
3×4 Array{Float64,2}:
 0.222531   0.401065  0.117088  0.983905
 0.71607    0.987111  0.500108  0.782027
 0.0305057  0.870299  0.56723   0.380603

julia> B = similar(A)
3×4 Array{Float64,2}:
 2.34095e-314  2.34095e-314  2.34095e-314  2.14919e-321
 2.34238e-314  4.94066e-324  2.34095e-314  6.22523e-322
 2.34095e-314  2.34095e-314  1.4822e-323   2.26291e-314
```

注意，`similar` 函数不会使数组的内容归零。

当我们需要创建一个与另一个数组的大小相同的零数组时，`axes` 函数可能会派上用场。

```
julia> zeros(axes(A))
3×4 Array{Float64,2}:
 0.0  0.0  0.0  0.0
 0.0  0.0  0.0  0.0
 0.0  0.0  0.0  0.0
```

接下来，我们将研究一种调试类型不稳定性问题的方法。

6.6.5 使用 @inferred 宏

Julia 在 `Test` 包中附带一个方便的宏，可用于检查函数的返回类型是否与推断的函数的返回类型匹配。推断的返回类型只是我们之前从 `@code_warntype` 输出中看到的类型。

例如，我们可以在本节的开始检查臭名昭著的 `random_data` 函数。

```
julia> @inferred random_data(1)
ERROR: return type Array{Int64,1} does not match inferred return type Union{Array{Float64,1}, Array{Int64,1}}
Stacktrace:
 [1] error(::String) at ./error.jl:33
 [2] top-level scope at REPL[31]:1

julia> @inferred random_data(2)
ERROR: return type Array{Float64,1} does not match inferred return type Union{Array{Float64,1}, Array{Int64,1}}
```

```
Stacktrace:
 [1] error(::String) at ./error.jl:33
 [2] top-level scope at REPL[32]:1
```

只要实际返回的类型与推断的返回类型不同，宏就会报告错误。作为持续集成管道中自动测试套件的一部分，它可能是验证类型不稳定性问题的有用工具。

使用闸函数的主要原因是在存在类型不稳定性问题的情况下提高性能。如果我们更深入地考虑它，它还具有迫使我们创建较小函数的附带好处。较小的函数更易于阅读和调试，并且性能更好。

现在，我们已经结束了本章中的所有模式。

6.7 小结

在本章中，我们探讨了几种与性能有关的模式。

首先，我们讨论了全局变量如何影响性能以及全局常量模式的技术。我们研究了编译器如何通过常量折叠、常量传播和消除无效代码来优化性能。我们还学习了如何为包装全局变量创建一个常量占位符。

我们讨论了如何利用数组结构模式将结构数组转变为数组结构。数据结构的新布局可实现更好的 CPU 优化，从而提高性能。我们利用了一个非常有用的包 `StructArrays` 来自动进行这种数据结构转换。我们复习了一个金融服务用例，其中需要将大量数据加载到内存中并由许多并行进程使用。我们实现了共享数组模式，并介绍了一些技巧来在操作系统中正确配置共享内存。

我们了解了用于缓存函数调用结果的记忆模式。我们使用字典缓存进行了示例实现，并使其与带有各种自变量和关键字自变量的函数一起使用。我们还找到了一种支持将可变对象作为函数参数的方法。最后，我们讨论了闸函数模式。我们看到了类型不稳定的变量如何降低性能。我们了解到，将逻辑拆分为单独的函数可以使编译器生成更多优化代码。

在第 7 章中，我们将研究提高系统可维护性的几种模式。

6.8 问题

1. 为什么使用全局变量会影响性能？
2. 当无法用常量代替全局变量时，有什么比使用全局变量更好的选择呢？
3. 为什么数组结构比结构数组要好？
4. `SharedArray` 的局限性是什么？
5. 用什么可以替代多核计算而不是使用并行处理？
6. 使用记忆模式时必须注意什么？
7. 闸函数提高性能的魔力是什么？

Chapter 7 第7章

可维护性模式

本章将介绍几种与提高代码可读性和维护简便性有关的模式。这些方面有时会被忽略，因为开发人员总是认为他们知道自己在做什么。实际上，开发人员并不总是编写其他人可读的代码。有时，代码可能过于混乱且难以遵循，或者文件的组织可能不够好。这些问题通常可以通过重构得到缓解。

元编程可能是一种进一步提高可读性和可维护性的好方法。比如，在某些情况下可以使用现有的宏。我们知道优秀的开发人员始终对实现卓越抱有不懈的渴望，因此学习这些技术将是一项有益的练习。在随后的小节中，我们将研究以下模式：

- 子模块模式
- 关键字定义模式
- 代码生成模式
- 领域特定语言模式

在本章的最后，你将学习如何更好地组织代码。你将能够减少混乱并编写非常简洁的代码。另外，如果你要解决特定行业领域的问题，则可以构建自己的领域特定语言（DSL），以自己的语法进一步明确表达问题。

我们开始吧！

7.1 技术要求

示例源代码位于 https://github.com/PacktPublishing/Hands-on-Design-Patterns-and-Best-Practices-with-Julia/tree/master/Chapter07。

该代码在 Julia 1.3.0 环境中进行了测试。

7.2　子模块模式

当模块太大时，可能难以管理和理解。通常，当开发人员不断向应用程序中添加越来越多的功能时，它自然就会发生。那么多大是太大了？这很难定义，因为它取决于编程语言、问题领域，甚至取决于应用程序维护人员的技能。尽管如此，专业人士大多同意，较小的模块更易于管理，尤其是当代码由多个开发人员维护时。

在本节中，我们将探讨将大模块的源代码分成单独管理的子模块的想法。我们将讨论如何做出决定以及如何正确地做出决定。在我们的旅程中，我们将研究一些示例，并查看其他专家如何在其包中做到这一点。

7.2.1　理解何时需要子模块

我们什么时候应该考虑创建子模块？有几个因素需要考虑：

- 首先，我们可以考虑应用程序的大小。大小是一个抽象的概念，可以用几种方法进行度量，此处提到其中的一些：
  - 代码行数：这是了解应用程序大小的最简单方法。源文件中的代码行越多，应用程序就越大。这类似于一本书的页数：书的页数越多，阅读和理解所要花费的时间就越多。
  - 函数数量：当一个模块中的函数过多时，很难理解和学习所有这些函数。当函数过多时，函数之间的交互次数自然会增加，从而使应用程序中更容易出现混乱的意大利面条式代码。
  - 数据类型数：每种数据类型都代表一种对象。对于开发人员来说，要理解在大量数据类型上运行的所有函数会更加困难，因为人脑无法同时处理太多的概念。
- 其次考虑关注点分离。当我们研究包含各种组件的应用程序时，我们可能会在逻辑上将它们视为可以独立管理的独立事物。人类擅长处理小而有条理的物品。
- 最后，我们可以考虑物质的复杂性。有时，你查看源代码并意识到逻辑很难掌握。也许这是领域知识。或者，它可能是一个复杂的算法。尽管应用程序的大小不大，但将代码在物理上拆分为单独的文件仍然有意义。

到目前为止，我们还没有为任何上述因素设置任何具体的阈值。那是因为决定调用大型或复杂的对象是相当主观的。这样做的常见方法是由多个软件工程师进行讨论并做出集体决策。这样做可以克服开发人员最初的偏见，因为他已经完全了解了所有事情，所以倾向于认为应用程序既不太大，也不太复杂。

假设你已准备好尝试一下并将部分代码拆分为子模块。下一个挑战是弄清楚如何正确地做到这一点。这项工作既可以是艺术，也可以是科学。为了将源代码拆分为子模块的过程形式化，我们首先讨论耦合的概念。

7.2.2 理解传入耦合与传出耦合

在将代码拆分为单独的组件之前，第一步是分析现有的代码结构。是否有任何独立的高级领域概念？例如，银行业务应用程序可能涉及账户管理、存款 / 取款、余额转账、客户通知等。这些领域概念中的每一个都可以潜在地分成单独的组件。

我们还必须了解组件之间如何相互作用。在这里，我们将讨论源自面向对象编程的两个概念：

- ❑ 传入耦合——依赖于当前实体的外部实体的数量。
- ❑ 传出耦合——当前实体所依赖的外部实体的数量。

让我们看一下如图 7-1 所示的示例

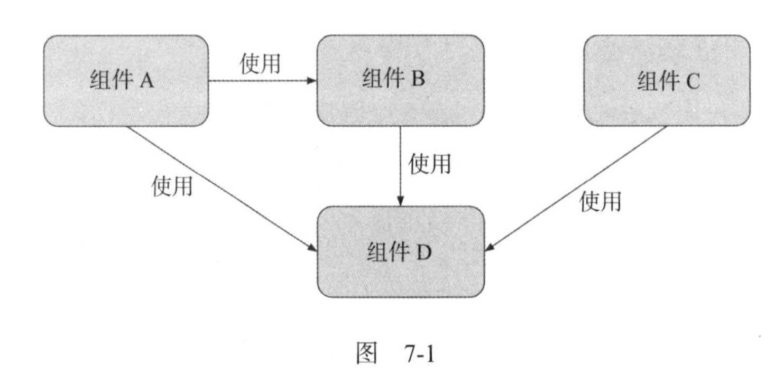

图 7-1

在此示例中，我们可以得出以下观察结果：

- ❑ 组件 A 具有两个传出耦合。
- ❑ 组件 B 具有一个传入耦合和一个传入耦合。
- ❑ 组件 C 具有一个传出耦合。
- ❑ 组件 D 具有三个传入耦合。

因此，如果一个组件被许多外部组件使用，则该组件具有较高的传入耦合。另一方面，如果一个组件使用许多外部组件，则它具有较高的传出耦合。

这些耦合特性有助于我们理解组件的稳定性要求。具有高传入耦合的组件需要尽可能稳定，因为在此组件上进行更改可能会增加损坏其他组件的风险。在前面的示例中，组件 D 就是这种情况。类似地，具有高传出耦合的组件意味着由于与它依赖的组件有许多可能的变化，它可能更加不稳定。前面的示例中，组件 A 就是这种情况。因此，最好尽可能减小耦合，无论是传入耦合还是传出耦合。解耦系统趋向于具有最少数量的传入耦合和传出耦合。

在设计子模块时，将应用相同的概念。当我们将代码分成单独的子模块时，如果传入 / 传出耦合最小化，那将是最理想的。现在，我们首先了解为子模块组织文件的最佳实践。

7.2.3　管理子模块

通常有两种用于组织子模块文件的模式：

- 第一种模式涉及一种较简单的情况，其中每个子模块完全包含在一个源文件中，如下所示：

```
module MyPackage
include("sub_module1.jl")
include("sub_module2.jl")
include("sub_module3.jl")
end
```

- 第二种模式涉及较大的子模块，其中每个子模块可能有多个源文件。在这种情况下，子模块的源代码位于子目录中：

```
# MyPackage.jl
module MyPackage
include("sub_module1/sub_module1.jl")
include("sub_module2/sub_module2.jl")
include("sub_module3.jl")
end
```

当然，子模块的目录可能包含多个文件。在前面的示例中，`sub_module1` 可能包含多个其他源文件，如以下代码段所示：

```
# sub_module1.jl
module SubModule1
include("file1.jl")
include("file2.jl")
include("file3.jl")
end
```

接下来，我们将研究如何在模块和这些子模块之间引用符号和函数。

7.2.4　在模块和子模块之间引用符号和函数

模块可以使用常规的 `using` 或 `import` 语句访问其子模块。实际上，除了如何引用之外，子模块的工作方式与外部软件包没有任何不同。

我们可以回想一下第 2 章中的示例。那时，我们创建了一个定义两个利率相关函数的 `Calculator` 模块，以及一个定义支付计算器函数的 `Mortgage` 子模块。`Calculator` 模块文件具有以下源代码：

```
# Calculator.jl
module Calculator

include("Mortgage.jl")

export interest, rate

function interest(amount, rate)
    return amount * (1 + rate)
```

```
end

function rate(amount, interest)
    return interest / amount
end

end # module
```

此外，子模块包含以下代码：

```
# Mortgage.jl
module Mortgage

function payment(amount, rate, years)
    # TODO code to calculate monthly payment for the loan
    return 100.00
end

end # module
```

让我们研究一下如何从子模块中引用函数和符号，反之亦然。

引用子模块中定义的符号

首先，我们将使用 **payment** 函数的实际实现来完成 **Mortgage** 子模块的实现。

让我们看看它是如何工作的：

1）**payment** 函数获取贷款金额、年利率、贷款年数，并计算贷款的每月金额，如以下代码所示：

```
# Mortgage.jl
module Mortgage

function payment(amount, rate, years)
    monthly_rate = rate / 12.0
    factor = (1 + monthly_rate) ^ (years * 12.0)
    return amount * (monthly_rate * factor / (factor - 1))
end

end # module
```

2）这时 **Calculator** 模块应该能够使用以点符号为前缀的相对路径访问 **Mortgage** 子模块，尽管它是另外一个模块：

```
# Calculator.jl
module Calculator

# include sub-modules
include("Mortgage.jl")
using .Mortgage: payment

# functions for the main module
include("funcs.jl")

end # module
```

在这里，我们通过 using.Mortgage: payment 将 payment 函数带进子模块里。

3）为了更好地组织代码，我们还将这些函数移到一个名为 funcs.jl 的单独文件中。代码如下所示：

```
# funcs.jl - common calculation functions

export interest, rate, mortgage

function interest(amount, rate)
    return amount * (1 + rate)
end

function rate(amount, interest)
    return interest / amount
end

# uses payment function from Mortgage.jl
function mortgage(home_price, down_payment, rate, years)
    return payment(home_price - down_payment, rate, years)
end
```

如我们所见，新的 mortgage 函数现在可以使用 Mortgage 子模块中的 payment 函数。

从父模块引用符号

如果子模块需要访问父模块中的任何符号，则子模块可以在将 .. 作为父模块名称的前缀添加时使用 import 或 using 语句。如以下代码所示：

```
# Mortgage.jl
module Mortgage

# access to parent module's variable
using ..Calculator: days_per_year

end # module
```

现在，Mortgage 子模块可以从父模块访问 days_per_year 常量。

在模块和子模块之间引用符号和函数，使我们能够将代码重新组织到各个子模块中，并使其像以前一样工作。但是，首先将代码分成子模块的目的是允许开发人员独立地在每个模块中工作。此外，具有双向引用可能会导致混乱和意大利面条式代码。

接下来，我们将讨论如何减少模块和子模块之间的这种耦合。

7.2.5 删除双向耦合

当我们有一个模块（或子模块）引用另一个子模块时，这会增加这些组件之间的耦合。一般而言，最好避免父模块和子模块之间的双向依赖，因为它引入了紧密的耦合，并使代码难以理解和调试。我们该如何解决这个问题？接下来让我们探讨一下。

将数据作为函数参数传递

第一种解决方案是将所需的数据作为函数参数传递。假设 Mortgage 子模块中的

payment 函数可以使用 days_per_year 关键字参数，那么 Calculator 模块可以按如下方式传递值：

```
# Calculator.jl
module Calculator

const days_per_year = 365

include("Mortgage.jl")
using .Mortgage: payment

function do_something()
    return payment(1000.00, 3.25, 5; days_per_year = days_per_year)
end

end # module
```

因此，Mortgage 子模块实际上不再需要引用 Calculator 中的 days_per_year 符号，从而减少了任何不必要的依赖。

将通用代码分解为另一个子模块

另一种解决方案是将依赖成员拆分为单独的子模块，并使两个现有模块都依赖于新的子模块。

假设我们有两个子模块，它们以使用彼此函数的方式进行设置，如图 7-2 所示。

第一个子模块中的 func1 函数使用另一个子模块中的 func6，第二个子模块中的 func4 函数需要从第一个模块中调用 func3 函数。显然，这两个模块之间的耦合度很高。

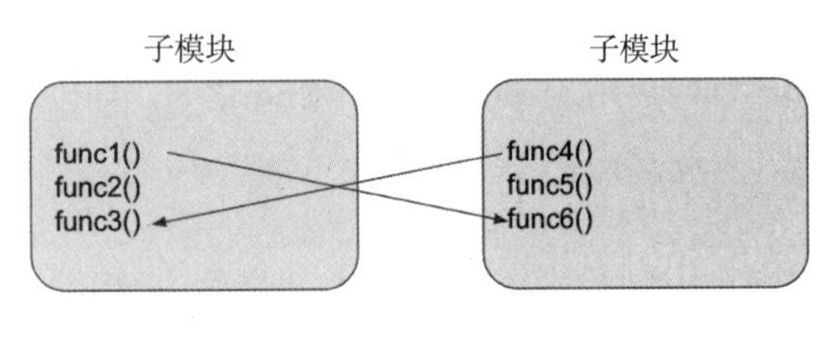

图 7-2

考虑到这些模块之间的依赖，它们看起来像一个循环，因为第一个子模块依赖第二个子模块，反之亦然。为了解决这个问题，我们可以引入一个新的子模块来打破循环，如图 7-3 所示。

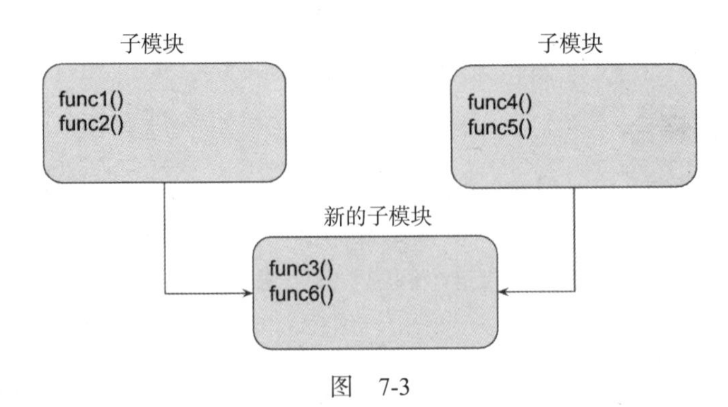

图 7-3

打破循环的好处是拥有更清晰的依赖关系图。这也使代码更易于理解。

7.2.6 考虑拆分为顶层模块

如果我们已经在考虑创建子模块，则可能是考虑将代码拆分为顶层模块的好时机。这些顶层模块可以作为单独的 Julia 包组合在一起。

让我们看一下制作新的顶层模块的好处和潜在的问题。

拥有单独的顶层模块的好处如下：

- 每个包可以有自己的发布生命周期和版本。可以对包进行更改，然后仅发布该部分。
- 版本兼容性由 Julia 的 `Pkg` 系统强制实施。可以发布该包的新版本，并且只要其他包版本兼容，它就可以被另一个包使用。
- 包更加可重用，因为它们可以被其他应用程序使用。

顶层模块的潜在问题如下：

- 由于每个包都将独立维护和发布，因此存在更多的管理开销。
- 由于必须安装多个包并且相互依赖的包必须遵守版本兼容性要求，因此部署可能会更加困难。

7.2.7 理解使用子模块的反论点

建议在以下情况下避免这种模式：

- 当现有代码库不够大时，过早地拆分为子模块会阻碍开发速度。我们应该避免过早拆分。
- 当源代码中的耦合度很高时，可能很难拆分代码。在这种情况下，应尝试重构代码以减少耦合，然后在以后重新考虑将代码拆分为子模块。

创建子模块的想法确实迫使开发人员考虑代码依赖性。当应用程序的规模最终变大时，这是必要的步骤。

接下来，我们将讨论关键字定义模式，该模式允许我们使用更具可读性的代码来构造对象。

7.3 关键字定义模式

在 Julia 中，你可以使用默认构造函数创建一个对象，该构造函数接受为该结构定义的每个字段的位置参数列表。对于较小的对象，这应该简单明了。对于较大的对象，这变得令人困惑，因为如果不引用结构的定义，那么每次我们编写代码来创建此类对象时，都很难记住哪个参数对应于哪个字段。

1956 年，心理学家 George Miller 发表了一项研究，其中涉及弄清一个人在任何时候可以记住多少个随机数字，由此贝尔系统可以决定将多少个数字用于电话号码的格式。他发现大多数人在任何时候都只能记住 5~9 个数字。

如果记住数字非常困难，则记住具有不同名称和类型的字段将更加困难。

我们将讨论在开发 Julia 代码时如何减轻这种压力，以及如何使用 `@kwdef` 宏来完成此工作，以便使代码易于阅读和维护。

7.3.1 重温结构定义和构造函数

首先让我们看一下如何定义结构以及提供什么构造函数。考虑文本编辑应用程序中文本样式配置的用例。我们可以定义一个结构：

```
struct TextStyle
    font_family
    font_size
    font_weight
    foreground_color
    background_color
    alignment
    rotation
end
```

默认情况下，Julia 为构造函数提供所有字段的位置参数，其顺序与结构中的定义顺序相同。因此，创建 `TextStyle` 对象的唯一方法是执行以下操作：

```
style = TextStyle("Arial", 11, "Bold", "black", "white", "left", 0)
```

这里没有错，但是我们可以争辩说代码不太可读。我们每次必须编写代码来创建 `TextStyle` 对象时，都需要确保以正确的顺序指定所有参数。特别是，作为开发人员必须记住，前三个参数代表字体设置，然后是两种颜色（前景色首先出现），依此类推。最后，我只能放弃并返回以再次查看该结构定义。

另一个问题是，我们可能希望某些字段具有默认值。例如，我们希望 `alignment` 字段的默认值为 `left`，而 `rotation` 字段的默认值为 `0`。默认构造函数没有提供任何简便的方法来实现这种目标。

创建具有这么多参数的对象的更合理的语法是在构造函数中使用关键字参数。接下来让我们尝试该实现。

7.3.2 在构造函数中使用关键字参数

我们总是可以添加新的构造函数，以更轻松地创建对象。使用关键字参数可解决以下两个问题：

- ❑ 代码可读性。
- ❑ 可以指定默认值。

让我们继续定义一个新的构造函数：

```
function TextStyle(;
        font_family,
```

```
        font_size,
        font_weight = "Normal",
        foreground_color = "black",
        background_color = "white",
        alignment = "left",
        rotation = 0)
    return TextStyle(
        font_family,
        font_size,
        font_weight,
        foreground_color,
        background_color,
        alignment,
        rotation)
end
```

在这里，我们选择为除 `font_family` 和 `font_size` 之外的大多数字段提供默认值。它被简单地定义为向结构中所有字段提供关键字参数的函数。创建 `TextStyle` 对象要容易得多，并且代码现在更具可读性。实际上，我们获得了另一个好处，即可以按任何顺序指定参数，如下所示：

```
style = TextStyle(
    alignment = "left",
    font_family = "Arial",
    font_weight = "Bold",
    font_size = 11)
```

确实，这是一个非常简单的方法。我们可以为每个结构创建这种构造函数，从而解决问题，是吗？是，但也不是。尽管创建这些构造函数相当容易，但要为每个地方的每个结构都这样做很麻烦。

此外，构造函数定义必须在函数参数中指定所有字段名称，并且这些字段在函数主体中重复。因此，开发和维护变得相当困难。接下来，我们将介绍一个宏来简化代码。

7.3.3　使用 @kwdef 宏简化代码

关键字定义模式解决了相当普遍的用例，Julia 已经提供了一个宏来帮助定义结构以及接受关键字参数的构造函数。该宏当前未导出，但是你可以按如下方式直接使用它：

```
Base.@kwdef struct TextStyle
    font_family
    font_size
    font_weight = "Normal"
    foreground_color = "black"
    background_color= "white"
    alignment = "center"
    rotation = 0
end
```

基本上，我们可以将 `Base.@kwdef` 宏放在类型定义的前面。作为类型定义的一部分，我们还可以提供默认值。宏会自动使用关键字参数定义结构和相应的构造函数。通过使用下面的 `methods` 函数，我们可以看到如下的输出。

```
julia> methods(TextStyle)
# 2 methods for generic function "(::Type)":
[1] TextStyle(; font_family, font_size, font_weight, foreground_colo
r, background_color, alignment, rotation) in Main at util.jl:723
[2] TextStyle(font_family, font_size, font_weight, foreground_color,
 background_color, alignment, rotation) in Main at REPL[41]:2
```

从输出中我们可以看到第一个方法是接受关键字参数的方法。第二种方法是需要位置参数的默认构造。现在，创建新对象非常方便。

```
julia> style = TextStyle(
           alignment = "left",
           font_family = "Arial",
           font_weight = "Bold",
           font_size = 11)
TextStyle("Arial", 11, "Bold", "black", "white", "left", 0)
```

我们应该注意，前面的定义没有为 `font_family` 和 `font_size` 指定任何默认值。因此，在创建 `TextStyle` 对象时，这些字段是必需的。

```
julia> TextStyle()
ERROR: UndefKeywordError: keyword argument font_family not assigned
Stacktrace:
 [1] TextStyle() at ./util.jl:723
 [2] top-level scope at REPL[45]:1

julia> TextStyle(font_family = "Arial")
ERROR: UndefKeywordError: keyword argument font_size not assigned
Stacktrace:
 [1] (::getfield(Core, Symbol("#kw#Type")))(::NamedTuple{(:font_family
,),Tuple{String}}, ::Type{TextStyle}) at ./none:0
 [2] top-level scope at REPL[46]:1
```

使用 `@kwdef` 宏可以简化对象的构造，并使代码更具可读性。没有理由不在任何地方使用它。

从 Julia 版本 1.3 开始，不会导出 `@kwdef` 宏。有一个特性要求将其导出。如果对使用不导出的特性感到不舒服，请考虑改用 `Parameters.jl` 包。

接下来，我们将讨论代码生成模式，该模式允许我们动态创建新函数，从而避免编写重复的样板代码。

7.4 代码生成模式

新的 Julia 开发人员经常对这种语言的简洁性感到惊讶。令人惊讶的是，一些非常受欢迎的 Julia 包是用很少的代码编写的。造成这种情况的原因有多种，但是一个主要的决定因素是在 Julia 中动态生成代码的能力。

在某些用例中，代码生成可能非常有帮助。在本节中，我们将研究一些代码生成示例，并尝试说明如何正确地完成它。

7.4.1　文件日志记录器用例介绍

让我们考虑一个构建文件日志记录工具的用例。

假设我们要提供一个 API，用于根据一组日志记录级别将消息记录到文件中。默认情况下，我们将支持三个级别：info、warning 和 error。提供一个日志记录器工具，以便将消息定向到文件，只要该消息具有足够高的日志记录级别即可。

功能需求可以总结如下：

- info 级别日志记录器接受具有 info、warning 或 error 级别的消息。
- warning 级别日志记录器仅接受 warning 或 error 级别的消息。
- error 级别日志记录器仅接受具有 error 级别的消息。

为了实现文件日志记录器，我们首先为三个日志记录级别定义一些常量：

```
const INFO    = 1
const WARNING = 2
const ERROR   = 3
```

这些常量按数字顺序设计，因此我们可以轻松确定消息何时具有与日志记录器可以接受的日志记录级别一样高的日志记录级别。接下来，我们定义 `Logger` 工具如下：

```
struct Logger
    filename   # log file name
    level      # minimum level acceptable to be logged
    handle     # file handle
end
```

`Logger` 对象包含日志文件的文件名、日志记录器可以接受的最低消息级别以及用于保存数据的文件句柄。我们可以为 `Logger` 提供如下构造函数：

```
Logger(filename, level) = Logger(filename, level, open(filename, "w"))
```

构造函数自动打开指定的文件进行写入。现在，我们可以为 info 级别消息开发第一个日志记录函数：

```
using Dates

function info!(logger::Logger, args...)
    if logger.level <= INFO
        let io = logger.handle
            print(io, trunc(now(), Dates.Second), " [INFO] ")
            for (idx, arg) in enumerate(args)
                idx > 0 && print(io, " ")
                print(io, arg)
            end
            println(io)
            flush(io)
        end
    end
end
```

此函数旨在仅在 `INFO` 级别足够高以被日志记录器接受时，才将消息写入文件。它还使用 `now()` 函数和日志文件中的 `[INFO]` 标签打印当前时间。然后，它写入所有由空格分隔的参数，最后刷新 I/O 缓冲区。

现在我们可以快速测试代码。首先，我们将使用 `info_logger`。

```
julia> info_logger = Logger("/tmp/info.log", INFO);

julia> info!(info_logger, "hello", 123)

julia> readlines("/tmp/info.log")
1-element Array{String,1}:
 "2019-11-18T15:34:38 [INFO]  hello 123"
```

该消息已正确记录在 `/tmp/info.log` 文件中。如果我们向 error 级别的日志记录器发送 info 级别的消息，会发生什么？让我们来看看。

```
julia> error_logger = Logger("/tmp/error.log", ERROR);

julia> info!(error_logger, "hello", 123)

julia> readlines("/tmp/error.log")
0-element Array{String,1}
```

正如预期的那样，由于 error 级别日志记录器仅接受 `ERROR` 级别或更高级别的消息，因此它没有接受 info 级别的消息。

在这一点上，我们可能会试图快速完成另外两个函数 `warning!` 和 `error!` 并调用它们。如果我们决定这样做，那么 `warning!` 函数看起来就像 `info!` 函数，只是做了一些小改动。

```
function info!(logger::Logger, args...)
    if logger.level <= INFO
        let io = logger.handle
            print(io, trunc(now(), Dates.Second), " [INFO] ")
            for (idx, arg) in enumerate(args)
                idx > 0 && print(io, " ")
                print(io, arg)
            end
            println(io)
            flush(io)
        end
    end
end
```

```
function warning!(logger::Logger, args...)
    if logger.level <= WARNING
        let io = logger.handle
            print(io, trunc(now(), Dates.Second), " [WARNING]
            for (idx, arg) in enumerate(args)
                idx > 0 && print(io, " ")
                print(io, arg)
            end
            println(io)
            flush(io)
        end
    end
end
```

这两个日志记录函数之间有什么区别？让我们来看看：

- ❏ 函数名称不同：`info!` 与 `warning!`。
- ❏ 日志记录级别常量不同：`INFO` 与 `WARNING`。
- ❏ 标签不同：`[INFO]` 与 `[WARNING]`。

除此之外，这两个函数共享完全相同的代码。当然，我们可以继续以同样的方式编写 `error!` 函数来完成项目。但是，这不是最佳解决方案。想象一下，如果需要更改核心日志记录逻辑（例如日志消息的格式），那么我们必须在三个不同的函数中进行相同的更改。更糟糕的是，如果我们忘记修改所有这些函数，那么最终将导致日志记录格式不一致。毕竟，我们违反了“不要重复代码”（DRY）原则。

7.4.2 函数定义的代码生成

如上一节所述，代码生成是解决编写重复代码问题的一种方法。我们要做的是建立定义函数的语法，然后将其放入循环中以定义所有三个日志记录函数。代码如下所示：

```
for level in (:info, :warning, :error)
    lower_level_str = String(level)
    upper_level_str = uppercase(lower_level_str)
    upper_level_sym = Symbol(upper_level_str)

    fn = Symbol(lower_level_str * "!")
    label = " [" * upper_level_str * "] "

    @eval function $fn(logger::Logger, args...)
        if logger.level <= $upper_level_sym
            let io = logger.handle
                print(io, trunc(now(), Dates.Second), $label)
                for (idx, arg) in enumerate(args)
                    idx > 0 && print(io, " ")
                    print(io, arg)
                end
                println(io)
                flush(io)
            end
        end
    end
end
```

上述代码的解释如下：

- 由于我们需要为三个日志记录级别定义函数，因此我们创建了一个循环，遍历了一系列符号：`:info`、`:warning` 和 `:error`。
- 在循环内部，我们可以看到函数名称为 `fn`，标签为 `label`，以及用于日志级别比较（例如 `INFO`、`WARNING` 或 `ERROR`）的常量为 `upper_level_sym`。
- 我们使用 `@eval` 宏来定义日志记录函数，其中将 `fn` 变量、`label` 和 `upper_level_sym` 插入函数主体。

在 Julia REPL 中运行代码后，所有三个函数（`info!`、`warning!` 和 `error!`）应该已经完成定义。为了进行测试，我们可以使用三种不同的日志记录器来调用它们。

让我们先尝试 `info_logger`。

```
julia> info_logger = Logger("/tmp/info.log", INFO);

julia> info!(info_logger, "hello", 123);

julia> warning!(info_logger, "hello", 456);
```

```
julia> error!(info_logger, "hello", 789);

julia> readlines("/tmp/info.log")
3-element Array{String,1}:
 "2019-11-18T15:37:37 [INFO]  hello 123"
 "2019-11-18T15:37:40 [WARNING]  hello 456"
 "2019-11-18T15:37:43 [ERROR]  hello 789"
```

正如预期的那样，所有消息都记录到文件中，因为 info_logger 可以接收任何级别的消息。接下来，让我们测试 error_logger。

```
julia> error_logger = Logger("/tmp/error.log", ERROR);

julia> info!(error_logger, "hello", 123);

julia> warning!(error_logger, "hello", 456);

julia> error!(error_logger, "hello", 789);

julia> readlines("/tmp/error.log")
1-element Array{String,1}:
 "2019-11-18T15:39:00 [ERROR]  hello 789"
```

在这种情况下，仅将 error 级别的消息写入日志文件。error_logger 代码有效地过滤了所有低于 error 级别的消息。

尽管我们对生成的代码非常满意，但我们是否知道后台实际上发生了什么？我们如何调试看不到的代码？接下来让我们看一下。

7.4.3 调试代码生成

由于代码是在后台生成的，当看不到生成的代码是什么样时，你可能会感到有些惶恐。我们如何保证在所有这些变量插值之后生成的代码正是我们期望的结果？

幸运的是，有一个名为 CodeTracking 的包可以使调试代码的生成更加容易。我们将在这里看到它的工作方式。

在上一节中，我们应该已经生成了三个函数：info!、warning! 和 error!。由于这些被定义为泛型函数，因此我们可以检查为每个函数定义了哪些方法。让我们以 error! 函数为例。

```
julia> methods(error!)
# 1 method for generic function "error!":
[1] error!(logger::Logger, args...) in Main at REPL[14]:10
```

在这种情况下，我们只有一个方法。我们可以使用 first 函数来获取方法对象本身。

```
julia> methods(error!) |> first
error!(logger::Logger, args...) in Main at REPL[14]:10
```

一旦有了对方法对象的引用，我们就可以依靠 CodeTracking 来揭示所生成函数的源代码。特别是，我们可以使用 definition 函数，该函数接受一个方法对象并返回一个表达式对象。为了使用此函数，我们还需要加载 Revise 包。让我们尝试以下方法。

```
julia> using Revise, CodeTracking

julia> methods(error!) |> first |> definition
:(function error!(logger::Logger, args...)
      #= REPL[14]:10 =#
      if logger.level <= ERROR
          #= REPL[14]:11 =#
          let io = logger.handle
              #= REPL[14]:12 =#
              print(io, trunc(now(), Dates.Second), " [ERROR] ")
              #= REPL[14]:13 =#
              for (idx, arg) = enumerate(args)
                  #= REPL[14]:14 =#
                  idx > 0 && print(io, " ")
                  #= REPL[14]:15 =#
                  print(io, arg)
              end
              #= REPL[14]:17 =#
              println(io)
              #= REPL[14]:18 =#
              flush(io)
          end
      end
  end)
```

在这里，我们可以清楚地看到变量已正确插值，logger.level 变量与 ERROR 常量进行比较，并且日志记录标签正确包含 [ERROR] 字符串。

我们还可以看到输出中包含了行号。由于我们从 REPL 定义了函数，因此行号的用处不大。如果我们从存储在文件中的模块生成函数，则文件名和行号信息将更加有用。

不过，这里的行号节点似乎过于分散注意力。我们可以使用 MacroTools 包中的 rmlines 函数轻松删除它们。

```
julia> using MacroTools

julia> MacroTools.postwalk(rmlines, definition(first(methods(error!))))
:(function error!(logger::Logger, args...)
      if logger.level <= ERROR
          let io = logger.handle
              print(io, trunc(now(), Dates.Second), " [ERROR] ")
              for (idx, arg) = enumerate(args)
                  idx > 0 && print(io, " ")
                  print(io, arg)
              end
              println(io)
              flush(io)
          end
      end
  end)
```

MacroTools.postwalk 函数用于将 rmlines 函数应用于抽象语法树中的每个节点。由于 rmlines 函数仅适用于当前节点，因此必须具有 postwalk 函数。

现在，我们了解了如何正确执行代码生成，让我们回过头来问自己：代码生成真的必要吗？还有其他选择吗？我们将在下一节中看到答案。

7.4.4 考虑代码生成以外的选项

在7.4节中，我们一直专注于代码生成技术。前提是我们可以轻松添加一个新函数，该函数与现有函数一样工作，但有所不同。实际上，代码生成并不是我们手头唯一的选项。

让我们以相同的示例继续讨论。之前我们是想在给 `info!` 函数定义逻辑之后添加 `warning!` 和 `error!` 函数。如果我们退后一步，我们可以泛化 `info!` 函数并使其处理不同的日志记录级别。

可以按以下步骤完成：

```
function logme!(level, label, logger::Logger, args...)
    if logger.level <= level
        let io = logger.handle
            print(io, trunc(now(), Dates.Second), label)
            for (idx, arg) in enumerate(args)

                idx > 0 && print(io, " ")
                print(io, arg)
            end
            println(io)
            flush(io)
        end
    end
end
```

`logme!` 函数看起来与之前的 `info!` 函数很像，除了需要额外的两个参数：`level` 和 `label`。这些变量在函数主体中获取和使用。现在，我们可以定义所有三个日志记录函数，如下所示：

```
info!   (logger::Logger, msg...) = logme!(INFO,    " [INFO] ",    logger,
msg...)
warning!(logger::Logger, msg...) = logme!(WARNING, " [WARNING] ", logger,
msg...)
error!  (logger::Logger, msg...) = logme!(ERROR,   " [ERROR] ",   logger,
msg...)
```

我们已经使用常规的结构化编程技术解决了原始问题，并且将重复代码减至最少。

> TIP 在这种情况下，这些函数之间的唯一变化是简单的类型：常量和字符串。在另一种情况下，我们可能需要在主体内调用不同的函数。这也是可以的，因为函数在Julia中是第一类实体，因此我们可以传递函数的引用。

我们可以做得更好吗？当然可以。使用闭包技术可以使代码更加简化。为了说明这个概念，让我们定义一个新的 `make_log_func` 函数，如下所示：

```
function make_log_func(level, label)
    (logger::Logger, args...) -> begin
        if logger.level <= level
            let io = logger.handle
                print(io, trunc(now(), Dates.Second), " [", label, "] ")
                for (idx, arg) in enumerate(args)
                    idx > 0 && print(io, " ")
                    print(io, arg)
                end
                println(io)
                flush(io)
            end
        end
    end
end
```

这个函数采用 `level` 和 `label` 参数，并返回包含主要日志记录逻辑的匿名函数。`level` 和 `label` 参数在闭包中捕获，并在匿名函数中使用。因此，我们现在可以更轻松地定义日志记录函数，如下所示：

```
info!    = make_log_func(INFO,    "INFO")
warning! = make_log_func(WARNING, "WARNING")
error!   = make_log_func(ERROR,   "ERROR")
```

因此，这里定义了三个匿名函数：`info!`、`warning!` 和 `error!`。它们都一样出色。

> 用计算机科学的术语来说，闭包是从封闭环境中捕获变量的第一类实体函数。从技术上讲，结构化编程解决方案和闭包之间存在不小的差异。前一种技术定义了泛型函数，这些泛型函数被称为模块内可以扩展的函数。相反，匿名函数是唯一的，不能扩展。

在本节中，我们学习了如何在 Julia 中执行代码生成以及如何调试此代码。我们还讨论了如何重构代码以实现相同的效果，而不必使用代码生成技术。这两个选项均可用。

接下来，我们将讨论 DSL，这是一种为特定领域用法构建语法的技术，从而使代码更易于读写。

7.5 领域特定语言模式

Julia 是一种通用的编程语言，可以有效地解决任何领域的问题。然而，Julia 还是少数几种允许开发人员构建新语法以适合特定领域用法的编程语言之一。

因此，DSL 是结构化查询语言（SQL）的一个例子。SQL 旨在处理二维表结构中的数据。它非常强大，但是仅在需要处理表中的数据时才适用。

在 Julia 生态系统中，有一些突出的区域广泛使用 DSL。最杰出的一个是 `DifferentialEquations` 包，它使你能够以非常接近其原始数学符号的形式编写微分方程。例如，考虑如下的洛伦茨系统方程：

$$\frac{\mathrm{d}x}{\mathrm{d}t}=\sigma(y-x) \tag{1}$$

$$\frac{\mathrm{d}y}{\mathrm{d}t}=x(\rho-z)-y \tag{2}$$

$$\frac{\mathrm{d}z}{\mathrm{d}t}=xy-\beta z \tag{3}$$

定义这些方程的代码可以编写如下：

```
@ode_def begin
  dx = σ * (y - x)
  dy = x * (ρ - z) - y
  dz = x * y - β * z
end σ ρ β
```

如上所示，语法几乎与数学方程式匹配。

下一节我们将探讨如何为称为 L 系统的计算机图形中的实际用例构建自己的 DSL。

7.5.1 L 系统介绍

L 系统（也称为 Lindenmayer 系统）是一种正式语法，用于描述生物如何通过简单模式进行进化。它是由匈牙利生物学家和植物学家 Aristid Lindenmayer 于 1968 年首次提出的。L 系统可以生成模仿现实生活形状和形式的有趣模式。一个著名的例子是特定藻类的生长，可以按以下方式建模：

```
Axiom: A
  Rule: A -> AB
  Rule: B -> A
```

下面是它的工作原理。我们始终以公理（在这种情况下为字符 A）开头。对于每一代，我们都将规则应用于字符串中的每个字符。如果字符是 A，则将其替换为 AB。同样，如果字符为 B，则将其替换为 A。让我们开始进行前五个迭代：

- A
- AB
- ABA
- ABAAB
- ABAABABA

你可能想知道，它看起来像藻类吗？图 7-4 是从第一代到第五代的增长的可视化。

有许多软件可以基于 L 系统生成有趣的图形可视化。我开发的 iOS 应用程序 My Graphics 是一个示例。该应用程序可以产生多种模式，例如前面的藻类示例。有一个有趣的样本称为科赫曲线，如图 7-5 所示。

说得已经够多了。现在我们知道的概念非常简单。接下来，我们将为 L 系统设计 DSL。

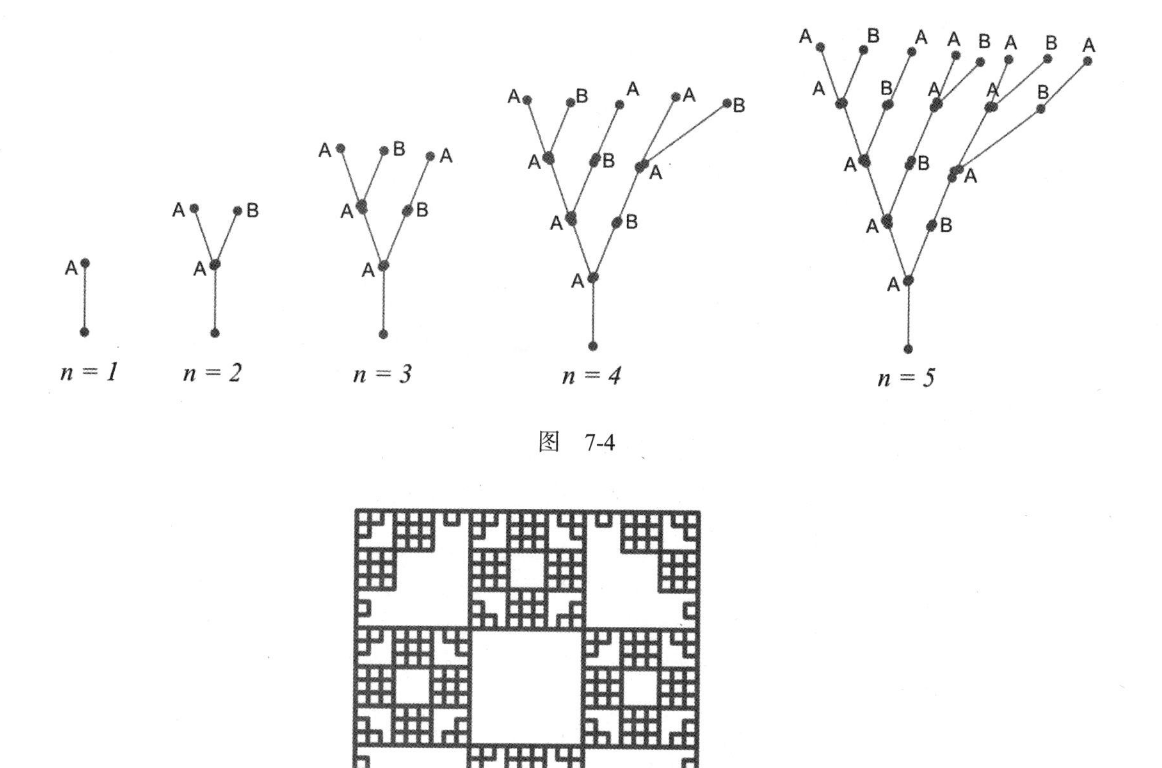

图　7-4

图　7-5

7.5.2　为 L 系统设计 DSL

DSL 的特征是源代码应看起来像领域概念的原始表示。在这种情况下，领域概念由公理和一组规则描述。使用藻类生长示例，它看起来应如下所示：

```
Axiom: A
  Rule: A -> AB
  Rule: B -> A
```

如果尝试用普通的 Julia 语言编写它们，则可能会得到如下代码：

```
model = LModel("A")
add_rule!(model, "A", "AB")
add_rule!(model, "B", "A")
```

这不是理想的。虽然代码既不长又不难读，但看起来不像 L 系统语法那么清晰。我们真正想要的是构建一个 DSL，让我们指定模型，如下所示：

```
model = @lsys begin
    axiom : A
    rule  : A → AB
    rule  : B → A
end
```

这将是我们的 DSL 的目标语法。

7.5.3 重温 L 系统核心逻辑

作为此示例的一部分，我们将一起开发 L 系统包。在进入 DSL 实现之前，让我们快速绕道并了解核心逻辑是如何工作的。对 API 的了解使我们能够正确地设计和测试 DSL。

开发 LModel 对象

要开发 **LModel** 对象，请执行以下步骤：

1）首先创建一个名为 **LModel** 的类型，以记录公理和规则集。该结构可以定义如下：

```
struct LModel
    axiom
    rules
end
```

2）然后，我们可以添加一个构造函数，该构造函数填充公理字段并初始化规则字段：

```
"Create a L-system model."
LModel(axiom) = LModel([axiom], Dict())
```

3）根据设计，公理是单个元素的数组。规则被捕获在字典中以便快速查找。一个 **add_rule!** 函数还被编写为向模型添加新规则：

```
"Add rule to a model."
function add_rule!(model::LModel, left::T, right::T) where {T <:
AbstractString}
    model.rules[left] = split(right, "")
    return nothing
end
```

我们已经使用 **split** 函数将字符串转换为单字符字符串数组。

4）最后，我们添加 **Base.show** 函数只是为了可以在终端上很好地显示模型：

```
"Display model nicely."
function Base.show(io::IO, model::LModel)
    println(io, "LModel:")
    println(io, " Axiom: ", join(model.axiom))
    for k in sort(collect(keys(model.rules)))
        println(io, " Rule: ", k, " → ", join(model.rules[k]))
    end
end
```

定义了这些函数后，我们可以快速验证我们的代码，如下所示。

```
julia> algae_model = LModel("A");

julia> add_rule!(algae_model, "A", "AB");
```

```
julia> add_rule!(algae_model, "B", "A");

julia> algae_model
LModel:
  Axiom: A
  Rule:  A → AB
  Rule:  B → A
```

接下来，我们将研究采用模型并跟踪迭代的当前状态的核心逻辑。

开发状态对象

为了模拟L系统模型的增长，我们可以开发一个LState类型来跟踪增长的当前状态。这是一种简单的类型，仅保留对模型、当前增长迭代和当前结果的引用。为此，请阅读以下代码：

```
struct LState
    model
    current_iteration
    result
end
```

构造函数只需要将模型作为唯一参数。它将 `current_iteration` 默认为 `1`，并将默认 `result` 为模型的公理，如下所示：

```
"Create a L-system state from a `model`."
LState(model::LModel) = LState(model, 1, model.axiom)
```

我们需要一个函数来进入增长的下一阶段。因此，我们只提供 `next` 函数：

```
function next(state::LState)
    new_result = []
    for el in state.result
        # Look up `el` from the rules dictionary and append to
`new_result`.

        # Just default to the element itself when it is not found
        next_elements = get(state.model.rules, el, el)
        append!(new_result, next_elements)
    end
    return LState(state.model, state.current_iteration + 1, new_result)
end
```

基本上，给定当前状态，它将迭代当前结果的所有元素，并使用模型中的规则扩展每个元素。`get` 函数在字典中查找元素。如果找不到，则默认为自身。扩展的元素只是附加到 `new_results` 数组中。

最后，使用下一个迭代编号和新结果创建一个新的 `LState` 对象。为了在终端中更好地显示，我们可以为 `LState` 添加 `Base.show` 方法，如下所示：

```
"Compact the result suitable for display"
result(state::LState) = join(state.result)

Base.show(io::IO, s::LState) =
    print(io, "LState(", s.current_iteration, "): ", result(s))
```

`result` 函数只是将数组的所有元素组合成一个字符串。`show` 函数同时显示当前迭代编号和结果字符串。

我们现在应该有一个功能齐全的系统。让我们尝试模拟藻类的生长。

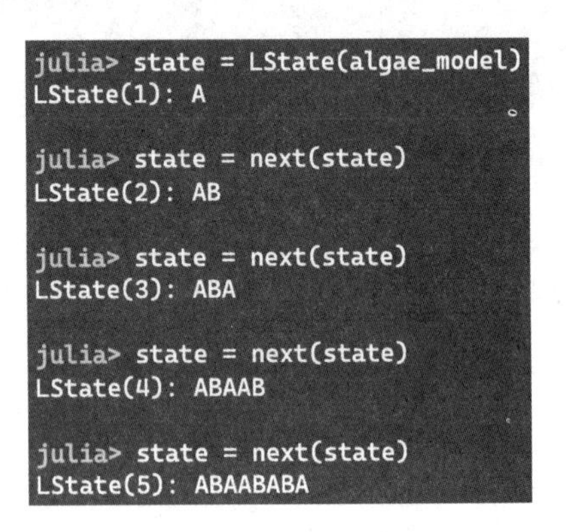

很好，现在已经构建了功能，我们可以继续本章的有趣部分——如何使用 L 系统语法创建 DSL。

7.5.4 实现 L 系统的 DSL

回顾上一节，我们希望拥有用于定义 L 系统模型的简洁语法。从元编程的角度来看，我们只需要将代码从一棵抽象语法树转换到另一棵抽象语法树即可。图 7-6 显示了需要哪种转换。

```
algae_model = @lsys begin
    axiom : A
    rule  : A → AB
    rule  : B → A
end
```

⇨

```
algae_model = LModel("A")
add_rule!(algae_model, "A", "AB")
add_rule!(algae_model, "B", "A")
```

图 7-6

事实证明，转换非常简单。当遇到公理时，我们转换代码以构造一个新的 `LModel` 对象。遇到规则时，我们会将代码转换为 `add_rule!` 函数调用。

虽然看起来很容易，但是可以使用预先存在的工具极大地简化这种源到源的转换。特别是，`MacroTools` 包包含一些非常有用的宏和函数来处理这些情况。首先让我们了解该工具，然后在开发 DSL 时可以利用它们。

使用 @capture 宏

`MacroTools` 包提供了一个名为 `@capture` 的宏，可用于将表达式与模式进行匹配。作为匹配过程的一部分，它还会分配开发人员希望为其捕获匹配值的变量。

`@capture` 宏接受两个参数。第一个是需要匹配的表达式，第二个是用于匹配的模式。考虑以下示例。

```
julia> using MacroTools

julia> @capture( :( x = 1 ), x = val_)
true
```

可以匹配模式时，宏返回 true，否则返回 false。当模式匹配时，将在当前环境中分配以下划线结尾的变量，并且下划线与变量名分开。在前面的示例中，因为 x=1 匹配 x=val_，所以它返回 true。

```
julia> val
1
```

因为成功匹配了模式，所以还为 val 变量分配了值 1。

匹配公理和规则语句

我们可以使用相同的技巧从 axiom 和 rule 语句中提取有用的信息。让我们对 axiom 语句进行快速实验，该语句由公理、冒号和符号组成。将其与 @capture 宏进行匹配，如下所示。

```
julia> ex = :( axiom : A )
:(axiom:A)

julia> match_axiom = @capture(ex, axiom : sym_)
true

julia> sym
:A
```

匹配 rule 语句同样容易。唯一的区别是我们要匹配原始符号和相应的替换符号，如下所示。

```
julia> ex = :( rule : A → AB)
:(rule:A → AB)

julia> @capture(ex, rule : original_ → replacement_)
true

julia> original
:A

julia> replacement
:AB
```

匹配后，将为 original 变量和 replacement 变量分配规则中的相应符号。我们还可以观察到匹配的变量是符号而不是字符串。由于 LModel 编程接口需要字符串，因此我们将不得不通过 walk 函数中的符号执行附加的数据转换，这将在“为 DSL 开发宏”中介绍。

使用 postwalk 函数

为了遍历整个抽象语法树，我们可以使用 MacroTool 的 postwalk 函数。为了理解它是如何工作的，我们可以使用一个简单的示例，如以下步骤所述：

1）让我们创建一个表达式对象，如下所示。

```
julia> ex = quote
           x = 1
           y = x^2 + 3
       end |> rmlines
quote
    x = 1
    y = x ^ 2 + 3
end
```

在这里，我们使用 rmlines 函数删除行号节点，因为在本练习中我们不需要它们。

2）然后，我们可以使用 postwalk 函数遍历树并显示它遇到的所有内容。

```
julia> MacroTools.postwalk(x -> @show(x), ex)
x = :x
x = 1
x = :(x = 1)
x = :y
x = :+
x = :^
x = :x
x = 2
x = :(x ^ 2)
x = 3
x = :(x ^ 2 + 3)
x = :(y = x ^ 2 + 3)
x = quote
    x = 1
    y = x ^ 2 + 3
end
quote
    x = 1
    y = x ^ 2 + 3
end
```

postwalk 函数接受一个函数作为其第一个参数，并接受一个表达式作为第二个参数。当它遍历树时，它会调用带有被访问子表达式的函数。我们可以看到它考虑了每个单叶子节点（例如 :x）以及表达式中的每个子树，例如 :(x=1)。正如我们在输出的底部看到的那样，它还包括顶层表达式。

> TIP 如果我们稍微注意遍历的顺序，就会发现 postwalk 函数从下至上，从叶节点开始工作。
>
> MacroTools 还提供了遍历树的 prewalk 函数。prewalk 和 postwalk 的区别在于，prewalk 是从上到下，而不是从下至上。我们鼓励你尝试一下并了解它们的

不同之处。
用例中我们可以使用任何一个。

现在我们知道了如何匹配表达式并遍历树，我们在工具箱中拥有了开发 DSL 的所有功能。

为 DSL 开发宏

为了支持 **LModel** 语法，我们必须将公理和规则语句与它们在模型中的编写方式进行匹配。

让我们开始创建 **lsys** 宏，如下所示：

```
macro lsys(ex)
    return MacroTools.postwalk(walk, ex)
end
```

该宏仅使用 **postwalk** 遍历抽象语法树。结果表达式按原样返回。实际上，主要的转换逻辑驻留在 **walk** 函数中，如下所示：

```
function walk(ex)
    match_axiom = @capture(ex, axiom : sym_)
    if match_axiom
        sym_str = String(sym)
        return :( model = LModel($sym_str) )
    end
    match_rule = @capture(ex, rule : original_ → replacement_)
    if match_rule
        original_str = String(original)

        replacement_str = String(replacement)
        return :(
            add_rule!(model, $original_str, $replacement_str)
        )
    end

    return ex
end
```

让我们一次剖析前面的代码。

walk 函数使用 **@capture** 宏来匹配 **axiom** 和 **rule** 模式。匹配时，将相应的符号转换为字符串，然后内插到相应的表达式中，并返回最终表达式。考虑以下代码：

```
match_axiom = @capture(ex, axiom : sym_)
```

@capture 宏调用尝试将表达式与 **axiom:sym_** 匹配，这是一个 **axiom** 符号，后跟一个冒号，然后是另一个符号。由于 **sym_** 目标符号以下划线结尾，因此如果匹配成功，将为 **sym** 变量分配匹配的值。在 7.5.3 节的藻类模型示例中，我们希望将 **sym** 分配给 **:A** 符号。匹配后，将执行以下代码：

```
if match_axiom
    sym_str = String(sym)
    return :( model = LModel($sym_str) )
end
```

目标表达式只是构造一个 LModel 对象，并将其分配给 model 变量。使用藻类模型，我们可以期望转换后的表达式如下所示：

```
model = LModel("A")
```

同样，可以使用以下模式来匹配 rule 语句：

```
match_rule = @capture(ex, rule : original_ → replacement_)
```

original 变量和 replacement 变量已分配、转换为字符串，并插值到目标表达式中 add_rule! 语句中。

在 lsys 宏中，walk 函数由 postwalk 函数多次调用（对抽象语法树的每个节点和子树调用一次）。要查看 postwalk 如何生成代码，我们可以在 REPL 中对其进行测试。

```
julia> ex = quote
           axiom : A
           rule : A → AB
           rule : B → A
       end;

julia> MacroTools.postwalk(walk, ex) |> rmlines
quote
    model = LModel("A")
    add_rule!(model, "A", "AB")
    add_rule!(model, "B", "A")
end
```

事实证明，我们还没有完全完成，因为转换后的语句位于 quote 块中，并且该块的返回值将来自该块的最后一个表达式，其结果为 0。因为 add_rule! 函数不会返回任何有意义的值。

最后的更改实际上是最简单的部分。让我们再次修改 @lsys 宏，如下所示：

```
macro lsys(ex)
    ex = MacroTools.postwalk(walk, ex)
    push!(ex.args, :( model ))
    return ex
end
```

push! 函数用于在块的末尾添加 :(model) 表达式。

让我们测试宏扩展，看看它是什么样子。

```
julia> @macroexpand(@lsys begin
           axiom : A
           rule : A → AB
           rule : B → A
       end) |> rmlines
quote
    #44#model = LSystem.LModel("A")
    LSystem.add_rule!(#44#model, "A", "AB")
    LSystem.add_rule!(#44#model, "B", "A")
    #44#model
end
```

最后，我们可以如下使用宏。

```
julia> algae_model = @lsys begin
           axiom : A
           rule  : A → AB
           rule  : B → A
       end
LModel:
  Axiom: A
  Rule:  A → AB
  Rule:  B → A
```

现在可以使用我们的小型 DSL 构建 `algae_model` 示例。事实证明，开发 DSL 一点也不困难。有了 MacroTools 等出色的工具，我们可以快速提出一套转换模式，并将抽象语法树处理成我们想要的任何东西。

DSL 是简化代码并使其易于维护的好方法。它在特定领域中可能非常有用。

7.6 小结

在本章中，我们研究了几种与提高应用程序的可读性和可维护性有关的模式。

首先，我们了解了模块何时变得太大以及何时应考虑对其进行重组。我们意识到，将代码拆分为单独的模块时，耦合是一个重要的考虑因素。接下来，我们讨论了构造具有许多字段的对象的问题。我们确定使用基于关键字的构造函数可以使代码更具可读性，并可以提供更多支持默认值的灵活性。我们了解到 Julia Base 模块已经提供了一个宏。

然后，我们探索了如何进行代码生成，这是一种动态定义许多相似函数而无须重复代码的便捷技术。我们从 `CodeTracking` 中挑选了一个实用工具来查看生成的源代码。

最后，我们详细介绍了如何开发 DSL。这是通过使用领域概念的原始形式模仿语法来简化代码的好方法。我们以 L 系统为例来开发 DSL。我们从 MacroTools 包中挑选了几个实用工具，可以在其中通过匹配模式来转换源代码。我们学习了如何使用 `postwalk` 函数检查和转换源代码。而且，令人高兴的是，我们用很少的代码就能完成练习。

在第 8 章中，我们将介绍一组与代码安全性有关的模式。

7.7 问题

1. 传入耦合与传出耦合有什么区别？
2. 为什么从可维护性的角度来看双向依赖不好？
3. 即时生成代码的简便方法是什么？
4. 代码生成的替代方法是什么？
5. 何时以及为什么应该考虑构建 DSL ？
6. 有哪些工具可用于开发 DSL ？

Chapter 8 第 8 章

鲁棒性模式

本章将介绍几种可用于提高软件鲁棒性的模式。鲁棒性指的是质量方面，也就是说，软件可以正确执行其功能吗？所有可能的情况都能得到正确处理吗？这是为关键任务系统编写代码时要考虑的极其重要的因素。

基于最小权限原则（POLP），我们将考虑向接口的客户端隐藏不必要的实现细节。但是，Julia 的数据结构是透明的——所有字段都将自动公开并可以访问。这引起了潜在的问题，因为任何不正确的用法或改变都可能破坏系统。另外，通过直接访问这些字段，代码与对象的基础实现更加紧密地耦合在一起。那么，如果字段名称需要更改怎么办？如果某个字段需要替换为另一个字段怎么办？因此，需要应用抽象并将对象实现与其官方接口分离。我们应该采用更笼统的定义——我们不仅要覆盖尽可能多的代码行，而且还要覆盖每种可能的情况。代码覆盖率的增加将使我们对代码的正确性更有信心。

我们将这些技术分为以下几节：

- 访问器模式。
- 属性模式。
- let 块模式。
- 异常处理模式。

在本章的最后，你将能够通过开发自己的访问器函数和属性函数来封装数据访问。你还可以隐藏全局变量，以防止在模块外部进行意外访问。最后，你还将了解各种异常处理技术，并了解如何重试失败的操作。

8.1 技术要求

可以在 https://github.com/PacktPublishing/Hands-on-Design-Patterns-and-Best-Practices-with-Julia/tree/master/Chapter08 找到本章的源代码。

该代码在 Julia 1.3.0 环境中进行了测试。

8.2 访问器模式

Julia 对象是透明的。那是什么意思？当前，Julia 语言无法将访问控制应用于对象的字段。因此，来自 C++ 或 Java 背景的人们可能会感到有些不安。在本节中，我们将探索多种方法，使正在寻求更多访问控制的用户更能接受该语言。

因此，也许我们应该首先定义我们的需求。在我们编写需求时，我们还将问自己为什么首先要拥有它们。让我们考虑一下 Julia 程序中的任何对象：

- 有些字段需要对外界隐藏：有些字段被认为是公共接口的一部分，因此得到了充分的记录和支持。其他字段被视为实现细节，由于将来可能会更改，因此无法使用。
- 有些字段需要先验证，然后才能进行更改：有些字段只能接受一定范围的值。例如，`Person` 对象的 `age` 字段可能会拒绝小于 0 或大于 120 的任何值！避免无效数据对于构建健壮的系统至关重要。
- 有些字段在读取之前需要触发器：有些字段可能会延迟加载，这意味着直到读取值时才加载它们。另一个原因是某些字段可能包含敏感数据，并且必须记录此类字段的使用以进行审核。

现在，我们将讨论如何满足这些需求。

8.2.1 识别对象的隐式接口

在深入研究特定模式之前，让我们先绕道，并讨论我们如何以及为什么遇到问题。

假设我们定义了一种名为 `Simulation` 的数据类型，以跟踪一些科学实验数据和相关统计数据。其语法如下：

```
mutable struct Simulation{N}
    heatmap::Array{Float64, N}
    stats::NamedTuple{(:mean, :std)}
end
```

`Simulation` 对象包含一个 N 维浮点值数组和一个统计值的命名元组。出于演示目的，我们将创建一个简单的函数来执行模拟并创建一个对象，如下所示：

```
using Distributions

function simulate(distribution, dims, n)
    tp = ntuple(i -> n, dims)
```

```
    heatmap = rand(distribution, tp...)
    return Simulation{dims}(heatmap, (mean = mean(heatmap), std =
std(heatmap)))
end
```

基于用户提供的分布，使用 `rand` 函数生成称为 `heatmap` 的模拟数据。`dims` 参数表示数组中维的数量，`n` 的值表示每个维的大小。这是模拟大小为 1000×1000 的正态分布二维热图的方法：

```
sim = simulate(Normal(), 2, 1000);
```

此时，我们可以轻松地访问对象的 `heatmap` 和 `stats` 字段，如下所示。

```
julia> sim.heatmap
1000×1000 Array{Float64,2}:
 -0.0245684  -0.516914  -0.724059  …  -0.689534  0.81001     0.39468
 -0.373427   -0.949831  -1.03348      -3.00237   0.773453    0.611133
  0.186331   -2.23334   -0.594446     -0.277771  0.352053    2.35161
  ⋮                                ⋱
 -0.596433    0.69343    0.120265      1.15336   1.48342     0.113038
  0.0407504  -0.690448   0.606609      0.446669  0.355279   -0.885373
 -0.476229   -0.919225   2.42769      -0.687196  0.0981667  -0.840961

julia> sim.stats
(mean = 0.00011828545617957905, std = 0.9997327420929258)
```

让我们暂停片刻。可以直接访问这些字段吗？我们可以在这里辩称事实并非如此。主要原因是存在一个隐式假设，即字段名称代表对象的公共接口。

不幸的是，这种假设在现实中可能会有些脆弱。正如任何经验丰富的开发人员都会指出的那样，软件总是会随时更改。世界不是一成不变的，需求也不是一成不变的。例如，以下是一些可能会改变我们编程接口的可能的更改：

- 将 `heatmap` 的字段名称更改为 `heatspace`，因为新名称更适合于三维或更高维的数据。
- 将 `stats` 的数据类型从命名的元组更改为新的 `struct` 类型，因为它已经增长为包括更复杂的统计度量，并且我们希望与之一起开发新功能。
- 完全删除 `stats` 字段并即时进行计算。

不能对编程接口掉以轻心。为了构建持久的软件，我们需要清楚每个接口，并了解将来如何支持它们。

提供对象接口的一种方法是创建访问器函数，在其他编程语言中有时也称为 getter 和 setter。因此，在 8.2.2 节中，让我们看看如何使用它们。

8.2.2 实现 getter 函数

在主流的面向对象语言中，我们经常实现用于访问对象字段的 getter。在 Julia 中，我们还可以创建 getter 函数。在实现 getter 函数时，我们可以选择将哪些字段作为应用程序编程接口（API）的一部分公开。对于我们的示例，我们将为两个字段实现 getter 函数，如下所示：

```
get_heatmap(s::Simulation) = s.heatmap
get_stats(s::Simulation) = s.stats
```

我们在这里选择的函数名称对于Julia语言来说有些不习惯。更好的约定是直接使用名词：

```
heatmap(s::Simulation) = s.heatmap
stats(s::Simulation) = s.stats
```

因此，当我们阅读使用 `heatmap` 函数的代码时，可以将其读取为“模拟的热图”。同样，当使用 `stats` 函数时，我们可以将其读取为“模拟的统计信息”。

这些 getter 函数用于为对象定义正式的数据检索接口。如果我们需要更改基础字段的名称（甚至类型），只要不更改公共接口就可以。此外，我们甚至可以删除 `stats` 字段，并直接在 `stats` 函数中实现统计计算。现在，对于使用此对象的任何程序，都可以轻松维护向后兼容性。

接下来，我们将看一下对象的写入访问。

8.2.3 实现 setter 函数

对于可变类型，我们可以实现 setter。可变范围将包括只能被更改的字段。对于我们的模拟项目，假设我们要允许客户端程序对热图进行某种转换，然后将其放回对象。我们可以轻松支持该用例，如以下代码片段所示：

```
function heatmap!(
        s::Simulation{N},
        new_heatmap::AbstractArray{Float64, N}) where {N}
    s.heatmap = new_heatmap
    s.stats = (mean = mean(new_heatmap), std = std(new_heatmap))
    return nothing
end
```

setter 函数 `heatmap!` 接受 `Simulation` 对象和新的热图数组。由于 `stats` 字段包含基础热图的统计信息，因此我们必须通过重新计算统计信息并更新该字段来保持对象内的一致性。请注意，只有当我们提供 setter 函数时，才能保证这种一致性。否则，如果我们允许用户直接更改对象中的 `heatmap` 字段，则该对象将处于不一致状态。

另一个好处是我们可以在 setter 函数中执行数据验证。例如，我们可以控制图的大小，并在热图的大小包含奇怪形状时引发错误：

```
function heatmap!(
            s::Simulation{N},
            new_heatmap::AbstractArray{Float64, N}) where {N}
    if length(unique(size(new_heatmap))) != 1
        error("All dimensions must have same size")
    end
    s.heatmap = new_heatmap
    s.stats = (mean = mean(new_heatmap), std = std(new_heatmap))
    return nothing
end
```

在这里，我们首先确定 `new_heatmap` 的大小，该大小应以元组形式返回。然后，我们找出该元组中有多少个唯一值。如果在元组中只有一个唯一的数字，那么我们知道该数组是正方形、立方等。否则，我们只会向调用者抛出一个错误。

就像 getter 函数一样，setter 函数充当一个公共接口，在此对象的数据可能会发生突变。在同时具有 getter 和 setter 函数之后，我们可以期望调用者通过这些接口。但是原始字段仍然可以直接访问。那么，我们如何阻止这种情况发生呢？接下来让我们探讨一下。

8.2.4 禁止直接访问字段

尽管 getter 和 setter 函数很方便，但很容易忘记这些函数，因此程序最终直接访问这些字段。这太糟糕了，因为我们花了所有心血来创建 getter 和 setter 函数，但最终它们被绕开了。

一种可能的解决方案是通过将字段重命名为看似私有的内容来阻止直接访问字段。常见约定是在字段名称前加下划线。

对于我们的示例，我们可以如下重新定义结构：

```
mutable struct Simulation{N}
    _heatmap::Array{Float64, N}
    _stats::NamedTuple{(:mean, :std)}
end
```

这些奇怪命名的字段将仅在 `Simulation` 类型的实现中使用，并且所有外部用法都将避免使用它们。这样的约定阻止开发人员出现直接访问字段的错误。

但是，我们中的某些人可能对此解决方案不太满意，因为使用编码约定是强制正确使用编程接口的一种非常弱的方法。这种担忧是非常有效的，尤其是当我们坚持更高的软件健壮性标准时。因此，在下一节中，我们将探索一种更强大的技术，该技术将允许我们以编程方式控制访问。

8.3 属性模式

在本节中，我们将深入研究并学习如何通过使用属性接口对对象的字段实施更精细的控制。Julia 的属性接口允许你为字段访问中使用的点符号提供自定义实现。通过覆盖标准行为，我们可以对引用或分配的字段应用任何类型的访问控制和验证。为了说明这个概念，我们将在这里处理一个新的用例——实现一个惰性文件加载器。

8.3.1 延迟文件加载器介绍

假设我们正在开发一种支持延迟加载的文件加载工具。所谓延迟，我们指的是在需要内容之前才加载文件。让我们看一下下面的代码：

```
mutable struct FileContent
    path
    loaded
    contents
end
```

`FileContent`结构包含三个字段：

- ❑ `path`：文件的位置。
- ❑ `loaded`：一个布尔值，指示文件是否已加载到内存中。
- ❑ `contents`：包含文件内容的字节数组。

以下是相同结构的构造函数：

```
function FileContent(path)
    ss = lstat(path)
    return FileContent(path, false, zeros(UInt8, ss.size))
end
```

与我们当前的设计一样，我们为文件预分配了内存，但是直到稍后我们才读取文件内容。文件的大小由对 lstat 函数的调用来确定。在创建`FileContent`对象时，我们使用一个`false`值初始化`loaded`字段，这表明该文件尚未加载到内存中。

最终，我们必须加载文件内容，因此我们仅提供一个单独的函数即可将文件读取到预分配的字节数组中：

```
function load_contents!(fc::FileContent)
    open(fc.path) do io
        readbytes!(io, fc.contents)
        fc.loaded = true
    end
    nothing
end
```

让我们进行快速测试以了解其工作原理。

```
julia> fc = FileContent("/etc/hosts")
FileContent("/etc/hosts", false, UInt8[0x00, 0x00, 0x00, 0x00, 0x00,
0x00, 0x00, 0x00, 0x00, 0x00  …  0x00, 0x00, 0x00, 0x00, 0x00, 0x00,
0x00, 0x00, 0x00, 0x00])

julia> fc.loaded
false
```

在这里，我们刚刚创建了一个新的`FileContent`对象。显然，由于我们尚未读取文件，因此`loaded`字段包含`false`值。`Contents`字段也充满零。让我们现在加载文件内容。

```
julia> load_contents!(fc)

julia> fc.loaded
true
```

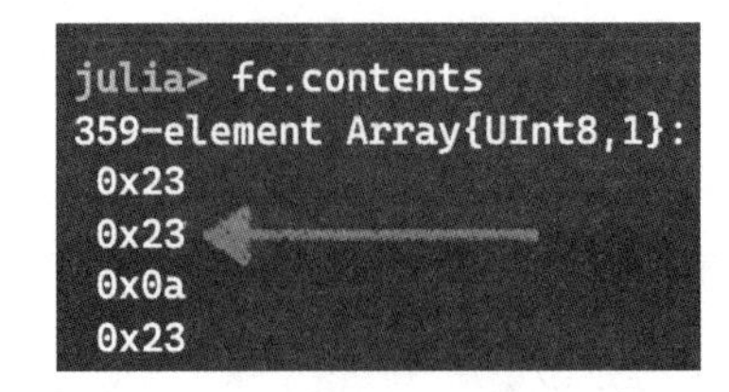

现在，contents 字段包含一些实际数据，并且 loaded 字段的值为 true。当然，我们现在只是临时保管和运行代码。这个想法是实现延迟加载。我们需要一种方法来拦截对 contents 字段的任何读取操作，以便可以及时加载文件内容。理想情况下，只要有人使用 fc.contents 表达式，就应该发生这种情况。为了劫持获取 fc.contents 的调用，我们必须首先理解 Julia 的点符号是如何工作的。让我们绕道看一下吧。

8.3.2 理解用于字段访问的点符号

通常，只要需要访问对象的特定字段，就可以方便地将其写为 object.fieldname。事实证明，这种表示法实际上是 getproperty 函数调用的语法糖，即某种甜美的语法。明确地说，每当我们以以下格式编写代码时：

```
object.fieldname
```

它被转换为对 getproperty 的函数调用：

```
getproperty(object, :fieldname)
```

对于我们的延迟文件加载器示例，fc.path 实际上与 getproperty(fc,:path) 相同。

所有这些都是由 Julia 编译器自动执行的。Julia 的伟大之处在于，这种执行非常透明。我们实际上可以通过使用 Meta.lower 函数来查看编译器的操作，如下所示。

```
julia> Meta.lower(Main, :( fc.path ))
:($(Expr(:thunk, CodeInfo(
    @ none within `top-level scope'
1 ─ %1 = Base.getproperty(fc, :path)
└──      return %1
))))
```

类似地，当我们为对象的字段分配值时，会发生相同类型的转换。

```
julia> Meta.lower(Main, :( fc.path = "/etc/hosts"))
:($(Expr(:thunk, CodeInfo(
    @ none within `top-level scope'
1 ─     Base.setproperty!(fc, :path, "/etc/hosts")
└──     return "/etc/hosts"
))))
```

从前面的结果中，我们可以看到代码将字符串分配给 `fc.path` 时，它只是转换为 `setproperty!(fc,:path,"/etc/hosts")` 函数调用。

不要就此止步。`getproperty` 函数和 `setproperty!` 函数有什么作用呢？好吧，它们恰好是在 `Base` 模块中定义的普通 Julia 函数。了解它们如何工作的最佳位置是检查 Julia 源代码本身。从 Julia REPL，我们可以轻松地调出源代码，如下所示。

```
julia> @edit fc.path
```

从前面的代码中，我们可以看到 `@edit` 宏用于查找被调用函数的源代码，在本例中为 `getproperty`。从 REPL 终端，它应该打开编辑器并显示如下代码。

```
Base.jl ×
cations > Julia-1.2.app > Contents > Resources > julia > share > julia > base > Base.jl > {} Base > getproperty
19
20    getproperty(Core.@nospecialize(x), f::Symbol) = getfield(x, f)
21    setproperty!(x, f::Symbol, v) = setfield!(x, f, convert(fieldtype(typeof(x), f), v))
22
```

我们看到 `getproperty` 函数只是将调用转发给 `getfield`，后者用于从对象中提取数据。同一源文件中的下一行显示 `setproperty!` 的定义。执行 `setproperty!` 比较有趣。除了使用 `setfield!` 函数将对象中的字段改变，它还将 `v` 值转换为对象 `x` 中的字段类型，这由对 `fieldtype` 的调用来确定。

`getfield` 函数是一个内置函数，用于从现有对象获取任何字段值。它带有两个参数——对象和符号。例如，要从 `FileContent` 对象获取路径，可以使用 `getfield(fc,:path)`。同样，`setfield!` 函数用于更新现有对象的任何字段。`getfield` 和 `setfield!` 都是 Julia 实现中的低级函数。

> 类型转换很方便，尤其是对于数字类型。例如，对象存储 `Float64` 字段是很常见的，但是代码恰好传递了一个整数。当然，转换逻辑比数字类型更通用。对于自定义类型，只要定义了转换函数，相同的自动转换过程就可以正常工作。

现在，我们理解了点符号如何转换为 `getproperty` 和 `setproperty!` 函数调用，我们可以为文件加载器开发延迟加载功能。

8.3.3 实现读取访问和延迟加载

为了实现延迟加载，我们可以扩展 `getproperty` 函数。在调用过程中，我们可以检查文件内容是否已经加载。如果没有加载，我们只是在将数据返回给调用者之前加载文件内容。

扩展 `getproperty` 函数就像使用 `FileContent` 类型和符号作为函数的参数简单地

定义它一样容易。以下代码显示了这一点：

```
function Base.getproperty(fc::FileContent, s::Symbol)
    direct_passthrough_fields = (:path, )
    if s in direct_passthrough_fields
        return getfield(fc, s)
    end
    if s === :contents
        !getfield(fc, :loaded) && load_contents!(fc)
        return getfield(fc, :contents)
    end
    error("Unsupported property: $s")
end
```

重要的是，我们为 **Base.getproperty** 定义函数，而不仅仅是为 **getproperty**。这是因为编译器会将点表示法转换为 **Base.getproperty**，而不是你自己模块中的 **getproperty** 函数。如果不清楚，建议你阅读 2.3 节重新了解该命名空间概念。

> TIP 我们选择在定义中将 **Base** 作为函数名称的前缀。首选这种编码方式，因为从函数定义中可以明显看出，我们正在扩展 **Base** 包中的 **getproperty** 函数。
>
> 从别的包来扩展函数的另一种方法是首先导入第三方包。对于前面的示例，我们可以将其编写如下。不建议使用这种编码方式，因为所定义的 **getproperty** 函数是 **Base** 函数的扩展，这一点不太明显：
>
> ```
> import Base: getproperty
>
> function getproperty(fc::FileContent, s::Symbol)
>  ....
> end
> ```

相比之下，**getproperty** 函数必须处理所有可能的属性名称。让我们首先考虑以下代码部分。

```
# extend Base.getproperty to redefine the meaning of dot notation
function Base.getproperty(fc::FileContent, s::Symbol)
    direct_passthrough_fields = (:path, )
    if s in direct_passthrough_fields
        return getfield(fc, s)
    end
    if s === :contents
        getfield(fc, :loaded) || load_contents!(fc)
        return getfield(fc, :contents)
    end
    error("Unsupported property: $s")
end
```

在这种情况下，我们必须支持 **:path** 和 **:contents**。如果 **s** 符号是我们要直接传递的那些字段之一，则只需将调用转发给 **getfield** 函数。

现在，让我们考虑下一部分代码。

```
# extend Base.getproperty to redefine the meaning of dot notation
function Base.getproperty(fc::FileContent, s::Symbol)
    direct_passthrough_fields = (:path, )
    if s in direct_passthrough_fields
        return getfield(fc, s)
    end
    if s === :contents
        getfield(fc, :loaded) || load_contents!(fc)
        return getfield(fc, :contents)
    end
    error("Unsupported property: $s")
end
```

如果符号为 :contents，则我们检查 loaded 字段的值。如果 loaded 字段包含 false，那么我们调用 load_contents! 函数将文件内容加载到内存中。

请注意，在此函数中，我们在各处都使用了 getfield。如果我们使用普通的点语法（例如 fc.loaded）编写代码，则它将再次开始调用 getproperty 函数，并且最终可能会无限递归。

如果字段名称不是受支持的名称之一，那么我们将引发一个异常，如下所示。

```
# extend Base.getproperty to redefine the meaning of dot notation
function Base.getproperty(fc::FileContent, s::Symbol)
    direct_passthrough_fields = (:path, )
    if s in direct_passthrough_fields
        return getfield(fc, s)
    end
    if s === :contents
        getfield(fc, :loaded) || load_contents!(fc)
        return getfield(fc, :contents)
    end
    error("Unsupported property: $s")
end
```

一个有趣的发现是，我们决定仅支持两个属性名称（path 和 contents），并且我们放弃了对 loaded 属性的支持。这样做的原因是，loaded 字段实际上用作对象的内部状态。没有理由将其公开为公共编程接口的一部分。在本章中讨论软件健壮性时，我们还可以欣赏开发仅公开必要信息的代码。

打个比方，数据总是被分类，但是只能在需要知道的基础上发布，这就是政府部门通常喜欢描述高度敏感的数据的方式。

我们快完成工作了。剩下的唯一工作就是使用 getfield 函数和 setfield! 函数代替点符号重构 load_content! 函数：

```
# lazy load
function load_contents!(fc::FileContent)
```

```
    open(getfield(fc, :path)) do io
        readbytes!(io, getfield(fc, :contents))
        setfield!(fc, :loaded, true)
    end
    nothing
end
```

现在，我们可以测试延迟加载功能。

```
julia> fc = FileContent("/etc/hosts")
FileContent("/etc/hosts", false, UInt8[0x00, 0x00, 0x00, 0x00, 0x00, 0
x00, 0x00, 0x00, 0x00, 0x00  …  0x00, 0x00, 0x00, 0x00, 0x00, 0x00, 0x
00, 0x00, 0x00, 0x00])

julia> fc.contents
359-element Array{UInt8,1}:
 0x23
 0x23
   ⋮
 0x6d
 0x0a

julia> fc.path
"/etc/hosts"
```

对 path 和 contents 字段的两个引用均正常工作。特别是，对 fc.contents 的引用触发文件加载，然后返回正确的内容。那么，loaded 字段发生了什么？让我们尝试一下。

```
julia> fc.loaded
ERROR: Unsupported property: loaded
```

瞧！我们已经成功阻止了直接访问 loaded 字段。

属性接口使我们能够管理读取访问并实现延迟加载功能。接下来，我们将研究如何管理写入访问。

8.3.4 控制对对象字段的写入访问

为了管理对象字段的写入访问，我们可以扩展 setproperty! 函数，类似于我们进行读取访问的方式。

让我们回想一下 FileContent 数据类型是如何设计的：

```
mutable struct FileContent
    path
    loaded
    contents
end
```

假设我们要允许用户通过使用新文件位置更改 path 字段来切换到其他文件。除此之外，我们还希望防止使用点符号直接更改 loaded 和 contents 字段。为此，我们可以如下扩展 setproperty! 函数：

```
function Base.setproperty!(fc::FileContent, s::Symbol, value)
    if s === :path
        ss = lstat(value)
        setfield!(fc, :path, value)
        setfield!(fc, :loaded, false)
        setfield!(fc, :contents, zeros(UInt8, ss.size))
        println("Object re-initialized for $value (size $(ss.size))")
        return nothing
    end
    error("Property $s cannot be changed.")
end
```

为扩展 **setproperty!** 函数，当需要更改对象中的任何字段时，必须在函数定义中使用 **setfield!**。

在这种情况下，当用户尝试向 **path** 字段分配值时，我们可以像在构造函数中一样，重新初始化对象。这涉及设置 **path** 和 **loaded** 字段的值，以及为文件内容预分配存储空间。让我们继续进行测试。

```
julia> fc.path
"/etc/profile"

julia> fc.path = "/etc/profile"
Object re-initialized for /etc/profile (size 189)
"/etc/profile"
```

如果用户尝试将值分配给任何其他字段，则会引发错误。

```
julia> fc.contents = []
ERROR: Property contents cannot be changed.
```

通过扩展 **setproperty!** 函数，我们已成功控制了对任何对象的任何字段的写入访问。

TIP 尽管可以控制单个字段的访问，但我们不能阻止对字段基础数据的其他更改。例如，**contents** 属性只是一个字节数组，开发人员应该能够更改数组中的元素。如果我们想保护数据不被修改，则可以从 **getproperty** 调用返回 **contents** 字节数组的副本。

现在，我们知道如何实现 **getproperty** 和 **setproperty!** 函数，以便我们可以控制对对象各个字段的访问。接下来，我们将研究如何记录可用的属性。

8.3.5 报告可访问字段

开发环境通常可以帮助开发人员正确输入字段名称。在 Julia REPL 中，当我输入点字符后按两次 Tab 键时，它将尝试自动完成并显示可用的字段名称。

```
julia> fc.          press Tab key twice
contents loaded    path
```

现在，我们已经实现了 getproperty 和 setproperty! 函数，这个列表将不再准确。更具体地说，不应显示 loaded 字段，因为它既不能访问也不能更改。为了解决这个问题，我们可以简单地扩展 propertynames 函数，如下所示：

```
function Base.propertynames(fc::FileContent)
    return (:path, :contents)
end
```

propertynames 函数仅需要返回一个有效符号的元组。定义函数后，REPL 将仅显示有效的字段名称，如下所示。

在本节中，我们学习了如何利用 Julia 的属性接口来控制对对象任何字段的读写访问。编写健壮的程序是一项必不可少的技术。

> 尽管使用属性接口似乎可以解决我们之前提出的大多数需求，但这并不是完美的。例如，没有什么可以阻止程序直接在任何对象上调用 getfield 和 setfield! 函数。除非将语言更新为支持精细的字段访问控制，否则不可能对开发人员完全隐藏该内容。也许将来会提供这种功能。

接下来，我们将研究一些与限制变量范围有关的模式，以便我们可以最大限度地减少私有变量对外界的暴露。

8.4 let 块模式

本章中反复出现的主题是学习如何改进和更好地控制公共 API 中数据和函数的可见性和可访问性。通过强制访问编程接口，我们可以保证如何利用程序。此外，我们可以专注于按之前建议测试接口。

当前，Julia 在将实现细节封装到模块中时几乎没有帮助。虽然我们可以使用 export 关键字将某些函数和变量公开给其他模块，但它并非旨在作为访问控制或数据封装功能。你始终可以浏览模块并访问任何变量或函数，即使它们未暴露也是如此。

在本节中，我们将继续研究这个趋势，并介绍一些策略，这些策略可用于限制对模块中变量或函数的访问。在这里，我们将使用网络爬虫用例来说明问题和可能的解决方案。

8.4.1 网络爬虫用例介绍

假设我们必须构建一个网络爬虫，它可用于索引来自各个网站的内容。这样做的过程包括设置目标站点列表，然后启动爬虫。让我们使用以下结构创建一个模块：

```
module WebCrawler

using Dates

# public interface
export Target
export add_site!, crawl_sites!, current_sites, reset_crawler!

# == insert global variables and functions here ==

end # module
```

我们的编程接口非常简单。让我们看看如何做到这一点：

1）`Target` 代表正在爬虫的网站的数据类型。然后，我们可以使用 `add_site!` 函数将新的目标站点添加到列表中。

2）准备就绪后，我们只需调用 `crawl_sites!` 函数访问所有站点。

3）为方便起见，`current_sites` 函数可用于查看目标站点的当前列表及其爬虫状态。

4）最后，`reset_crawler!` 函数可用于重置网络爬虫的状态。

现在让我们看一下数据结构。`Target` 类型用于维护目标网站的 URL。它还包含有关状态和完成爬虫时间的布尔变量。该结构定义如下：

```
Base.@kwdef mutable struct Target
    url::String
    finished::Bool = false
    finish_time::Union{DateTime,Nothing} = nothing
end
```

为了跟踪当前的目标站点，使用一个全局变量：

```
const sites = Target[]
```

为了完成网络爬虫的实现，我们在模块中定义了以下函数：

```
function add_site!(site::Target)
    push!(sites, site)
end

function crawl_sites!()
    for s in sites
        index_site!(s)
    end
end

function current_sites()
    copy(sites)
end

function index_site!(site::Target)
    site.finished = true
    site.finish_time = now()
    println("Site $(site.url) crawled.")
end
```

```
function reset_crawler!()
    empty!(sites)
end
```

要使用网络爬虫，首先，我们可以添加一些网站，如下所示。

```
julia> using Main.WebCrawler

julia> add_site!(Target(url = "http://cnn.com"));

julia> add_site!(Target(url = "http://yahoo.com"));

julia> current_sites()
2-element Array{Target,1}:
 Target("http://cnn.com", false, nothing)
 Target("http://yahoo.com", false, nothing)
```

然后，我们可以运行爬虫并随后检索结果。

```
julia> crawl_sites!()
current_sites()
Site http://cnn.com crawled.
Site http://yahoo.com crawled.

julia> current_sites()
2-element Array{Target,1}:
 Target("http://cnn.com", true, 2019-12-08T17:24:30.631)
 Target("http://yahoo.com", true, 2019-12-08T17:24:30.637)
```

当前的实现还不错，但是存在以下两个与访问相关的问题：

1）全局变量 `sites` 对外界可见，这意味着任何人都可以获取该变量的句柄并将其弄乱，例如通过插入一个恶意网站。

2）`index_site!` 函数应被视为私有函数，并且不应作为公共 API 的一部分包含在内。

现在我们已经做好了准备，我们将在 8.4.2 节中演示如何解决这些问题。

8.4.2 使用闭包将私有变量和函数隐藏起来

我们的目标是隐藏全局常量 `sites` 和辅助函数 `index_site!`，以使它们在公共 API 中不可见。为此，我们可以利用 `let` 块。

在模块主体中，我们可以将所有函数包装在 `let` 块中，如下所示。

```
let sites = Target[]

    global function add_site!(site::Target)
        push!(sites, site)
    end
```

```
    global function crawl_sites!()
        for s in sites
            index_site!(s)
        end
    end

    global function current_sites()
        copy(sites)
    end

    function index_site!(site::Target)
        site.finished = true
        site.finish_time = now()
        println("Site $(site.url) crawled.")
    end

    global function reset_crawler!()
        empty!(sites)
    end

end # let
```

现在，让我们看看发生了什么变化：

- sites 常量已被 let 块的开头的绑定变量替换。let 块中的变量仅在该块的范围内绑定，并且对外部不可见。
- 需要向 API 公开的函数以 global 关键字为前缀。这包括 add_site!、crawl_sites!、current_sites 和 reset_crawler!。index_site! 函数保持原样，以便不暴露。

global 关键字使我们可以将函数名称公开给模块的全局范围，可以将其导出并从公共 API 进行访问。

重新加载模块后，我们可以确认 sites 和 index_site! 在 API 中都不可用，如以下输出所示。

```
julia> Main.WebCrawler.index_site!()
ERROR: UndefVarError: index_site! not defined
Stacktrace:
 [1] getproperty(::Module, ::Symbol) at ./Base.jl:13
 [2] top-level scope at REPL[8]:1

julia> Main.WebCrawler.sites
ERROR: UndefVarError: sites not defined
```

如上所示，let 块是一种有效方法，来控制对模块中全局变量或函数的访问。我们能够封装函数或变量，以防止从模块外部访问。

> TIP 在 `let` 块中包装函数时，可能会产生性能开销。在代码的任何性能关键部分使用此模式之前，你可能需要运行性能测试。

由于 `let` 块在限制范围方面非常有用，因此我们经常可以在较长的脚本和函数中使用它。接下来，我们将看一下如何在实践中使用它。

8.4.3 限制长脚本或函数的变量范围

let 块的另一种用法是限制较长的 Julia 脚本或函数中变量的范围。在较长的脚本或函数中，如果我们在顶部声明一个变量并在整个主体中使用它，则可能很难遵循这些代码。取而代之的是，我们可以编写一系列的 let 块，它们使用自己的绑定变量独立运行。通过将有界变量限制在较小的块中，我们可以更轻松地遵循代码。

虽然通常不建议编写长脚本 / 函数，但是我们有时会在测试代码中发现它们，这往往是重复的。在测试脚本中，我们可能有许多测试用例，它们被分组在同一测试集中。以下是来自 `GtkUtilities` 包的示例：

```
# Source: GtkUtilities.jl/test/utils.jl

let c = Canvas(), win = Window(c, "Canvas1")
    Gtk.draw(c) do widget

        fill!(widget, RGB(1,0,0))
    end
    showall(win)
end
let c = Canvas(), win = Window(c, "Canvas2")
    Gtk.draw(c) do widget
        w, h = Int(width(widget)), Int(height(widget))
        randcol = reshape(reinterpret(RGB{N0f8}, rand(0x00:0xff, 3, w*h)),
w, h)
        copy!(widget, randcol)
    end
    showall(win)
end
let c = Canvas(), win = Window(c, "Canvas3")
    Gtk.draw(c) do widget
        w, h = Int(width(widget)), Int(height(widget))
        randnum = reshape(reinterpret(N0f8, rand(0x00:0xff, w*h)),w,h)
        copy!(widget, randnum)
    end
    showall(win)
end
```

我们在前面的代码中有一些发现：

- ❑ `c` 变量每次绑定到一个新的 `Canvas` 对象。
- ❑ `win` 变量每次绑定到一个具有不同标题的新 `Window` 对象。

- w、h、randcol 和 randnum 变量是不会从其各自的 let 块中逸出的局部变量。

通过使用 let 块，测试脚本需要多长时间都没有关系。每个 let 块都维护自己的作用域，并且任何内容都不应从一个块泄漏到下一个块。当涉及测试代码的质量时，这种编程风格立即为开发人员提供了一些安慰，因为每个测试单元彼此独立。

接下来，我们将介绍一些异常处理技术。尽管进行编程项目会更有趣，但是异常处理并不是我们想要忽视的事情。因此，接下来让我们看一下异常处理技术。

8.5　异常处理模式

强大的软件需要强大的错误处理实践。事实是，有时可能会意外地引发错误。作为负责任的开发人员，我们需要确保处理好每条路径，包括快乐路径和异常路径。快乐路径指的是按预期正常运行的程序执行。异常路径表示由于错误情况导致意外结果。

在本节中，我们将探讨几种捕获异常并有效地从故障中恢复的方法。

8.5.1　捕捉和处理异常

捕获异常的通常做法是将任何逻辑封装在 try-catch 块中。这是确保处理意外错误的最简单方法：

```
try
    # do something that may possible raise an error
catch ex
    # recover from failure depending on the type of condition
end
```

但是，一个常见的问题是该 try-catch 块应放在何处。当然，我们可以只包装每行代码，但这是不切实际的。毕竟，并非每一行代码都会引发错误。

我们确实希望明智地选择捕获异常的地方。我们知道添加异常处理会增加代码大小。此外，每一行代码都需要维护。具有讽刺意味的是，我们编写的代码越少，引入错误的机会就越少。毕竟，我们不应该通过抓住问题来引入更多问题，对吗？

接下来，我们将研究应该考虑在哪种情况下进行错误处理。

8.5.2　处理各种类型的异常

包装 try-catch 块最明显的地方是在我们需要获取网络资源的代码块中，例如，查询数据库或连接到 Web 服务器。无论何时涉及网络，遇到问题的机会都比在同一台计算机上本地执行操作时遇到问题的机会要大得多。

重要的是要了解可以引发什么样的错误。假设我们继续开发 8.4 节中的网络爬虫用例。index_sites! 函数现在可以使用 HTTP 库实现，如下所示：

```
function index_site!(site::Target)
    response = HTTP.get(site.url)
    site.finished = true
    site.finish_time = now()
    println("Site $(site.url) crawled. Status=", response.status)
end
```

HTTP.get 函数用于从网站检索内容。该代码看起来很简单，但是它不处理任何错误情况。例如，如果网站的网址错误或网站关闭，会发生什么？在这些情况下，我们将遇到运行时异常，如下所示。

```
julia> add_site!(Target(url = "https://this-site-does-not-exist-haha.com"))
1-element Array{Target,1}:
 Target("https://this-site-does-not-exist-haha.com", false, nothing)

julia> crawl_sites!()
ERROR: IOError(Base.IOError("connect: connection refused (ECONNREFUSED)", -61)
during request(https://this-site-does-not-exist-haha.com))
```

因此，我们至少应该处理 IOError。事实证明，HTTP 库实际上还可以做更多的事情。如果远程站点返回 400 或 500 系列中的任何 HTTP 状态代码，则它还会包装错误代码并引发 StatusError 异常，如下所示。

```
julia> reset_crawler!()
0-element Array{Target,1}

julia> add_site!(Target(url = "https://www.google.com/this-page-does-not-exist"
))
1-element Array{Target,1}:
 Target("https://www.google.com/this-page-does-not-exist", false, nothing)

julia> crawl_sites!()
ERROR: HTTP.ExceptionRequest.StatusError(404, "GET", "/this-page-does-not-exist
", HTTP.Messages.Response:
"""
HTTP/1.1 404 Not Found
```

那么，我们如何确定到底会抛出什么样的错误呢？好吧，我们总是可以阅读精美的手册或所谓的 RTFM。从 HTTP 包的文档中，我们可以看到发出 HTTP 请求时可能会引发以下异常：

- HTTP.ExceptionRequest.StatusError
- HTTP.Parsers.ParseError
- HTTP.IOExtras.IOError
- Sockets.DNSError

在 Julia 中，try-catch 块捕获所有异常，而不管异常的类型如何。因此，即使我们不知道其他异常，我们也应该能够处理它。以下是一个正确处理异常的函数的示例：

```
function try_index_site!(site::Target)
    try
        index_site!(site)
```

```
    catch ex
        println("Unable to index site: $site")
        if ex isa HTTP.ExceptionRequest.StatusError
            println("HTTP status error (code = ", ex.status, ")")
        elseif ex isa Sockets.DNSError
            println("DNS problem: ", ex)
        else
            println("Unknown error:", ex)
        end
    end
end
```

从前面的代码中我们可以看到，在 `catch` 块的主体中，我们可以检查异常的类型并适当地处理它。该块的 `else` 部分将确保捕获所有类型的异常，无论我们是否知道它们。让我们连接 `crawl_site!` 函数到这个新函数：

```
global function crawl_sites!()
    for s in sites
        try_index_site!(s)
    end
end
```

我们现在可以测试错误处理代码。

```
julia> add_site!(Target(url = "https://www.google.com/this-page-does-not-exist"
))
1-element Array{Target,1}:
 Target("https://www.google.com/this-page-does-not-exist", false, nothing)

julia> crawl_sites!()
Unable to index site: Target("https://www.google.com/this-page-does-not-exist",
 false, nothing)
HTTP status error (code = 404)
```

可以看出它正常工作。

这只是一个实例。我们还想在其他什么地方注入异常处理逻辑？

接下来让我们探讨一下。

8.5.3　在顶层处理异常

通常情况下，处理异常的另一个地方是程序的顶层。为什么？原因之一是我们可能希望避免由于未捕获的异常而导致程序崩溃。程序的顶层是捕获任何内容的最后一道门，并且程序可以选择从故障中恢复（例如进行软重置），或者正常关闭所有资源并关闭。

计算机程序完成执行后，通常会将退出状态返回到调用该程序的外壳（shell）。在 Unix 中，通常的约定是指示状态为零的成功终止和状态为非零的失败终止。

考虑以下伪代码：

```
try
    # 1. do some work related to reading writing files
    # 2. invoke an HTTP request to a remote web service
    # 3. create a status report in PDF and save in a network drive
catch ex
```

```
        if ex isa FileNotFoundError
            println("Having trouble with reading local file")
            exit(1)
        elseif ex isa HTTPRequestError
            println("Unable to communicate with web service")
            exit(2)
        elseif ex isa NetworkDriveNotReadyError

            println("All done, except that the report cannot be saved")
            exit(3)
        else
            println("An unknown error has occurred, please report. Error=", ex)
            exit(255)
        end
    end
```

从前面的代码中我们可以看到，根据设计我们可以针对不同的错误情况使用特定的状态代码退出程序，以便调用程序可以正确处理异常。

接下来，我们将看一下如何确定深度嵌套执行帧中最初引发异常的位置。

8.5.4 跟随栈帧

通常，函数会引发异常，但不会立即对其进行处理。然后，该异常传递到父调用函数。如果该函数也未捕获到异常，它将再次运行到下一个父调用函数。这个过程一直持续到 try-catch 块捕获到异常为止。此时，程序的当前栈帧（即代码当前运行的执行上下文）将处理异常。

如果我们可以看到异常最初是在哪里引发的，那将非常有用。为此，我们首先尝试了解如何检索作为栈帧数组的栈跟踪。让我们创建一组简单的嵌套函数调用，以使它们最终抛出错误。考虑以下代码：

```
function foo1()
    foo2()
end

function foo2()
    foo3()
end

function foo3()
    throw(ErrorException("bad things happened"))
end
```

现在，如果执行 `foo1` 函数，将出现如下错误。

```
julia> foo1()
ERROR: bad things happened
Stacktrace:
 [1] foo3() at ./REPL[12]:2
 [2] foo2() at ./REPL[11]:2
 [3] foo1() at ./REPL[10]:2
 [4] top-level scope at REPL[13]:1
```

如上所示，栈跟踪以相反的顺序显示了执行顺序。栈跟踪的顶部是 foo3 函数。由于我们是在 REPL 中执行此操作，因此看不到源文件名。但是，数字 2（如 REPL[17]:2 中所示）指示从 foo3 函数的第 2 行引发了错误。

现在让我们介绍一下 stacktrace 函数。该函数是 Base 包的一部分，可用于获取当前的栈跟踪。当 stacktrace 函数返回一个 StackFrame 数组时，如果我们可以创建一个函数来很好地显示它，那就太好了。我们可以定义一个函数来打印栈跟踪，如下所示：

```
function pretty_print_stacktrace(trace)
    for (i,v) in enumerate(trace)
        println(i, " => ", v)
    end
end
```

因为我们要正确处理异常，所以现在我们通过使用 try-catch 块来包装对 foo2 的调用，以此更新 foo1 函数。在 catch 块中，我们还将打印栈跟踪，以便我们可以进一步调试问题：

```
function foo1()
    try
        foo2()
    catch
        println("handling error gracefully")
        pretty_print_stacktrace(stacktrace())
    end
end
```

现在运行 foo1 函数。

```
julia> foo1()
handling error gracefully
1 => foo1() at REPL[15]:7
2 => top-level scope at REPL[16]:1
3 => eval(::Module, ::Any) at boot.jl:330
4 => eval_user_input(::Any, ::REPL.REPLBackend) at REPL.jl:86
5 => macro expansion at REPL.jl:118 [inlined]
6 => (::REPL.var"#26#27"{REPL.REPLBackend})() at task.jl:333
```

糟糕！ foo2 和 foo3 发生了什么？从 foo3 抛出了异常，但我们无法再在栈跟踪中看到它们。这是因为我们已经捕获了异常，并且从 Julia 的角度来看，该异常已经得到处理，并且当前执行上下文已经在 foo1 中。

为了解决此问题，Base 包中还有另一个函数称为 catch_backtrace。它为我们提供了当前异常的回溯，因此我们知道该异常最初是在哪里引发的。我们只需要更新 foo1 函数，如下所示：

```
function foo1()
    try
        foo2()
    catch
        println("handling error gracefully")
        pretty_print_stacktrace(stacktrace(catch_backtrace()))
    end
end
```

然后，如果再次运行 foo1，我们将得到以下结果，其中 foo3 和 foo2 返回到栈跟踪。

```
julia> foo1()
handling error gracefully
1 => foo3() at REPL[12]:2
2 => foo2() at REPL[11]:2
3 => foo1() at REPL[17]:3
4 => top-level scope at REPL[18]:1
5 => eval(::Module, ::Any) at boot.jl:330
6 => eval_user_input(::Any, ::REPL.REPLBackend) at REPL.jl:86
7 => macro expansion at REPL.jl:118 [inlined]
8 => (::REPL.var"#26#27"{REPL.REPLBackend})() at task.jl:333
```

请注意，必须在 catch 块内使用 catch_backtrace。如果在 catch 块之外调用它，它将返回一个空的回溯。

接下来，我们将研究异常处理的另一个方面——性能影响。

8.5.5 理解异常处理对性能的影响

使用 try-catch 块实际上会产生性能开销。特别是，如果应用程序在紧密循环中执行某项操作，则在循环内捕获异常将是一个坏主意。要理解其影响，让我们尝试一个简单的示例。

考虑下面的代码，它们简单地计算数组中每个数字的平方根之和：

```
function sum_of_sqrt1(xs)
    total = zero(eltype(xs))
    for i in eachindex(xs)
        total += sqrt(xs[i])
    end
    return total
end
```

要知道 sqrt 可能会为负数抛出 DomainError，我们的第一个尝试可能是在循环内捕获此类异常：

```
function sum_of_sqrt2(xs)
    total = zero(eltype(xs))
    for i in eachindex(xs)
        try
            total += sqrt(xs[i])
        catch
            # ignore error intentionally
        end
    end
    return total
end
```

这样做会对性能产生什么影响？让我们使用 BenchmarkTools 包来评估两个函数的性能。

```
julia> @btime sum_of_sqrt1($x);
  482.808 μs (0 allocations: 0 bytes)

julia> @btime sum_of_sqrt2($x);
  2.478 ms (0 allocations: 0 bytes)
```

5x slower!

事实证明，仅将代码包装在try-catch块周围会使循环时间增加到5倍！也许这不是一个很好的方法。那么，在这种情况下我们该怎么办？好吧，我们总是可以在调用`sqrt`函数之前主动检查数字，从而避免出现负值问题。让我们编写一个新的`sum_of_sqrt3`函数，如下所示：

```
function sum_of_sqrt3(xs)
    total = zero(eltype(xs))
    for i in eachindex(xs)
        if xs[i] >= 0.0
            total += sqrt(xs[i])
        end
    end
    return total
end
```

让我们再次评估性能。

```
julia> @btime sum_of_sqrt3($x);
  482.810 μs (0 allocations: 0 bytes)
```

太棒了！现在，我们已经恢复了性能。这个故事的寓意是，我们应该明智地使用try-catch块，尤其是在性能方面。如果有任何方法可以避免try-catch块，那么每当需要提高性能时，它肯定是一个更好的选择。

接下来，我们将探讨如何执行重试，这是从故障中恢复的常用策略。

8.5.6　重试操作

有时，由于意外中断或所谓的“打嗝”（hiccups）而引发异常。与其他系统或服务高度集成的系统并不少见。例如，证券交易所中的交易系统可能需要将交易执行数据发布到消息传递系统以进行下游处理。但是，如果消息传递系统仅遇到短暂中断，则该操作可能会失败。在这种情况下，最常见的方法是先停一会儿，然后再试一次。如果重试再次失败，则稍后将重试该操作，直到系统完全恢复为止。

这样的重试逻辑并不难编写。在这里，我们将举一个例子。假设我们有一个随机失败的函数：

```
using Dates

function do_something(name::AbstractString)
    println(now(), " Let's do it")
    if rand() > 0.5
        println(now(), " Good job, $(name)!")
    else
        error(now(), " Too bad :-(")
    end
end
```

在美好的一天，我们会看到以下可爱的消息。

```
julia> do_something("John")
2020-01-07T21:58:39.602 Let's do it
2020-01-07T21:58:39.602 Good job, John!
```

在糟糕的一天，我们会得到以下结果。

```
julia> do_something("John")
2020-01-07T21:59:14.153 Let's do it
ERROR: 2020-01-07T21:59:14.154 Too bad :-(
```

我们可以开发一个包含重试逻辑的新函数：

```
function do_something_more_robustly(name::AbstractString;
        max_retry_count = 3,
        retry_interval = 2)
    retry_count = 0
    while true
        try

            return do_something(name)
        catch ex
            sleep(retry_interval)
            retry_count += 1
            retry_count > max_retry_count && rethrow(ex)
        end
    end
end
```

该函数仅调用 do_something 函数。如果遇到异常，它将按照 retry_interval 关键字参数中的指定等待 2 秒钟，然后重试。它在 retry_count 中跟踪一个计数器，因此默认情况下它最多将重试 3 次，如 max_retry_count 关键字参数所示。

```
julia> do_something_more_robustly("John")
2020-01-07T21:59:59.055 Let's do it
2020-01-07T22:00:01.059 Let's do it
2020-01-07T22:00:03.062 Let's do it
2020-01-07T22:00:03.063 Good job, John!
```

当然，此代码非常简单易写。但是，如果我们对许多函数一遍又一遍地编写，我们很快会感到无聊。事实证明，Julia 带有的 retry 函数可以很好地解决此问题。我们可以用一行代码来实现完全相同的功能：

```
retry(do_something, delays=fill(2.0, 3))("John")
```

retry 函数将一个函数作为第一个参数。delays 关键字参数可以是任何支持迭代接口的对象。在这种情况下，我们提供一个由三个元素组成的数组，每个元素包含数字为 2.0 的元素。retry 函数的返回值是一个匿名函数，它可以接受任意数量的参数。这些参数将被馈送到需要调用的原始函数中，在本例中为 do_something。使用 retry 函数时，如下所示。

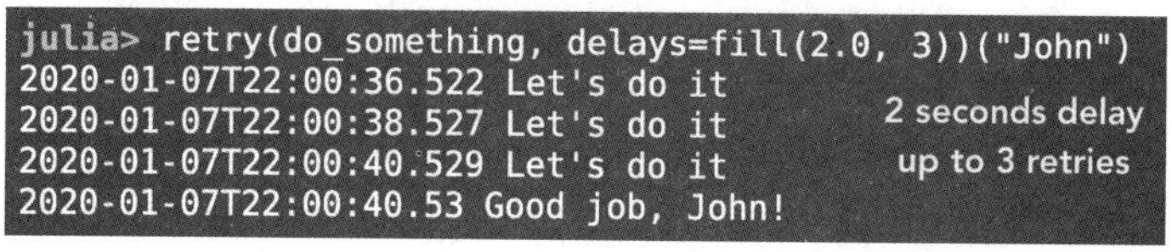

```
julia> retry(do_something, delays=fill(2.0, 3))("John")
2020-01-07T22:00:36.522 Let's do it
2020-01-07T22:00:38.527 Let's do it        2 seconds delay
2020-01-07T22:00:40.529 Let's do it        up to 3 retries
2020-01-07T22:00:40.53 Good job, John!
```

由于 `delays` 参数可以包含任何数字，因此我们可以使用不同的策略，该策略返回不同的等待时间。一种常见用法是，我们希望从一开始就快速重试（即减少睡眠），但随着时间的推移会变慢。连接到远程系统时，远程系统可能只是打了一下短暂的“嗝”，或者正在经历长时间的中断。在后一种情况下，用快速请求充斥系统是没有意义的，因为这将浪费系统资源，并且在已经混乱的情况下使用“水”来“止嗝”会变得更加混乱。

实际上，`delays` 参数的默认值为 `ExponentialBackOff`，它通过以指数方式增加延迟时间进行迭代。在非常不幸的一天，使用 `ExponentialBackOff` 会产生以下模式。

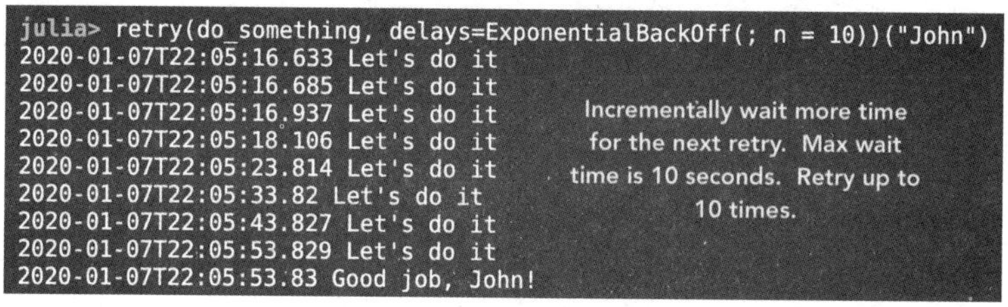

```
julia> retry(do_something, delays=ExponentialBackOff(; n = 10))("John")
2020-01-07T22:05:16.633 Let's do it
2020-01-07T22:05:16.685 Let's do it
2020-01-07T22:05:16.937 Let's do it      Incrementally wait more time
2020-01-07T22:05:18.106 Let's do it      for the next retry. Max wait
2020-01-07T22:05:23.814 Let's do it      time is 10 seconds. Retry up to
2020-01-07T22:05:33.82 Let's do it       10 times.
2020-01-07T22:05:43.827 Let's do it
2020-01-07T22:05:53.829 Let's do it
2020-01-07T22:05:53.83 Good job, John!
```

让我们注意重试之间的等待时间。从其签名可以看出，结果应与 `ExponentialBackOff` 的默认设置匹配：

```
ExponentialBackOff(; n=1, first_delay=0.05, max_delay=10.0, factor=5.0,
jitter=0.1)
```

关键字参数 `n` 表示重试的次数，在前面的代码中我们使用 10 的值。0.05 秒后进行第一次重试。然后，对于每次重试，延迟时间将增加 5 倍，直到达到最长 10 秒。增长率可能会有 10%的波动。

`retry` 函数通常被忽略，但是它是使系统更健壮的一种非常方便且强大的方法。

发生错误时很容易引发异常。但这不是处理错误情况的唯一方法。在下一节中，我们将讨论异常与正常否定条件的概念。

8.5.7 异常时选用 nothing

鉴于 try-catch 块的强大功能，有时很容易使用 `Exception` 类型处理所有异常情况。实际上，我们要非常清楚什么是真正的异常情况，什么是正常的否定情况。

我们可以以 `match` 函数为例。`Base` 包中的 `match` 函数可用于将正则表达式与字符串进行匹配。如果存在匹配项，则它将返回一个 `RegexMatch` 对象，其中包含捕获的结果。否则，它返回 Nothing。以下示例说明了这种效果。

```
julia> match(r"\.com$", "google.com") |> typeof
RegexMatch

julia> match(r"\.com$", "w3.org") |> typeof
Nothing
```

第一个 `match` 函数调用返回了 `RegexMatch` 对象，因为它发现 `google.com` 以 `.com` 结尾。第二个调用找不到任何匹配项，因此返回 Nothing。

根据设计，`match` 函数不会抛出任何异常。为什么不会？其中一个原因是该函数经常用于检查一个字符串是否包含另一个字符串，然后程序决定以哪种方式进行操作。这样做将需要一个简单的 `if` 语句；例如，请参考以下代码：

```
url = "http://google.com"
if match(r"\.com$", url) !== nothing
    # do something about .com sites
elseif match(r"\.org$", url) !== nothing
    # do something about .org sites
else
    # do something different
end
```

如果要抛出异常，则我们的代码必须看起来不同，如下所示：

```
url = "http://google.com"
try
    match(r"\.com$", url)
    # do something about .com sites
catch ex1
    try

        match(r"\.org$", url)
        # do something about .org sites
    catch ex2
        # do something different
    end
end
```

如上所示，使用 try-catch 块可以使代码变得非常丑陋。

在设计编程接口时，我们应始终考虑一个异常是真正的异常还是它可能只是一个错误状态。在匹配函数的情况下，错误状态实际上什么也没有表示。

在本节中，我们学习了在代码中放置 try-catch 块的位置。现在，我们应该能够正确捕获异常并检查栈帧。

我们已经更好地理解了异常处理代码如何影响性能。根据我们的理解，我们应该能够设计和开发更健壮的软件。

8.6 小结

在本章中，我们了解了构建健壮软件的各种模式和技术。虽然 Julia 是非常适合用于快速原型和研究项目的语言，但它同时也具有构建健壮、任务关键型系统的所有功能。

我们从使用访问器函数封装数据的想法开始了我们的旅程，这使我们能够设计我们可以支持的正式 API。我们还讨论了一种命名约定，该约定不鼓励人们访问对象的内部状态。

我们研究了 Julia 的属性接口，该属性接口使我们能够在使用字段访问点表示法时实现新的含义。通过扩展 `getproperty` 和 `setproperty!` 函数，我们能够控制对对象字段的读写访问。

我们还学习了如何隐藏模块中定义的特定变量或函数。每当我们想要更严格地控制模块的变量和函数的可见性时，都可以使用此策略。

最后，我们要认真对待异常处理！我们知道健壮的软件需要能够处理各种异常。我们深入研究了 try-catch 过程，并学习了如何正确确定栈跟踪。我们已经证明，使用 try-catch 块可能会对性能产生负面影响，因此我们需要认真研究在哪里应用异常处理逻辑。我们还学习了如何使用标准 `retry` 函数作为恢复策略。

在第 9 章中，我们将介绍 Julia 程序中常用的其他几种模式。

8.7 问题

1. 开发访问器函数有什么好处？
2. 阻止对象内部字段使用的简便方法是什么？
3. 哪些函数可以作为属性接口的一部分进行扩展？
4. 捕获异常后，如何从 catch 块捕获栈跟踪？
5. 对于需要最佳性能的系统，避免 try-catch 块对性能产生影响的最佳方法是什么？
6. 使用 `retry` 函数有什么好处？
7. 我们如何隐藏模块内部使用的全局变量和函数？

Chapter 9 第9章

其他模式

本章将介绍不同于前述的其他一些设计模式，这些模式对于构建大型应用程序非常有用。它们提供的一些工具能帮助我们强化前几章中看到的主要模式。简而言之，我们将探索以下三种模式：

- 单例类型分派模式
- 打桩/模拟模式
- 函数管道模式

单例类型分派模式利用了Julia的多重分派特征，该特征使你可以添加新功能，而不必修改现有代码。

打桩/模拟模式可用于隔离测试软件组件。也可以在不实际使用外部依赖项的情况下对其进行测试。它使自动化测试变得更加容易。

函数管道模式利用管道运算符来表示执行的线性流程。它是许多数据处理管道中采用的一种编程方式。有人发现线性执行的概念更直观。我们将探索一些示例来表示这种模式是良好的。

让我们开始吧！

9.1 技术要求

示例源代码位于https://github.com/PacktPublishing/Hands-on-Design-Patterns-and-Best-Practices-with-Julia/tree/master/Chapter09。

该代码在Julia 1.3.0环境中进行了测试。

9.2 单例类型分派模式

Julia 支持动态分派，这是其多重分派系统的特有功能。动态分派允许程序在运行时根据函数参数的类型分派到适当的函数。如果你熟悉面向对象编程语言方面的多态性，那么这个概念是相似的。在本节中，我们将解释什么是单例类型以及如何将其用于实现动态分派。

首先，让我们考虑一个桌面应用程序用例，其中系统响应用户单击事件。图形用户界面（GUI）如图 9-1 所示。

首先我们尝试使用简单的逻辑来实现文件处理函数，然后看看如何使用单例类型分派模式对其进行改进。

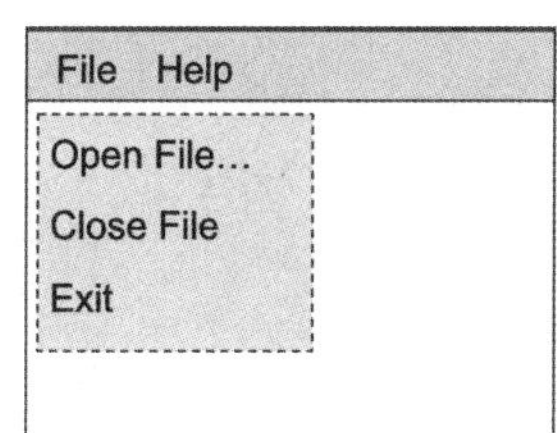

图 9-1

9.2.1 开发命令处理器

我们第一次尝试实现类似于以下内容的命令过程：

```
function process_command(command::String, args)
    if command == "open"
        # open a file
    elseif command == "close"
        # close current file
    elseif command == "exit"
        # exit program
    elseif command == "help"
        # pops up a help dialog
    else
        error("bug - this should have never happened.")
    end
end
```

`process_command` 函数将命令作为字符串，根据字符串的值，它将调用相应的函数。可以通过 GUI 代码传递 `args` 参数以获取更多信息。例如，正在打开或关闭的文件的路径。

从逻辑的角度来看，此代码没有错，但是可以进行如下改进：

- 该代码包含 if-then-else 语句列表。在此示例中，我们只需要支持四个函数。事实上我们可能必须处理更多的函数。拥有如此大的 if-then-else 块会使代码非常难看且难以维护。
- 每当我们需要添加新命令时，我们都必须修改此函数以添加新的条件。

幸运的是我们可以尝试使用单例类型和动态分派来使其更好。

9.2.2 理解单例类型

单例类型只是设计为具有单个实例的数据类型。在 Julia 中，可以通过定义没有任何字段的类型来轻松实现它：

```
struct OpenCommand end
```

要创建此类数据类型的单个实例，我们可以使用以下默认构造函数：

```
OpenCommand()
```

与某些面向对象的编程语言不同，此构造函数返回完全相同的实例，即使你多次调用它也是如此。换句话说，它已经是一个单例。

我们可以如下证明。

```
julia> oc1 = OpenCommand()
OpenCommand()

julia> oc2 = OpenCommand()
OpenCommand()

julia> oc1 === oc2
true
```

创建两个 `OpenCommand` 实例之后，我们使用 `===` 运算符对它们进行比较，它告诉我们这两个实例确实是在引用同一对象。因此，我们实现了单例的创建。

紧接着我们可以采用相同的方法，并为每个命令创建一个单例类型，即 `CloseCommand`、`ExitCommand`、`HelpCommand` 等。此外，我们还可以创建一个称为 `AbstractCommand` 的新抽象类型，该抽象类型可以用作所有这些命令类型的超类型。

显然我们必须为每个命令创建一个新类型，而处理这种情况的更好方法是使用参数化类型。由于这是一个相当普遍的用例，因此 Julia 预定义了一个称为 `Val` 的类型。让我们来看看它。

9.2.3 使用 Val 参数化数据类型

`Val` 是在 Julia `Base` 包中定义的参数化数据类型。其目的是为我们提供一种使用单例类型进行分派的简便方法。`Val` 类型定义如下：

```
struct Val{x} end
```

那我们如何创建单例对象呢？我们可以使用 `Val` 构造函数并将其传递任何值。例如，我们可以创建一个嵌入值为 1 的单例类型，如下所示。

让我们确认这个对象的数据类型。

```
julia> Val(1) |> typeof
Val{1}

julia> Val(2) |> typeof
Val{2}
```

我们可以看到 `Val(1)` 和 `Val(2)` 分别具有自己的类型 `Val{1}` 和 `Val{2}`。有趣的是，传递给构造函数的值最终以类型签名结尾。我们可以通过调用两次 `Val` 构造函数并比较它们的身份来证明这些确实是单例。

```
julia> Val(1) === Val(1)
true

julia> Val(:foo) === Val(:foo)
true
```

`Val` 构造函数也可以接受符号作为参数。请注意，`Val` 只接受位类型的数据，因为它属于类型签名。大多数用例都涉及在类型参数中带有整数和符号的 `Val` 类型。如果尝试创建非位类型的 `Val` 对象，则会收到如下错误。

```
julia> Val("julia")
ERROR: TypeError: in Type, in parameter, expected Type, got String
```

你可能想知道为什么我们要花这么多时间来谈论单例类型。这是因为单例类型可用于动态分派。现在我们知道了如何创建单例，接下来让我们学习如何利用它们进行分派。

9.2.4 使用单例类型进行动态分派

在 Julia 中，调用函数时会根据参数的类型分派函数调用。有关此机制的快速介绍，请参见第 3 章。

让我们回想一下本章前面介绍的有关命令处理器函数的用例。对于简单的实现，我们有一个大的 if-then-else 块，该块根据命令字符串分派给不同的函数。让我们尝试使用单例类型来实现相同的功能。

对于每个命令，我们可以定义一个采用单例类型的函数。例如，`Open` 和 `Close` 事件的函数签名如下：

```
function process_command(::Val{:open}, filename)
    println("opening file $filename")
end

function process_command(::Val{:close}, filename)
    println("closing file $filename")
end
```

我们不必为第一个参数指定任何名称，因为我们不需要使用它。但是，我们确实将第一个参数的类型指定为 `Val {:open}` 或 `Val {:close}`。给定这样的函数签名，我们可以按以下方式处理 `Open` 事件。

```
julia> process_command(Val(:open), "julia.pdf")
opening file julia.pdf
```

我们创建一个单例并将其传递给函数。因为类型签名匹配，所以 Julia 将分派到我们在前面的截图中定义的函数。现在，假设我们已经定义了所有其他函数，我们可以如下编写主分派程序的代码：

```
function process_command(command::String, args...)
    process_command(Val(Symbol(command)), args...)
end
```

这里我们只需将命令转换为符号，然后将其传递给 `Val` 构造函数即可创建单例类型的对象。在运行时，将相应地分派适当的 `process_command` 函数。让我们快速测试一下。

```
julia> process_command("open", "julia.pdf")
opening file julia.pdf

julia> process_command("close", "julia.pdf")
closing file julia.pdf
```

太棒了！现在，让我们暂停一下，思考一下刚刚我们取得的成就。由此我们可以得出两个观察结果：

- 前面截图中的主分派函数不再具有 if-then-else 块。它只是利用动态分派来找出要调用的底层函数。
- 每当我们需要添加新命令时，我们都可以定义一个新的带有 `Val` 单例的 `process_command` 函数。主分派函数不再更改。

可以创建自己的参数化类型，而不是使用标准 `Val` 类型。这可以非常简单地实现，如下所示：

```
# A parametric type that represents a specific command
struct Command{T} end

# Constructor function to create a new Command instance from a string
Command(s::AbstractString) = Command{Symbol(s)}()
```

构造函数使用字符串，并创建一个 `Command` 单例对象，该对象具有从字符串转换而来的 `Symbol` 类型参数。有了这种单例类型，我们可以定义分派函数和相应的操作，如下所示：

```
# Dispatcher function
function process_command(command::String, args...)
    process_command(Command(command), args...)
end

# Actions
function process_command(::Command{:open}, filename)
    println("opening file $filename")
end

function process_command(::Command{:close}, filename)
    println("closing file $filename")
end
```

这种样式的代码在 Julia 编程中相当常见，由于已被函数分派替换，因此不再存在条件分支。此外，你还可以通过定义新函数来扩展系统的功能，且无须修改任何现有代码。当我们需要从第三方库扩展功能时，这是一个相当有用的特性。

接下来，我们将做一些实验并测量动态分派的性能。

9.2.5 理解分派的性能优势

使用单例类型很好，因为我们可以避免编写条件分支。另一个好处是可以提高性能。我们可以在 Julia 的 `Base` 包的 `ntuple` 函数中找到一个有趣的示例。

`ntuple` 函数用于通过在 1 到 N 的序列上应用函数来创建 N 个元素的元组。例如，我们可以创建偶数元组，如下所示。

```
julia> ntuple(i -> 2i, 10)
(2, 4, 6, 8, 10, 12, 14, 16, 18, 20)
```

第一个参数是将值加倍的匿名函数。因为我们在第二个参数中指定了 10，所以它映射到 1 到 10 的范围内，并给我们提供了 2,4,6,···,20。如果我们窥视源代码，将会发现这个有趣的定义：

```
function ntuple(f::F, n::Integer) where F
    t = n == 0 ? () :
        n == 1 ? (f(1),) :
        n == 2 ? (f(1), f(2)) :
        n == 3 ? (f(1), f(2), f(3)) :
        n == 4 ? (f(1), f(2), f(3), f(4)) :
        n == 5 ? (f(1), f(2), f(3), f(4), f(5)) :
        n == 6 ? (f(1), f(2), f(3), f(4), f(5), f(6)) :
        n == 7 ? (f(1), f(2), f(3), f(4), f(5), f(6), f(7)) :
        n == 8 ? (f(1), f(2), f(3), f(4), f(5), f(6), f(7), f(8)) :
        n == 9 ? (f(1), f(2), f(3), f(4), f(5), f(6), f(7), f(8), f(9)) :
        n == 10 ? (f(1), f(2), f(3), f(4), f(5), f(6), f(7), f(8), f(9),
f(10)) :
        _ntuple(f, n)
    return t
end
```

虽然代码缩进得很好，但我们可以清楚地看到通过硬编码与？和：三元运算符的短路分支，它最多支持 10 个元素。如果大于 10，则调用另一个函数来创建元组：

```
function _ntuple(f, n)
    @_noinline_meta
    (n >= 0) || throw(ArgumentError(string("tuple length should be ≥ 0, got
", n)))
    ([f(i) for i = 1:n]...,)
end
```

该 `_ntuple` 函数的性能较差，因为它使用类型推导来创建数组，然后将结果分配到新的元组中。当我们来比较创建 10 个元素的元组和创建 11 个元素的元组的情况时，性能基准测试的结果可能会让你感到非常惊讶。

```
julia> using BenchmarkTools

julia> @btime ntuple(i->2i, 10);
  0.031 ns (0 allocations: 0 bytes)

julia> @btime ntuple(i->2i, 11);
  820.195 ns (4 allocations: 336 bytes)
```

`ntuple` 函数被设计为在元素数量少（即 10 个或更少的元素）时表现最佳。可以将更改 `ntuple` 函数来进行更多的硬编码，但是编写代码太烦琐了，且结果代码非常丑陋。

也许更令人惊讶的是，Julia 在使用 `Val` 单例类型时实际上具有相同函数的另一个变体，如以下截图所示。

```
julia> @btime ntuple(i->2i, Val(10));
  0.032 ns (0 allocations: 0 bytes)

julia> @btime ntuple(i->2i, Val(11));
  0.031 ns (0 allocations: 0 bytes)

julia> @btime ntuple(i->2i, Val(100));
  17.301 ns (0 allocations: 0 bytes)
```

理论上 10 个元素和 11 个元素之间没有区别。实际上，即使 100 个元素，与非 `Val` 版本（820 纳秒）相比，性能还是相当合理的（17 纳秒）。让我们看一下它是如何实现的。以下摘自 Julia 源代码：

```
# Using singleton type dynamic dispatch
# inferrable ntuple (enough for bootstrapping)
ntuple(f, ::Val{0}) = ()
ntuple(f, ::Val{1}) = (@_inline_meta; (f(1),))
ntuple(f, ::Val{2}) = (@_inline_meta; (f(1), f(2)))
ntuple(f, ::Val{3}) = (@_inline_meta; (f(1), f(2), f(3)))

@inline function ntuple(f::F, ::Val{N}) where {F,N}
    N::Int
    (N >= 0) || throw(ArgumentError(string("tuple length should be ≥ 0, got
", N)))
    if @generated
        quote
            @nexprs $N i -> t_i = f(i)
            @ncall $N tuple t
        end
    else
        Tuple(f(i) for i = 1:N)
    end
end
```

从前面的代码中，我们可以看到为少于 4 个元素的元组定义了一些函数。之后，该函数使用元编程技术动态生成代码。在这种情况下，它使用一种特殊的结构，允许编译器在代码生成及其泛型实现之间进行选择，这在代码的 if 块和 else 块中表示。`@generated`、`@nexprs` 和 `@ncalls` 宏如何工作不在本节介绍的范围之内，但是鼓励你从 Julia 参考手册中找到更多信息。

根据我们之前的性能测试，使用 `Val(100)` 调用 `ntuple` 非常快，因此这表示编译器已经选择了代码生成的方式。

总而言之，我们已经学习了如何使用参数化类型创建新的单例并创建由这些单例类型分派的函数。每当需要处理此类条件分支时，都可以应用此模式。

接下来，我们将学习如何使用打桩和模拟来有效地开发自动化测试代码。

9.3 打桩 / 模拟模式

Julia 带有用于构建自动化单元测试的出色工具。当开发人员遵循良好的设计模式和最佳实践时，编写的软件可能将由许多可以单独测试的小函数组成。

不幸的是，某些测试用例可能会很难处理。它们通常涉及具有特定依赖项的测试组件，这些组件很难包含在自动化测试中。常见问题包括以下内容：

- 性能：依赖关系可能是一个耗时的过程。
- 成本：依赖项每次被调用都会产生金钱成本。
- 随机性：每次调用依赖项时，它可能会产生不同的结果。

打桩 / 模拟是解决这些问题的常用策略。本节我们将研究在测试 Julia 代码时如何应用打桩和模拟。

9.3.1 什么是测试替身

在我们开始讨论打桩 / 模拟的细节之前，复习一些行业标准的术语将很有帮助。首先是测试替身的概念。有意思的是，该术语来自与特技拍摄方式有关的电影制作技术。在执行危险行为时，特技演员将代替演员来执行工作。从观众的角度看，它看起来像是原演员的表演。都是利用伪造的组件代替真实的组件，从这个意义上来说，测试中的替身和演员替身是一样的。

有多种类型的测试替身，但最有用的是打桩和模拟，本节我们将重点介绍。在面向对象的编程中，这些概念用在类和对象上。在 Julia 中，我们将对函数使用相同的术语。使用函数的一个好处是，我们可以将所有精力集中在测试一件事情上。

打桩是伪造的函数，它模仿真实函数，也称为协作函数。根据测试目标的要求，它们可能总是像返回始终相同的结果一样愚蠢，或者它们可能更聪明，并根据输入参数返回不同的值。无论它们有多聪明，出于一致性原因，几乎总是对返回值进行硬编码。在测试过程中，当待测函数（FUT）被执行时，打桩将替换协作函数。当 FUT 完成执行时，我们可以确定返回值的正确性。这称为状态验证。这些函数之间的交互如图 9-2 所示。

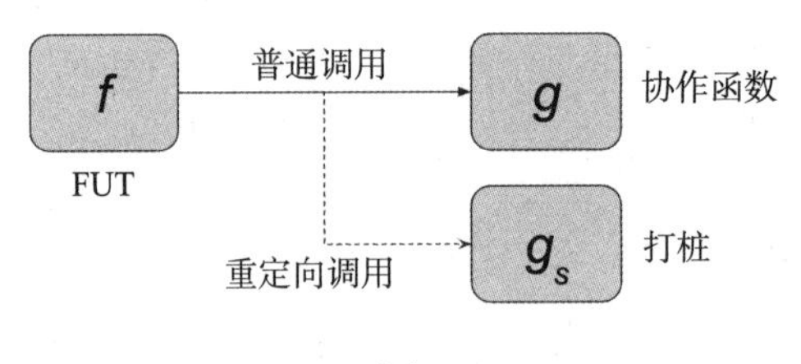

图 9-2

模拟也是模仿协作函数的伪造函数。模拟和打桩之间的区别在于，模拟专注于行为验证。模拟不仅仅检查 FUT 的状态，还跟踪所有正在进行的调用。它可用于验证行为，例如预期模拟将被调用多少次、预期将传递模拟的参数的类型和值等。这称为行为验证。在执行结束时，我们可以执行状态验证和行为验证。如图 9-3 所示。

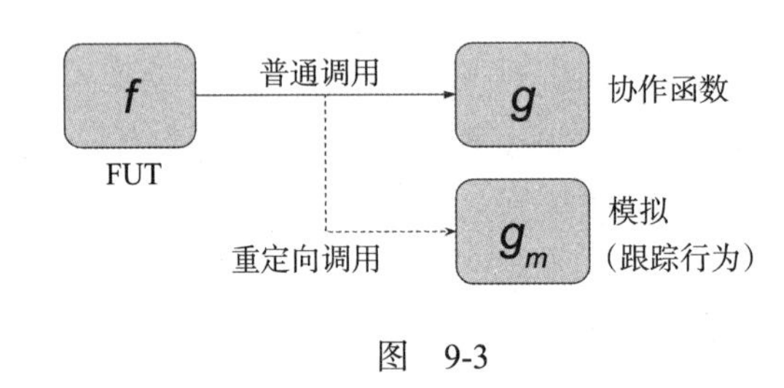

图 9-3

接下来我们将重点介绍如何在测试中应用打桩和模拟。

9.3.2 信贷审批用例介绍

在本节中，我们将介绍与信贷有关的样本用例。假设你正在开发一个能够在成功进行背景检查后为客户开设新信用卡账户的系统。你可以创建具有以下结构的 Julia 模块：

```
module CreditApproval

# primary function to open an account
function open_account(first_name, last_name, email) end

# supportive functions
function check_background(first_name, last_name) end
function create_account(first_name, last_name, email) end
function notify_downstream(account_number) end

end
```

现在，让我们实现每个函数。我们将从 `check_background` 函数开始，该函数仅记录事件并返回 true，这意味着背景检查成功。请看以下代码：

```
# Background check.
# In practice, we would call a remote service for this.
# For this example, we just return true.
function check_background(first_name, last_name)
    println("Doing background check for $first_name $last_name")
```

```
    return true
end
```

create_account 函数与此类似。在这种情况下，预期的行为是返回一个账号，即一个整数值，它代表刚创建的账号。对于此示例，我们只返回硬编码值 1，如下所示：

```
# Create an account.
# In practice, we would actually create a record in database.
# For this example, we return an account number of 1.
function create_account(first_name, last_name, email)
    println("Creating an account for $first_name $last_name")
    return 1
end
```

notify_customer 函数应该向客户发送电子邮件。为了测试目的，我们只记录事件，什么都不需要返回：

```
# Notify downstream system by sending a message.
# For this example, we just print to console and returns nothing.
function notify_downstream(account_number)
    println("Notifying downstream system about new account
$account_number")
    return nothing
end
```

最后，open_account 函数如下：

```
# Open a new account.
# Returns `:success` if account is created successfully.
# Returns `:failure` if background check fails.
function open_account(first_name, last_name, email)
    check_background(first_name, last_name) || return :failure
    account_number = create_account(first_name, last_name, email)
    notify_downstream(account_number)
    return :success
end
```

这就是我们示例中的 FUT。该逻辑包括检查客户的背景并创建一个账户，如果背景检查成功，则向下游通知新账户。

让我们思考一下如何测试 open_account 函数。显然，需要注意的事情是背景检查代码。具体地说，我们期望发生的两种可能情况为背景检查成功时和背景检查失败。如果我们需要覆盖这两种情况，那么我们需要能够模拟 check_background 函数的不同返回值。接下来，我们将通过打桩进行操作。

9.3.3 使用打桩执行状态验证

我们的目标是在两种情况下测试 open_account 函数，其中 check_background 函数返回 true 或 false。背景检查成功后，我们期望 open_account 返回 :success。否则，它将返回 :failure。

使用我们的术语，open_account 是 FUT，而 check_background 是协作函数。

不幸的是，我们无法真正控制协作函数的行为。此函数甚至可以提供给背景检查服务，我们对其工作的影响很小。实际上，我们不想在每次测试软件时都调用远程服务。

现在我们已经从原始的 CreditApproval 模块复制到了一个名为 CreditApprovalStub 的新模块，我们可以继续前进了。

因为我们是聪明的开发人员，所以我们只需要创建一个打桩来替换协作函数即可。由于函数在 Julia 中是第一类实体，因此我们可以重构 open_account 函数，以便它可以从关键字参数中获取任何背景检查函数，如下所示：

```
function open_account(first_name, last_name, email; checker =
check_background)
    checker(first_name, last_name) || return :failure
    account_number = create_account(first_name, last_name, email)
    notify_downstream(account_number)
    return :success
end
```

新的 checker 关键字参数采用了用于对客户执行背景检查的函数。我们已经将默认值设置为原始的 check_background 函数，因此它的行为应与以前相同。但现在该函数更具可测试性。

在我们的测试中，我们现在可以覆盖两个执行路径，如下所示：

```
@testset "CreditApprovalStub.jl" begin

# stubs
check_background_success(first_name, last_name) = true
check_background_failure(first_name, last_name) = false

# testing
let first_name = "John", last_name = "Doe", email = "jdoe@julia-is-
awesome.com"
    @test open_account(first_name, last_name, email, checker =
check_background_success) == :success
    @test open_account(first_name, last_name, email, checker =
check_background_failure) == :failure
end
```

上面的测试代码中，我们创建了两个用于背景检查的打桩：check_background_success 和 check_background_failure。它们分别返回 true 和 false 来模拟成功和失败的背景检查。然后，当我们需要测试 open_account 函数时，我们可以通过 checker 关键字参数传递这些打桩函数。

现在运行测试。

```
(CreditApprovalStub) pkg> test
  Updating registry at `~/.julia/registries/General`
  Updating git-repo `https://github.com/JuliaRegistries/General.git`
   Testing CreditApprovalStub
 Resolving package versions...
[ Info: No changes
Creating an account for John Doe
```

```
Notifying downstream system about new account 1
Test Summary:      | Pass  Total
CreditApproval.jl  |    2      2
   Testing CreditApprovalStub tests passed
```

此时，我们仅启用了check_background函数以在open_account函数中进行打桩。如果我们想对create_account和notify_downstream函数做同样的事情怎么办？如果我们再创建两个关键字参数并将其称为“完成”，将同样容易。这并不是一个坏的选择。但是，你可能不满意我们需要不断更改代码以进行新测试的事实。此外，添加这些关键字参数仅出于测试目的，而不是作为调用接口的一部分。

在下一节中，我们将探讨Mocking包的用法，该包是一个非常好的工具，用于应用打桩和模拟，而不会过多地破坏源代码。

9.3.4 使用Mocking包实现打桩

Mocking包是实现打桩的一个很好的选择。该包非常易于使用。我们将快速介绍如何使用模拟来应用与之前应用的相同的打桩。

为了执行此练习，你可以将代码从原始CreditApproval模块复制到名为CreditApprovalMockingStub的新模块中。现在，请按照下列步骤操作：

1）首先，确保已安装Mocking包。然后，修改FUT，如下所示：

```
using Mocking

function open_account(first_name, last_name, email)
    @mock(check_background(first_name, last_name)) || return
:failure
    account_number = create_account(first_name, last_name, email)
    notify_downstream(account_number)
    return :success
end
```

@mock宏创建一个可以在其中应用打桩的注入点，从而替换了对协作函数（即check_background）的现有调用。在正常的执行条件下，@mock宏仅调用协作函数。

2）在测试时可以应用打桩。为了实现这种行为，我们需要在测试脚本顶部激活模拟，如下所示：

```
using Mocking
Mocking.activate()
```

3）接下来，我们可以使用@patch宏定义打桩函数：

```
check_background_success_patch =
    @patch function check_background(first_name, last_name)
        println("check_background stub ==> simulating success")
        return true
    end

check_background_failure_patch =
```

```
@patch function check_background(first_name, last_name)
    println("check_background stub ==> simulating failure")
    return false
end
```

@patch 宏可以放在函数定义的前面。函数名称必须与原始协作函数名称匹配。同样，函数的参数也应匹配。

4）@patch 宏返回一个匿名函数，该函数可以应用于 FUT 中的调用点。为调用补丁，我们使用 apply 函数，如下所示：

```
# test background check failure case
apply(check_background_failure_patch) do
    @test open_account("john", "doe", "jdoe@julia-is-awesome.com")
== :failure
end

# test background check successful case
apply(check_background_success_patch) do
    @test open_account("peter", "doe", "pdoe@julia-is-awesome.com")
== :success
end
```

5）apply 函数接受打桩并将其应用到协作函数被调用的地方，例如 FUT 中的 @mock 宏所标识的那样。让我们从 REPL 中运行测试。

```
(CreditApprovalMockingStub) pkg> test
   Testing CreditApprovalMockingStub
 Resolving package versions...
check_background stub ==> simulating failure
check_background stub ==> simulating success
Creating an account for peter doe
Notifying downstream system about new account 1
Test Summary: | Pass  Total
Stubs         |    2      2
   Testing CreditApprovalMockingStub tests passed
```

6）现在，让我们确保在正常执行条件下不使用打桩。从 REPL 中我们可以直接调用该函数。

```
julia> open_account("John", "Doe", "jdoe@julia-is-awesome.com")
Doing background check for John Doe
Creating an account for John Doe
Notifying downstream system about new account 1
:success
```

从截图的输出中，我们可以看到原来的协作函数 check_background 被调用了。

接下来，我们将扩展相同的想法，并将多个打桩应用于同一个函数。

9.3.5 将多个打桩应用于同一函数

在我们的示例中，open_account 函数调用多个相关函数。它为客户执行背景检查、创建账户，并通知下游系统。实际上，我们可能要为所有这些对象创建打桩。我们如何应用多个打桩？ Mocking 包支持这个功能。

和之前一样，对于每个要应用于打桩的函数，我们都需要使用 `@mock` 宏来装饰 `open_account` 函数。以下代码显示了这一点：

```
function open_account(first_name, last_name, email)
    @mock(check_background(first_name, last_name)) || return :failure
    account_number = @mock(create_account(first_name, last_name, email))
    @mock(notify_downstream(account_number))
    return :success
end
```

现在，我们准备创建更多的打桩。为了演示，我们将为 `create_account` 函数定义另一个打桩，如下所示：

```
create_account_patch =
    @patch function create_account(first_name, last_name, email)
        println("create_account stub is called")
        return 314
    end
```

根据它的设计，这个打桩函数必须返回一个账号。因此，我们只返回伪造值 314。为了测试同时应用 `check_background_success_patch` 和 `create_account_patch` 的场景，我们可以将它们作为数组传递给 `apply` 函数：

```
apply([check_background_success_patch, create_account_patch]) do
    @test open_account("peter", "doe", "pdoe@julia-is-awesome.com") ==
:success
end
```

请注意，我们没有为 `notify_downstream` 函数提供任何打桩。如果未提供打桩，则使用原始协作函数。因此，我们拥有在测试套件中应用打桩函数所需的所有灵活性。在 `open_account` 函数中，由于我们已将 `@mock` 放置在三个不同的注入点中，因此我们可以从技术上测试八个不同的场景，每个场景分别针对启用或禁用打桩。

TIP FUT 的测试复杂性随函数内部使用的分支和函数的数量呈指数增加。这也是我们要编写小函数的原因之一。因此，将大型函数分解为较小的函数是一个好主意，以便可以独立测试它们。

使用打桩，我们可以轻松地验证函数的预期返回值。模拟是另一种验证方法，该方法将重点转移到验证 FUT 及其协作函数的行为上。接下来，我们将对其进行研究。

9.3.6 使用模拟执行行为验证

模拟与打桩不同，模拟不仅仅测试函数的返回值，还着重于从协作函数的角度测试期望。协作函数需要什么样的行为？以下是用例的一些示例：

- 从 `check_background` 函数的角度来看，每个 `open_account` 调用仅调用一次吗？

- 从 create_account 函数的角度来看，是否在背景检查成功时调用了它？
- 从 create_account 函数的角度来看，背景检查失败时是否不调用它？
- 从 notify_downstream 函数的角度来看，是否使用大于 0 的账号来调用它？

设置支持模拟的测试的过程主要有四个步骤：

1）设置测试期间将使用的模拟函数。

2）建立对协作函数的期望。

3）运行测试。

4）验证我们之前设定的期望。

现在，让我们尝试开发自己的模拟测试。我们用成功开设新账户的例子来练习。在这种情况下，我们可以预期 check_background、create_account 和 notify_downstream 函数仅被调用一次。另外，我们可以预期传递给 notify_downstream 函数的账号应该大于 1。牢记这一信息，我们将创建一个带有绑定变量的 let 块来跟踪我们要根据期望进行测试的所有内容：

```
let check_background_call_count  = 0,
    create_account_call_count    = 0,
    notify_downstream_call_count = 0,
    notify_downstream_received_proper_account_number = false

    # insert more code here...
end
```

前三个变量将用于跟踪我们将要创建的三个模拟的调用次数。同样，最后一个变量将用于记录测试期间 notify_downstream 函数是否接收到正确的账号。在此 let 块中，我们将实现前面概述的四个步骤。让我们首先定义模拟函数：

```
check_background_success_patch =
    @patch function check_background(first_name, last_name)
        check_background_call_count += 1
        println("check_background mock is called, simulating success")
        return true
    end
```

在这里，我们只是增加了模拟函数中的 check_background_call_count 计数器，以便我们可以跟踪模拟函数被调用了多少次。同样，我们可以用相同的方式定义模拟函数 create_account_patch：

```
create_account_patch =
    @patch function create_account(first_name, last_name, email)
        create_account_call_count += 1
        println("create account_number mock is called")
        return 314
    end
```

最后一个模拟函数 notify_downstream_patch 覆盖两个期望。它不仅调用被调用次数，还验证传递的账号是否正确，如果账号正确，则更新布尔值标志。以下代码显示了这一点：

```
notify_downstream_patch =
    @patch function notify_downstream(account_number)
        notify_downstream_call_count += 1
        if account_number > 0
            notify_downstream_received_proper_account_number = true
        end
        println("notify downstream mock is called")
        return nothing
    end
```

第二步是正式建立我们的期望。可以将其定义为一个简单的函数，如下所示：

```
function verify()
    @test check_background_call_count  == 1
    @test create_account_call_count    == 1
    @test notify_downstream_call_count == 1
    @test notify_downstream_received_proper_account_number
end
```

verify 函数包括一组期望，正式定义为常规 Julia 测试。现在，我们准备通过应用所有三个模拟函数来进行测试：

```
apply([check_background_success_patch, create_account_patch,
notify_downstream_patch]) do
    @test open_account("peter", "doe", "pdoe@julia-is-awesome.com") ==
:success
end
```

最后，作为最后一步，我们将测试我们的期望。以下只是对我们先前定义的 verify 函数的调用：

```
verify()
```

现在，我们准备运行模拟测试。各自的结果如下。

```
(CreditApprovalMockingStub) pkg> test
   Testing CreditApprovalMockingStub
 Resolving package versions...
check_background mock is called, simulating success
create account_number mock is called
notify downstream mock is called
Test Summary: | Pass  Total
Mocking       |    5      5
   Testing CreditApprovalMockingStub tests passed
```

结果统计显示总共有五个测试用例，并且全部通过。五个测试中有四个是 verify 函数的行为验证，一个是 open_account 函数返回值的状态验证。

综上所述，模拟与打桩完全不同，因为它既用于行为验证，也用于状态验证。

接下来，我们将研究一种与如何更直观地构建数据管道有关的模式。

9.4 函数管道模式

有时，在构建应用程序时，我们面临着一个大问题，需要复杂的计算和数据转换。我们通常可以使用结构化编程技术来将大问题分解为中型问题，然后将其进一步分解为小问题。当问题足够小时，我们可以编写函数来分别解决每个问题。

当然，这些函数不是孤立工作的——一个函数的结果更有可能传递到另一个函数中。在本节中，我们将探索函数管道模式，该模式允许数据通过数据管道无缝传递。这在函数式编程语言中并不罕见，但在 Julia 中却很少见。我们将看一下如何实现它。

首先，我们将研究一个与下载最新的 Hacker News 资讯相关的样本用例，以进行分析。然后，我们逐步将代码重构为使用函数管道模式。

9.4.1 Hacker News 分析用例介绍

Hacker News 是一个软件开发人员使用的流行在线论坛。该论坛上的主题通常与技术有关，但并不总是如此。根据用户的投票数、相应的及时性和其他因素对资讯进行排名。每个资讯都有与之相关的分数。

在本节中，我们将开发一个程序，该程序从 Hacker News 检索热门资讯并计算这些资讯的平均得分。有关 Hacker News 的 API 的更多信息可以在 GitHub 存储库（https://github.com/HackerNews/API）中找到。这里可以快速完成检索资讯和有关每个资讯的详细信息的过程。

在 Hacker News 上获取热门资讯 ID

首先，我们将创建一个名为 `HackerNewsAnalysis` 的模块。第一个函数是从 Hacker News 检索热门资讯，其代码如下：

```
using HTTP
using JSON3

function fetch_top_stories()
    url = "https://hacker-news.firebaseio.com/v0/topstories.json"
    response = HTTP.request("GET", url)
    return JSON3.read(String(response.body))
end
```

它是如何工作的？让我们尝试一下。

```
julia> using HackerNewsAnalysis

julia> fetch_top_stories()
495-element JSON3.Array{Int64,Base.CodeUnits{UInt8,JSON3.VectorString{Array{UInt8,1}}},Array{UInt64,1}}:
 21676252
 21676933
 21677389
 21674752
 21675456
 21676027
    ⋮
 21662367
 21666888
```

让我们采取几个步骤并剖析此函数中的逻辑。可以从固定的URL检索热门资讯。在这里，我们使用HTTP包从Web服务中获取数据。`HTTP.request`函数调用（如果成功）将返回`HTTP.Message.Response`对象。这很容易从REPL进行验证。

```
julia> using HTTP

julia> url = "https://hacker-news.firebaseio.com/v0/topstories.json";

julia> response = HTTP.request("GET", url);

julia> typeof(response)
HTTP.Messages.Response
```

那么，我们如何从`Response`对象获取内容呢？可以从`body`字段中获得。事实证明，`body`字段只是一个字节数组。要了解数据的含义，我们可以将其转换为String，如下所示。

```
julia> response.body
4438-element Array{UInt8,1}:
 0x5b
 0x32
    ⋮
 0x36
 0x5d

julia> String(response.body)
"[21676252,21676933,21675456,21677389,21676027,21676923,21676606,2167
4599,21674752,21675498,21674729,21671304,21676543,21669530,21675894,2
1676384,21674610,21675030,21675228,21675280,21667223,21675148,2167580
```

从输出来看，我们可以看到它是JSON格式。我们也可以通过从浏览器访问Web URL来验证相同的内容。从API文档中，我们知道数字代表来自Hacker News的资讯ID。要将数据解析为可用的Julia数据类型，我们可以利用`JSON3`包。

```
julia> using JSON3

julia> response = HTTP.request("GET", url);

julia> JSON3.read(String(response.body))
493-element JSON3.Array{Int64,Base.CodeUnits{UInt8,String},Array{UInt
64,1}}:
 21676252
 21676933
 21677389
     ⋮
 21659963
 21654501
 21666086
```

`JSON3.Array`对象是数组的惰性版本。根据设计，JSON3不会提取该值，除非你要求它。我们可以像使用常规Julia数组一样使用它。有关更多信息，建议你访问GitHub（https://github.com/quinnj/JSON3.jl/blob/master/README.md）上的JSON3文档。

现在，我们有了一系列资讯ID，我们将开发用于检索有关Hacker News资讯的详细信息的功能。

获取资讯详细信息

给定一个资讯 ID，我们可以使用 Hacker News API 的 `item` 端点检索有关资讯的信息。在编写函数之前，让我们定义一个类型来存储数据：

```
struct Story
    by::String
    descendants::Union{Nothing,Int}
    score::Int
    time::Int
    id::Int
    title::String
    kids::Union{Nothing,Vector{Int}}
    url::Union{Nothing,String}
end
```

`Story` 的字段是根据 Hacker News API 网站上记录的 JSON 模式设计的。某些资讯类型有时可能不提供该字段，在这种情况下，我们将其保留为 `nothing`。这些可选字段包括 `descendants`、`kids` 和 `url`。最后，每个资讯都带有唯一的标识符 `id`。

我们需要一个构造函数来创建 `Story` 对象。因为 JSON3 返回类似于字典的对象，所以我们可以提取单个字段并将它们传递给构造函数。构造函数可以如下定义：

```
# Construct a Story from a Dict (or Dict-compatible) object
function Story(obj)
    value = (x) -> get(obj, x, nothing)
    return Story(
        obj[:by],
        value(:descendants),
        obj[:score],
        obj[:time],
        obj[:id],
        obj[:title],
        value(:kids),
        value(:url))
end
```

通常，我们可以使用索引运算符（方括号）从 `Dict` 对象提取字段。但是，我们需要处理以下事实：对象中某些字段可能不可用。为了避免意外的 `KeyError`，我们可以定义一个名为 `value` 的闭包函数，以提取字段或在对象中未找到键时返回 `nothing`。

现在，让我们看一下检索单个资讯的详细信息的函数：

```
function fetch_story(id)
    url = "https://hacker-news.firebaseio.com/v0/item/$(id).json"
    response = HTTP.request("GET", url)
    return Story(JSON3.read(response.body))
end
```

同样，我们使用 `HTTP.request` 检索数据。收到响应后，我们可以使用 JSON3 解析数据并相应地构造一个 `Story` 对象。运行方式如下所示。

```
julia> fetch_story(21676252)
Story("kkm", 372, 517, 1575218518, 21676252, "The world needs more sear
```

```
ch engines", [21676507, 21676549, 21676457, 21676352, 21677053, 2167679
0, 21676616, 21676315, 21676385, 21677210 … 21676442, 21676505, 21676
858, 21676598, 21676736, 21677029, 21676919, 21676853, 21676397, 216767
03], "https://www.0x65.dev/blog/2019-12-01/the-world-needs-cliqz-the-wo
rld-needs-more-search-engines.html")
```

接下来，我们将讨论用于计算 Hacker News 的前 N 个资讯的平均得分的主程序。

计算前 N 个事件的平均分数

现在，我们可以查找热门资讯并检索有关每个资讯的详细信息，我们可以创建一个新函数来计算前 N 个资讯的平均得分。

`average_score` 函数如下：

```
using Statistics: mean

function average_score(n = 10)
    story_ids = fetch_top_stories()
    println(now(), " Found ", length(story_ids), " stories")

    top_stories = [fetch_story(id) for id in story_ids[1:min(n,end)]]
    println(now(), " Fetched ", n, " story details")

    avg_top_scores = mean(s.score for s in top_stories)
    println(now(), " Average score = ", avg_top_scores)

    return avg_top_scores
end
```

此函数分为三个部分：

1）第一部分使用 `fetch_top_stories` 函数查找热门资讯的 ID。

2）第二部分使用 `fetch_story` 函数检索前 n 个资讯的详细信息。

3）第三部分仅根据这些资讯计算平均得分。然后，将平均得分返回给调用者。

为了获得前 n 个资讯 ID，我们选择使用范围为 `1:min(n,end)` 的索引运算符。`min` 函数用于处理 n 大于数组大小的情况。

让我们运行该函数，看看会发生什么。

```
julia> average_score()
2019-12-01T12:29:44.24 Found 495 stories
2019-12-01T12:29:46.079 Fetched 10 story details
2019-12-01T12:29:46.128 Average score = 125.4
125.4
```

从结果可以看出 Hacker News 的前 n 个资讯的平均得分为 125.4。请注意，你可能会得到不同的结果，因为随着 Hacker News 用户对自己喜欢的资讯进行投票，此数字会实时更改。

现在已经建立了用例，我们将继续前进并尝试使用不同的方式编写同一程序。我们称这种方式为函数管道编程。

9.4.2 理解函数管道

在 Julia 中，有一个管道运算符可用于将数据从一个函数传递到另一个函数。这个概念很简单。首先，让我们看一些示例。

在上一节中，我们开发了一个 `fetch_top_stories` 函数，该函数用于从 Hacker News 中检索当前的热门资讯。返回值是一个看起来像整数数组的 `JSON3.Array` 对象。假设我们要从数组中找到第一个资讯 ID。为此，我们可以创建一个管道操作，如下所示。

```
julia> fetch_top_stories() |> first
21676252
```

实际上，将管道运算符 |> 定义为 Julia 中的常规函数，就像将 + 定义为函数一样。请注意，前面的代码在语法上等效于以下代码。

```
julia> first(fetch_top_stories())
21676252
```

另外，我们可以在一个表达式中使用多个管道运算符。例如，我们可以通过在管道末尾附加 `fetch_story` 函数来检索第一个资讯的详细信息。

```
julia> fetch_top_stories() |> first |> fetch_story
Story("kkm", 375, 522, 1575218518, 21676252, "The world needs more sear
ch engines", [21676507, 21676549, 21676457, 21676352, 21677053, 2167679
0, 21676616, 21676315, 21676385, 21677210 … 21676442, 21676505, 21676
858, 21676598, 21676736, 21677029, 21676919, 21676853, 21676397, 216767
03], "https://www.0x65.dev/blog/2019-12-01/the-world-needs-cliqz-the-wo
rld-needs-more-search-engines.html")
```

由于数据自然是从左到右流动的，因此称为函数管道模式，如图 9-4 所示。

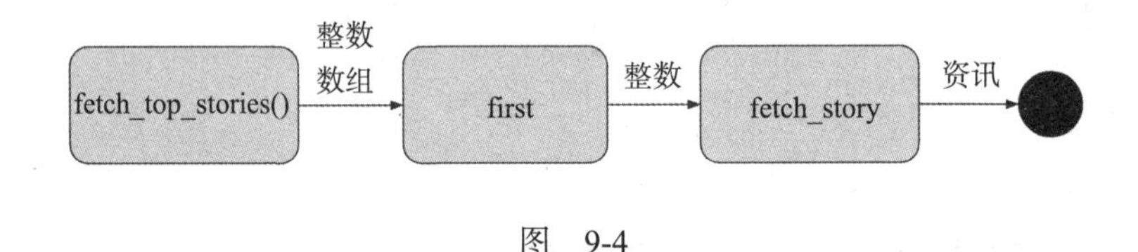

图 9-4

请注意，管道运算符后面的每个函数都必须接受一个参数。在前面的示例中，我们可以看到以下内容：

- `first` 函数接受一个数组并返回第一个元素。
- `fetch_story` 函数采用资讯 ID 的整数并返回一个 `Story` 对象。

这是非常重要的一点，所以让我再说一遍：函数管道仅将数据传递到单参数函数。

稍后我们将学习如何处理此约束。现在，我们将讨论一种类似的模式，与函数管道相比，其语法是反向编写的。这个概念称为可组合性，是一种导致高度可重用的代码的设计技术。

9.4.3 设计可组合函数

你有时可能会听到其他 Julia 开发人员谈论可组合性。那是什么意思呢？

可组合性用于描述如何以不同方式轻松组合函数以获得不同结果。让我们看一个类比。我想说，乐高玩具具有高度可组合的设计。这是因为几乎每个乐高积木都可以与任何其他乐高积木组合，即使它们具有不同的形状。因此，任何孩子都可以使用乐高积木建造几乎所有可以想象的东西。

在系统设计方面，我们可以牢记可组合性。如果我们可以构建函数以便能够轻松组合它们，那么我们也可以灵活地构建许多不同的事物。在 Julia 中，我们可以很容易地编写函数。

让我们使用与上一节相同的示例。我们将创建一个名为 `top_story_id` 的新函数，该函数从 Hacker News 中检索第一个资讯 ID。

```
julia> top_story_id = first ∘ fetch_top_stories
#58 (generic function with 1 method)
```

从前面的代码中，我们可以看到 `top_story_id` 函数被定义为匿名函数。Unicode 圆形符号（∘，输入为 `\circ`）是 Julia 中的组合运算符。与管道运算符不同，我们从右到左读取组合函数的顺序。在这种情况下，我们首先应用 `fetch_top_stories` 函数，然后再应用 `first` 函数。直观地，我们可以像往常一样使用 `top_story_id` 函数。

```
julia> top_story_id()
21676252
```

我们还可以组合多个函数。要获取最新的资讯详细信息，我们可以编写一个名为 `top_story` 的新函数，如下所示。

```
julia> top_story = fetch_story ∘ first ∘ fetch_top_stories
#58 (generic function with 1 method)

julia> top_story()
Story("kkm", 380, 525, 1575218518, 21676252, "The world needs more sear
ch engines", [21676507, 21676549, 21676457, 21676352, 21677053, 2167679
0, 21676616, 21676315, 21676385, 21677210  …  21676442, 21676505, 21676
858, 21676598, 21676736, 21677029, 21676919, 21676853, 21676397, 216767
03], "https://www.0x65.dev/blog/2019-12-01/the-world-needs-cliqz-the-wo
rld-needs-more-search-engines.html")
```

我们抽取了三个随机的“乐高积木”，并从中构建新事物。`top_story` 函数是一个新事物，它由三个较小的块组成，如图 9-5 所示。

让我们更进一步，创建一个新函数来检索热门资讯的标题。现在，我们遇到了一些麻烦——尚未定义从 `Story` 对象返回资讯标题的函数。但是，我们可以利用在第 8 章中描述的访问器模式来解决这个问题。

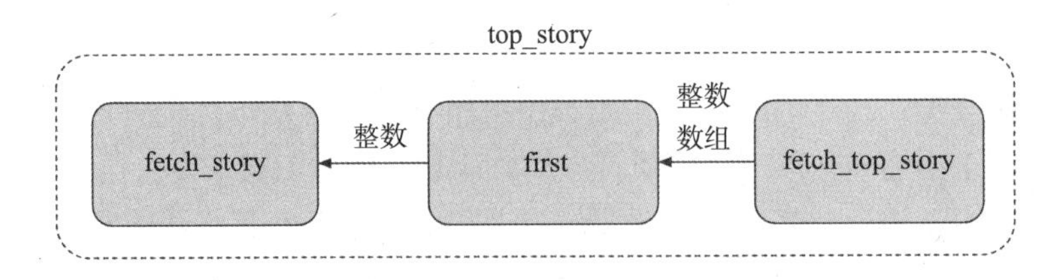

图 9-5

让我们为标题字段定义一个访问器，然后编写一个新的 `top_story_title` 函数，如下所示。

```
julia> title(s::Story) = s.title
title (generic function with 1 method)

julia> top_story_title = title ∘ fetch_story ∘ first ∘ fetch_top_stories
#58 (generic function with 1 method)
```

正如预期的那样，此新函数可以很好地发挥作用。

```
julia> top_story_title()
"The world needs more search engines"
```

组合运算符允许我们创建一个由其他几个函数组合的新函数。从某种意义上说，不需要立即执行组合函数，这比管道运算符更方便。

与函数管道类似，组合运算符也期望使用单参数函数。不得不说，这也是单参数函数更具可组合性的原因。

接下来，我们将返回然后重新访问 Hacker News 的 `average_score` 函数，并了解如何将代码重构为函数管道样式。

9.4.4 为平均得分函数开发函数管道

首先，让我们回顾一下 `average_score` 函数的编写方式：

```
function average_score(n = 10)
    story_ids = fetch_top_stories()
    println(now(), " Found ", length(story_ids), " stories")

    top_stories = [fetch_story(id) for id in story_ids[1:min(n,end)]]
    println(now(), " Fetched ", n, " story details")

    avg_top_scores = mean(s.score for s in top_stories)

    println(now(), " Average score = ", avg_top_scores)

    return avg_top_scores
end
```

尽管代码看起来相当不错并且易于理解，但让我指出一些潜在问题：

- 热门资讯是通过数组理解语法检索的。该逻辑有点复杂，我们将无法独立于 average_score 函数来测试这部分代码。
- println 函数用于记录日志，但是我们似乎正在复制代码以显示当前时间戳。

现在，我们将重构代码。该逻辑在很大程度上是线性的，这使其成为函数管道的理想选择。从概念上讲，图 9-6 是我们对计算的看法。

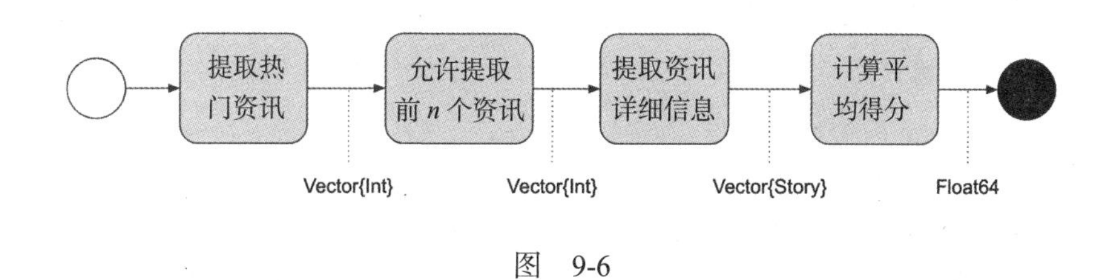

图 9-6

设计一个如下所示的函数会很好：

```
average_score2(n = 10) =
    fetch_top_stories() |>
    take(n) |>
    fetch_story_details |>
    calculate_average_score
```

这是同一函数的第二个版本，因此我们将其命名为 average_score2。

现在，我们只是忽略日志记录方面以使其保持简单，稍后会再谈。由于我们已经定义了 fetch_top_stories 函数，因此我们只需开发其他三个函数，如下所示：

```
take(n::Int) = xs -> xs[1:min(n,end)]

fetch_story_details(ids::Vector{Int}) = fetch_story.(ids)

calculate_average_score(stories::Vector{Story}) = mean(s.score for s in
stories)
```

从前面的代码中，我们可以看到以下内容：

- take 函数接收一个整数 n，并返回一个匿名函数，该函数返回数组中的前 n 个元素。
- min 函数用于确保占用的空间不会超过数组的实际大小。
- fetch_story_details 函数采用资讯 ID 的数组，并使用点符号在其上传递 fetch_story 函数。
- compute_average_score 函数采用 Story 对象的数组，并计算平均得分。

快速提醒一下，所有这些函数都接受单个参数作为输入，以便它们可以参与函数管道操作。

现在，让我们回到日志记录。日志记录在函数管道中扮演着有趣的角色。它被设计为产生额外作用，并且不影响计算结果。从某种意义上说，它只是返回从输入中接收到的相同数据而已。由于标准的 println 函数不返回任何内容，因此我们不能在管道操作中直接使用它。取而代之的是，我们必须创建一个足够聪明的日志记录函数，以打印所需的内容，并返回与传递的数据相同的数据。

另外，我们希望能够使用通过系统的数据来格式化输出。因此，我们可以利用 `Formatting` 包。它包含灵活高效的格式化工具。让我们构建自己的日志记录函数，如下所示：

```
using Formatting: printfmtln

logx(fmt::AbstractString, f::Function = identity) = x -> begin
    let y = f(x)
        print(now(), " ")
        printfmtln(fmt, y)
    end
    return x
end
```

`logx` 函数采用格式字符串和可能的转换器函数 `f`。它返回一个匿名函数，该匿名函数将转换后的值传递给 `printfmln` 函数。它还会自动为日志添加当前时间戳。最重要的是，此匿名函数返回参数的原始值。

要查看此日志记录函数的工作方式，我们可以使用一些示例。

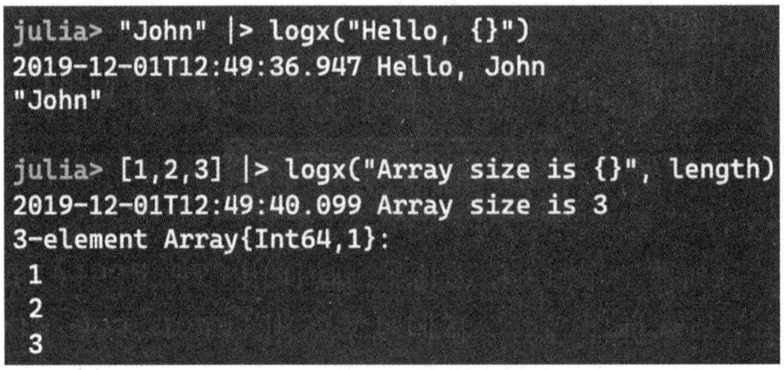

```
julia> "John" |> logx("Hello, {}")
2019-12-01T12:49:36.947 Hello, John
"John"

julia> [1,2,3] |> logx("Array size is {}", length)
2019-12-01T12:49:40.099 Array size is 3
3-element Array{Int64,1}:
 1
 2
 3
```

在前面截图的第一个示例中，仅使用格式字符串调用了 `logx` 函数，因此通过管道输入的内容将按原样在日志中使用。第二个示例将 `length` 函数作为 `logx` 的第二个参数传递，然后使用 `length` 函数来转换输入值以进行日志记录。

综上所述，我们可以在新的 `average_score3` 函数中将日志记录引入函数管道，如下所示：

```
average_score3(n = 10) =
    fetch_top_stories()                          |>
    logx("Number of top stories = {}", length)  |>
    take(n)                                      |>
    logx("Limited number of stories = $n")       |>
    fetch_story_details                          |>
    logx("Fetched story details")                |>
    calculate_average_score                      |>
    logx("Average score = {}")
```

偶尔，函数管道可以使代码更容易理解。因为管道操作中不允许使用条件语句，所以逻辑始终是线性的。

你可能想知道如何在函数管道设计中处理条件逻辑。我们将在下一节中对此进行了解。

9.4.5 在函数管道中实现条件逻辑

由于逻辑流是线性的，我们如何处理条件逻辑？

假设我们想通过对照阈值检查平均得分来确定热门资讯。如果平均得分高于100，则认为该得分很高；否则，它将被认为是低分。因此从字面上看，我们需要一个if语句来确定下一步要执行什么。

我们可以使用动态分派来解决此问题。我们将自下而上地构建这个函数，如下所示。

1）创建hotness函数，该函数通过得分确定Hacker News网站的热门。它返回Val {:high}或Val{:low}参数化类型的实例。内置的Val数据类型是可用于创建新参数化类型的便捷方法，可以用于分派目的：

```
hotness(score) = score > 100 ? Val(:high) : Val(:low)
```

2）针对Val参数化类型创建两个celebrate函数。它们只是使用logx函数来打印一些文本。我们用v的值来调用它，如果我们想在庆祝之后做更多工作，就可以将热度参数传递到下游：

```
celebrate(v::Val{:high}) = logx("Woohoo! Lots of hot topics!")(v)
celebrate(v::Val{:low}) = logx("It's just a normal day...")(v)
```

3）使用函数管道模式构建check_hotness函数。该管道设计模式使用average_score3函数来计算平均得分。然后，它使用hotness函数来确定如何更改执行路径。最后，它通过多重分派机制调用了celebrate函数：

```
check_hotness(n = 10) =
    average_score3(n) |> hotness |> celebrate
```

让我们测试一下。

```
julia> HackerNewsAnalysis.check_hotness(10)
2019-12-01T13:33:58.384 Number of top stories = 496
2019-12-01T13:33:58.385 Limited number of stories = 10
2019-12-01T13:34:00.343 Fetched story details
2019-12-01T13:34:00.343 Average score = 64.9
2019-12-01T13:34:00.343 It's just a normal day...
Val{:low}()
```

这个简单的示例演示了如何在函数管道设计中实现条件逻辑。实际上，我们拥有比仅在屏幕上打印一些东西更复杂的逻辑。

重要的一点是函数管道仅处理线性执行。因此，只要执行有条件地拆分，我们就会为每个可能的路径形成一个新管道。图9-7描述了如何使用函数管道设计执行路径。通过分派单个参数的类型来启用每次执行的拆分。

从概念的角度来看，函数管道看起来相当简单明了。但是，有时会因它们必须在管道中的每个组件之间传递中间数据，从而导致不必要的内存分配和速度变慢而受到批评。在下一节中，我们将介绍如何使用广播来克服此问题。

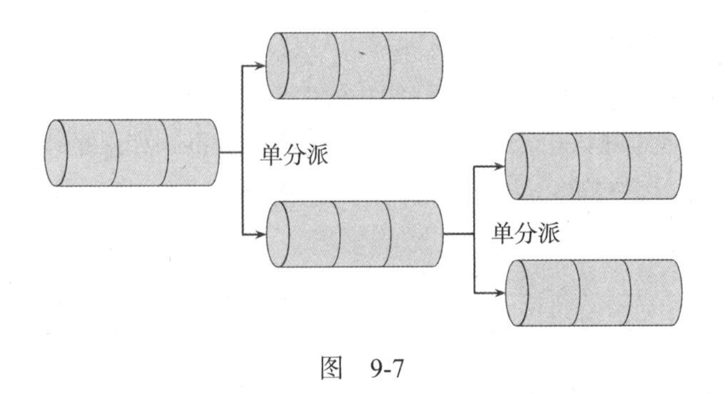

图 9-7

9.4.6 沿函数管道进行广播

在数据处理管道中，我们可能会遇到这样的情况，即函数融合在一起成为一个循环。这称为广播，可以通过使用点符号方便地启用它。对于数据密集型应用程序，使用广播可能会带来巨大的性能差异。

考虑以下情形，其中已经定义了两个向量化函数，如下所示：

```
add1v(xs) = [x + 1 for x in xs]
mul2v(xs) = [2x for x in xs]
```

add1v 函数采用一个向量并将所有元素加 1。同样，**mul2v** 函数采用一个向量并将每个元素乘以 2。现在，我们可以组合这些函数以创建一个采用一个向量的新函数，它通过管道发送到 **add1v** 以及随后的 **mul2v**：

```
add1mul2v(xs) = xs |> add1v |> mul2v
```

从性能方面来看，**add1v** 函数和 **mul2v** 函数不是最佳的。但这样做的原因是每个操作必须完全完成，然后传递给下一个函数。中间结果虽然只是临时需要，但必须在内存中分配，如图 9-8 所示。

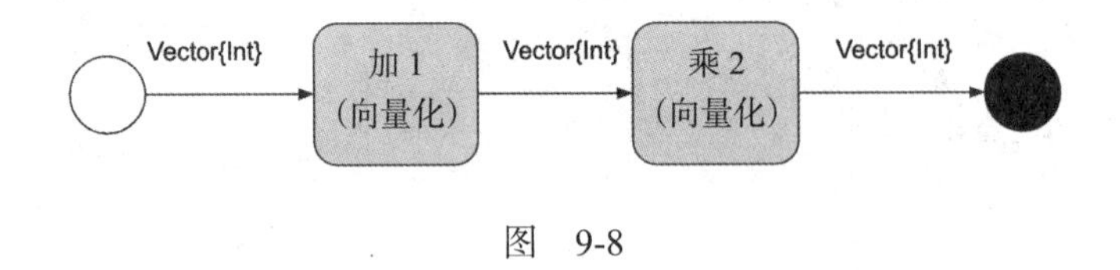

图 9-8

如图 9-8 所示，除了输入向量和输出向量之外，还必须分配一个中间向量来保存 **add1v** 函数的结果。

为了避免中间结果的分配，我们可以利用广播。让我们创建另一组对单个元素而非数组进行操作的函数，如下所示：

```
add1(x) = x + 1
mul2(x) = 2x
```

我们最初的问题仍然需要取一个向量，将每个元素加 1，然后乘以 2。因此，我们可以使用点符号定义这样的函数，如下所示：

```
add1mul2(xs) = xs .|> add1 .|> mul2
```

管道运算符前面的点符号表示 xs 中的元素将广播到 add1 和 mul2 函数，将整个操作融合为一个循环。

现在，数据流看起来如图 9-9 所示。

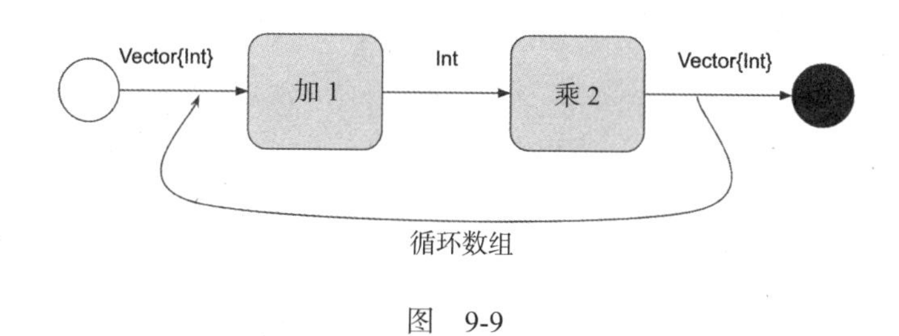

图　9-9

中间结果变为单个整数，从而无须临时数组。为了演示从广播中获得的性能改进，我们可以针对这两个函数运行性能基准测试，如以下截图所示。

```
julia> using BenchmarkTools

julia> xs = collect(1:10000);

julia> @btime add1mul2v($xs);
  15.354 μs (4 allocations: 156.41 KiB)

julia> @btime add1mul2($xs);
  7.530 μs (2 allocations: 78.20 KiB)
```

如上所示，在这种情况下，广播版本的运行速度是向量化版本的两倍。

在下一节中，我们将回顾有关使用函数管道的一些注意事项。

9.4.7　有关使用函数管道的注意事项

在对函数管道感到兴奋之前，请确保我们了解使用函数管道的利弊。

从可读性的角度来看，函数管道可以使代码更易于阅读和遵循。这是因为逻辑必须是线性的。相反，某些人可能会发现它不太直观，也更难阅读，因为与嵌套函数调用相比，函数管道的计算方向相反。

为了可以轻松地与其他函数组合在一起，函数管道需要单参数函数。对于需要多个参数的函数，一般的解决方案是创建柯里化函数——固定参数的高阶函数。之前，我们定义了 take 函数，该函数采用集合中的前几个元素：

```
take(n::Int) = xs -> xs[1:min(n,end)]
```

take 函数是一个由 getindex 函数组成的柯里化函数（使用方括号的便捷语法）。getindex 函数采用两个参数：集合和范围。因为参数的数量已减少到 1，所以它现在可以参与函数管道。

另外，我们不能将多重分派用于单参数函数。当你处理需要考虑多个参数的逻辑时，这可能是一个巨大的缺点。

> TIP 虽然函数只能接受单个参数，但是可以通过使用元组来解决该问题。元组具有可用于分派的复合类型签名。但是，不建议这样做，因为定义只接受一个单元组参数而不是多个参数的函数相当笨拙。

但是在某些情况下，函数管道可能是有用的模式。任何适合线性过程样式的数据处理任务都可以很好地满足需求。

9.5 小结

在本章中，我们学习了几种在应用程序设计中非常有用的模式。

我们从单例类型分派模式开始。通过一个命令处理器示例，我们成功地将代码从使用 if-then-else 条件语句重构为利用动态分派。我们学习了如何使用标准 `Val` 类型创建新的单例类型或扩展我们自己的参数化类型。

然后，我们转了个向，讨论了如何使用打桩 / 模拟模式有效地实施自动化测试。我们以一个简单的信用审批流程用例为例，并尝试了一种使用关键字参数注入打桩的简单方法。我们对更改用于测试的 API 的需求不是很满意，因此我们依靠 Mocking 包来寻求更无缝的方法。然后，我们学习了如何在测试套件中用打桩和模拟替换函数调用以及它们如何以不同的方式工作。

最后，我们学习了函数管道模式及它如何使代码更易于阅读和遵循。我们了解了可组合性，以及组合运算符的工作方式是如何类似于管道运算符。我们讨论了如何使用函数管道和广播来开发有效的代码。最后，我们讨论了使用函数管道的利弊以及其他相关注意事项。

在第 10 章中，我们将转过来看一下 Julia 编程的一些反模式。

9.6 问题

1. 可以使用哪种预定义的数据类型来方便地创建新的单例类型？
2. 使用单例类型分派有什么好处？
3. 为什么要创建打桩？
4. 模拟和打桩有什么区别？
5. 可组合性意味什么？
6. 使用函数管道的主要限制是什么？
7. 函数管道有何用处？

第10章 Chapter 10

反模式

在之前的五章中，我们已详细研究了与可重用性、性能、可维护性、安全性相关的设计模式，以及一些其他设计模式。这些模式非常有用，可应用于针对不同类型应用程序的各种情况。

虽然了解最佳实践是很重要的，但了解要避免的陷阱也是有益的。为此，我们将在本章中介绍几种反模式。反模式是开发人员可能无意间执行的不良做法。有时，这些问题还不够严重，无法引起麻烦。但是，由于设计不当，应用程序可能会变得不稳定或性能下降。

在本章中，我们将介绍以下主题：

- 海盗反模式
- 窄参数类型反模式
- 非具体类型反模式

到本章结束时，你将学习如何避免开发海盗函数。在指定函数参数的类型时，你还将深入了解抽象级别。最后你将能够在设计中为自己的复合类型利用更多参数类型，以实现高性能应用程序。

让我们从最有趣的话题——海盗开始吧！

10.1 技术要求

示例源代码位于 https://github.com/PacktPublishing/Hands-on-Design-Patterns-and-Best-Practices-with-Julia/tree/master/Chapter10。

该代码在 Julia 1.3.0 环境中进行了测试。

10.2 海盗反模式

在第 2 章中，我们学习了如何使用模块创建新的命名空间。你可能还记得，模块用于定义函数，以便它们在逻辑上是分开的。这样我们就可以定义两个名称完全相同，但所表示的事物并不需要完全相同的函数——一个在模块 X 中，另一个在模块 Y 中。例如，在一个数学包中，我们可以为矩阵定义 `trace` 函数。在计算机图形包中，我们可以定义 `trace` 函数以进行射线跟踪。这两个 `trace` 函数执行不同的函数，并且彼此不干扰。

另外，也可以将函数设计为从另一个包扩展。例如，在 `Base` 包中，`AbstractArray` 接口被设计为可扩展的。以下是一个例子：

```
# My own array-like type for tracking scores
struct Scores <: AbstractVector{Float64}
    values::Vector{Float64}
end

# implement AbstractArray interface
Base.size(s::Scores) = (length(s.values),)
Base.getindex(s::Scores, i::Int) = s.values[i]
```

在这里，我们从 `Base` 包扩展了 `size` 和 `getindex` 函数，以便它们可以使用我们自己的数据类型。这是 Julia 语言的完美用法。但是，如果我们没有正确地扩展其他包的函数，可能会出现问题。"海盗"（piracy）是指第三方函数以不好的方式被替换或扩展的情况。这是一种反模式，因为它可能导致系统行为变得不确定。为了方便起见，我们可以定义三种不同类型的海盗：

- I 类海盗：重新定义函数
- II 类海盗：扩展函数时无须在任何参数中使用自己的类型
- III 类海盗：扩展函数用于其他目的

现在，我们将更详细地深入研究每种类型的海盗。

10.2.1 I 类海盗——重新定义函数

I 类海盗是指开发人员从其自己的模块中重新定义第三方函数的情况。也许你不喜欢第三方模块中的原始实现，而是喜欢用自己的实现替换该函数。

I 类海盗的最坏形式是在不符合原始函数接口的情况下更换函数。让我们做一个实验，看看会发生什么。我们将以 `Base` 中的 `+` 函数为例。如你所知，当将 `+` 函数与两个 `Int` 参数一起传递时，它应返回一个 `Int` 值作为结果。如果我们替换函数以使其返回字符串，将会发生什么？让我们打开一个 REPL 并尝试一下。

```
julia> Base.:(+)(x::Int, y::Int) = "hello world"

┌ Error: Error in the keymap
│   exception =
```

```
MethodError: no method matching Int64(::String)
Closest candidates are:
  Int64(::Union{Bool, Int32, Int64, UInt32, UInt64, UInt8, Int128, Int16, Int8, UInt128, UInt16}) at boot.jl:710
  Int64(::Ptr) at boot.jl:720
  Int64(::Float32) at float.jl:700
  ...
```

一旦函数被定义，Julia REPL 立即崩溃。这是因为该 + 函数的返回值应为整数。当我们返回一个字符串时，它违反了此函数的约定，并且所有依赖 + 函数的功能都会受到负面影响。鉴于 + 是常用函数，它会立即使系统崩溃。

为什么 Julia 允许我们这样做？在某些情况下，执行此操作可能会很有用。假设你在第三方包中发现了特定函数的错误，则可以立即注入修订，而不必等待上游的错误修复。同样，你可以将慢性能的函数替换为性能更高的版本。理想情况下，这些更改应发送到上游，但是你可以灵活地立即实施更改。

唯一的要求是要替换的函数应遵循最初打算的相同的约定。因此，这要求对第三方包的设计有深入的了解。实际上，如果你可以在应用海盗之前联系原始作者并讨论更改，则更好。

拥有权利的同时也被赋予了重大的责任。如果我们想利用 I 类海盗，则必须格外小心。

接下来，我们将研究 II 类海盗，这在 Julia 生态系统的包中更为常见。

10.2.2 II类海盗——不用自己的类型扩展

Julia 开发人员社区通常将 II 类海盗称为"类型海盗"。它是指在任何函数参数中不使用开发人员自己的类型的前提下扩展第三方函数的情况。当你想通过注入自己的代码来扩展第三方包时，通常会发生这种情况。让我们来看一个假设的例子。

假设你要模仿 JavaScript 中将字符串和数字加在一起的行为，其中值串联在一起就好像它们都是字符串一样，如图 10-1 所示。

```
Elements  Console  Sources  Network  Performance  Memory  Application
top ▼  Filter  All levels ▼
> "1" + 2
<· "12"
> |
```

图 10-1

为了使它在 Julia 中实现，我们很想在 `MyModule` 中执行以下操作：

```
module MyModule
    import Base.+
    (+)(s::AbstractString, n::Number) = "$s$n"
end
```

我们可以将前面的代码粘贴到 REPL 中并进行快速测试。

```
julia> using .MyModule

julia> "1" + 2
"12"
```

它的效果看起来很好！但是这种方法存在一些隐藏的问题。让我们来看看为什么它是一个坏主意。

与其他海盗发生冲突

现在，我们正在使用 + 函数的增强版本，我们是否可以相信该函数将始终完全按照我们让它做的事情来进行操作呢？也许令人惊讶，答案是否定的。

假设我们找到了一个名为 `AnotherModule` 的开源包，并且希望在 `MyModule` 模块中使用它。`AnotherModule` 模块恰好执行相同的 II 类海盗。但是，作者决定做正确的事情——不是把参数当作字符串一样连接起来，而是将字符串参数解析为一个数字，然后将两个数字相加。代码如下：

```
module AnotherModule
    import Base: +, -, *, /
    (+)(s::AbstractString, n::T) where T <: Number = parse(T, s) + n
    (-)(s::AbstractString, n::T) where T <: Number = parse(T, s) - n
    (*)(s::AbstractString, n::T) where T <: Number = parse(T, s) * n
    (/)(s::AbstractString, n::T) where T <: Number = parse(T, s) / n
end
```

如果我们回到 REPL 并定义此模块，则将获得新的定义。

```
julia> using .AnotherModule

julia> "1" + 2
3
```

现在，我们有两个具有完全相同签名的相同函数的实现，它们返回不同的结果。哪个会成功？是在 `MyModule` 中定义的，还是在 `AnotherModule` 中定义的？其中只有一个可以生效。这意味着 `AnotherModule` 或 `MyModule` 都将崩溃。此问题可能导致灾难性的情况和难以发现的错误。

避免 II 类海盗的另一个原因是面向未来的问题。接下来我们将讨论它。

面向未来的代码

假设我们在 `Base` 中扩展了 + 函数，如下所示：

```
module MyModule
    import Base.+
    (+)(s::AbstractString, n::Number) = "$s$n"
end
```

它现在似乎是一个很好的加法，但不能保证在以后的 Julia 版本中不会实现相同的函数。可以想象（并不是说有可能或不太可能）将来会增强 + 函数以使用字符串。

这些更改将被认为是不间断的，这意味着 Julia 开发团队只需少量发行即可添加此功能。不幸的是，你的应用程序现在会因不间断的 Julia 升级而中断，这不是我们期望看到的。

如果你想让你的代码面向未来，请避免“海盗”！

避免海盗

通过创建自己的类型并在函数参数中使用它们，可以减轻 II 类海盗。在这种情况下，也许我们应该考虑创建一个包装器类型来保存字符串，并使用此新类型进行分派：

```
module MyModule
    export @str_str
    import Base: +, show

    struct MyString
        value::AbstractString
    end

    macro str_str(s::AbstractString)
        MyString(s)
    end

    show(io::IO, s::MyString) = print(io, s.value)
    (+)(s::MyString, n::Number) = MyString(s.value * string(n))
    (+)(n::Number, s::MyString) = MyString(string(n) * s.value)
    (+)(s::MyString, t::MyString) = MyString(s.value * t.value)
end
```

我们已经使用包含字符串的新 `MyString` 类型重新定义了模块。然后，我们仍然可以扩展 + 函数以将 `MyString` 与任意数字连接。为了完整起见，我们定义了 + 函数的三种变体，它们可以按任意顺序接受 `MyString` 和 `Number` 参数，还有一种变体则可以接受两个 `MyString` 参数。为了方便起见，我们还定义了 `str_str` 宏。新模块正常工作，如下所示。

```
julia> using .MyModule

julia> str"I am " + 25 + str" years old!"
I am 25 years old!
```

通过在函数参数中使用自己的类型，我们可以避免与其他依赖包的任何冲突，并且可以为 Julia 升级确保我们的代码面向未来。

最后一种海盗行为虽然不太严重，但仍然值得一看。

10.2.3 Ⅲ类海盗——用自己的类型扩展，但目的不同

III 类海盗是指函数得到扩展但用于不同目的的情况。这是扩展代码的正确过程，但是做起来并不简单。Julia 开发人员也将这种海盗称为双关语。为了解它是什么，让我们在这里看一个有趣的示例。

假设我们正在开发一个简单的派对注册的应用程序。类型定义和构造函数如下所示：

```
# A Party just contains a title and guest names
struct Party
    title::String
    guests::Vector{String}
end

# constructor
Party(title) = Party(title, String[])
```

Party 类型仅包含标题和来宾名称数组。构造函数只获取标题并将来宾数组初始化为空数组。现在我们可以定义一个参加派对的函数，如下所示：

```
Base.join(name::String, party::Party) = push!(party.guests, name)
```

这是 Base 的 join 方法的扩展。我们为什么要这样做？如果我们在自己的命名空间中创建 join 函数，那么我们可能会与标准 join 函数发生命名冲突。为了避免处理该冲突，仅从 Base 扩展函数可能会更容易。

乍一看，它会按预期工作。

```
julia> party = Party("Halloween 2019")
Party("Halloween 2019", String[])

julia> join("Tom", party)
1-element Array{String,1}:
 "Tom"

julia> join("Kevin", party)
2-element Array{String,1}:
 "Tom"
 "Kevin"
```

但是，这里有一个隐藏的陷阱。如果我们要让多人同时参加派对，那么我们就很容易陷入麻烦。

```
julia> join(["Bob", "Jeff"], party)
"BobParty(\"Halloween 2019\", [\"Tom\", \"Kevin\"])Jeff"
```

发生了什么？让我们看一下 join 函数的原始含义，如 help 屏幕所示：

```
help?> join

  join([io::IO,] strings, delim, [last])
```

join 函数的目的是采用多个字符串，并用某种定界符将它们放在一起。因此，前面代码中对 join 函数的调用最终使用 Party 对象作为定界符。

考虑一下我们是如何陷入困境的。当我们使用自己的类型（Party）定义函数时，除了我们自己的函数，我们不希望我们的函数被其他任何代码使用。但事实并不是这样的。Base 包中的字符串连接逻辑利用了我们的函数。

事实证明，我们是鸭子类型的受害者。查看 Julia 的源代码，你会发现定义了一些 join 函数而未在参数中指定任何类型。因此，当我们将 Party 对象传递给 join 函数时，它会泄漏到原始的 join 逻辑中。更糟糕的是，没有报错，因为一切正常。

我们应该竭力避免 III 类海盗。在前面的示例中，我们可以在自己的模块中定义 join 函数，而不是从 Base 扩展该函数。如果我们对名称冲突问题感到困扰，我们还可以选择其他函数名称，例如 register。我们必须认识到，参加派对的意义与连接字符串的意义不同。

所有这三种海盗类型都是不好的，它们都可能导致难以发现或调试的错误。我们应该尽可能避免它们。

接下来，我们将介绍另一个与在函数定义中指定参数类型有关的反模式。

10.3 窄参数类型反模式

在 Julia 中设计函数时，关于是否以及如何提供参数类型，我们有很多选择。窄参数类型反模式是指参数的类型指定得过于狭窄，从而导致该函数适用范围较小而不能被广泛使用的情况。

让我们考虑一个简单的示例函数，该函数用于计算两个向量的乘积之和：

```
function sumprod(A::Vector{Float64}, B::Vector{Float64})
    return sum(A .* B)
end
```

此设计没有任何问题，除了仅当参数是 Float64 值的向量时才可以使用该函数。其他可能的选项是什么？接下来让我们看一下。

10.3.1 考虑参数类型的多种选项

只要传递的参数类型与函数签名匹配，Julia 的分派机制就可以选择正确的函数来调用。基于类型层次结构，我们可以指定抽象类型，并且仍然可以正确选择函数。

这种灵活性为我们提供了许多选项。我们可以考虑以下任何一项：

- sumprod(A::Vector{Float64}, B::Vector{Float64})
- sumprod(A::Vector{Number}, B::Vector{Number})
- sumprod(A::Vector{T}, B::Vector{T}) where T <: Number
- sumprod(A::Vector{S}, B::Vector{T}) where {S <: Number, T <:Number}
- sumprod(A::Array{S,N}, B::Array{T,N}) where {N, S <: Number, T<: Number}
- sumprod(A::AbstractArray{S,N}, B::AbstractArray{T,N}) where {N,S <: Number, T <: Number}
- sumprod(A, B)

哪个选项最适合我们的函数？我们尚不确定，但是我们总是可以在得出结论之前重新审视我们的需求并进行一些测试。

让我们首先定义我们计划支持的场景。如我们所料，这只是一个数值计算：我们希望支持任何支持广播的数值容器。广播是必需的，因为在计算前面代码中的 A 和 B 的乘积时，我们使用点符号。

我们的测试场景涉如表 10-1 所示的参数组合。

表 10-1

场景	参数 1	参数 2
1	`Array{Float64, 1}`	`Array{Float64, 1}`
2	`Array{Int64, 1}`	`Array{Int64, 1}`
3	`Array{Int, 1}`	`Array{Float64, 1}`
4	`Array{Float64, 2}`	`Array{Float64, 2}`
5	`Array{Number,1}`	`Array{Number,1}`

为了测试这些场景的各种函数签名选项，我们可以构建一个测试工具函数，如下所示：

```
function test_harness(f, scenario, args...)
    try
        f(args...)
        println(f, " #$(scenario) success")
    catch ex
        if ex isa MethodError
            println(f, " #$(scenario) failure (method not selected)")
        else
            println(f, " #$(scenario) failure (unknown error $ex)")
        end
    end
end
```

测试工具将函数 `f` 与为特定 `scenario` 提供的参数 `args` 一起应用。如果已分派该函数，则它将在控制台中显示成功消息；否则，将显示失败消息。当我们要测试前面列出的场景时，我们可以只定义一个函数，以便我们可以轻松地执行测试：

```
function test_sumprod(f)
    test_harness(f, 1, [1.0,2.0], [3.0, 4.0]);
    test_harness(f, 2, [1,2], [3,4]);
    test_harness(f, 3, [1,2], [3.0,4.0]);
    test_harness(f, 4, rand(2,2), rand(2,2));
    test_harness(f, 5, Number[1,2.0], Number[3.0, 4]);
end
```

`test_sumprod` 函数采用一个函数并执行前面五个测试用例。

现在我们都准备好了。让我们剖析每个选项，看看它们如何为我们工作。

选项 1——Float64 值向量

第一个选项是我们在本节开始时所使用的。它具有最具体的参数类型。缺点是它只能与 `Float64` 值的向量一起使用。

让我们定义如下函数，以便将其传递给测试函数：

```
sumprod_1(A::Vector{Float64}, B::Vector{Float64}) = sum(A .* B)
```

我们现在可以尝试使用我们的测试工具。

```
julia> test_sumprod(sumprod_1)
sumprod_1 #1 success
sumprod_1 #2 failure (method not selected)
sumprod_1 #3 failure (method not selected)
sumprod_1 #4 failure (method not selected)
sumprod_1 #5 failure (method not selected)
```

不出所料，当两个参数都是 `Float64` 值的向量时，此函数可与第一种场景一起使用。因此，它不能满足我们的所有需求。让我们尝试下一个选项。

选项 2——Number 实例的向量

第二种选项更有趣。我们已将类型参数从 `Float64` 切换为 `Number`，这是数字类型层次结构中最顶层的抽象类型：

```
sumprod_2(A::Vector{Number}, B::Vector{Number}) = sum(A .* B)
```

现在测试一下。

```
julia> test_sumprod(sumprod_2)
sumprod_2 #1 failure (method not selected)
sumprod_2 #2 failure (method not selected)
sumprod_2 #3 failure (method not selected)
sumprod_2 #4 failure (method not selected)
sumprod_2 #5 success
```

乍一看，使用 `Number` 作为类型参数似乎会使它更通用。事实证明，它只能接受 `Number` 类型的数组，这意味着它必须是一个异构数组（其中每个元素可以是不同的类型，只要所有元素类型都是 `Number` 的子类型）。因此，`Float64` 值向量不是 `Number` 值向量的子类型。检查以下代码段。

```
julia> Vector{Float64} <: Vector{Number}
false
```

因此，除最后一个场景外，其他场景均未成功，最后一个将 `Number` 的向量完全用作参数。所以此选项也不是一个好选项。让我们继续！

选项 3——T 型向量，其中 T 是 Number 的子类型

第三种选项是采用类型 `T` 的向量，其中 `T` 只是 `Number` 的子类型。

该函数可以如下定义：

```
sumprod_3(A::Vector{T}, B::Vector{T}) where T <: Number = sum(A .* B)
```

让我们先尝试一下。

```
julia> test_sumprod(sumprod_3)
sumprod_3 #1 success
sumprod_3 #2 success
sumprod_3 #3 failure (method not selected)
sumprod_3 #4 failure (method not selected)
sumprod_3 #5 success
```

由于类型参数 `T` 可以是 `Number` 的任何子类型，因此此函数可以轻松处理 `Float64`、`Int64` 甚至 `Number` 类型的向量。不幸的是，它不能处理不同类型的参数，但是我们应该能够进一步改进它。让我们尝试下一个选项。

选项 4——S 和 T 类型的向量，其中 S 和 T 是 Number 的子类型

此选项与选项 3 的不同之处仅在于，它分别指定参数的类型。因此，该函数可以为第一个和第二个自变量接受不同的类型。该函数定义如下：

```
sumprod_4(A::Vector{S}, B::Vector{T}) where {S <: Number, T <: Number} =
sum(A .* B)
```

我们现在可以尝试。

```
julia> test_sumprod(sumprod_4)
sumprod_4 #1 success
sumprod_4 #2 success
sumprod_4 #3 success
sumprod_4 #4 failure (method not selected)
sumprod_4 #5 success
```

到目前为止，我们已经使用混合参数类型解决了该问题。我们正在接近最终目的地。场景 4 为自变量是矩阵而不是向量的情况。当然，我们知道如何解决此问题，所以让我们继续尝试。

选项 5——类型 S 和类型 T 的数组，其中 S 和 T 是 Number 的子类型

由于 Julia 数组支持广播，因此我们可以将函数参数从 `Vector{T}` 推广到 `Array{T，N}` 签名，以支持多维数组。现在让我们如下定义函数：

```
sumprod_5(A::Array{S,N}, B::Array{T,N}) where {N, S <: Number, T <: Number}
=
    sum(A .* B)
```

我们对此很有信心，现在测试一下。

```
julia> test_sumprod(sumprod_5)
sumprod_5 #1 success
sumprod_5 #2 success
sumprod_5 #3 success
sumprod_5 #4 success
sumprod_5 #5 success
```

我们终于满足了测试场景中列出的所有需求。结束了吗？也许还没有。为了便于讨论，我们可能希望支持其他类型的容器，这些容器不一定是密集数组。如果输入的是稀疏矩阵

怎么办？让我们再次完善函数。

选项 6——抽象数组

AbstractArray 是所有 Julia 数组容器的抽象类型。许多 Julia 包都实现了数组接口，并成为 AbstractArray 的子类型。如果到目前为止我们都不能使 sumprod 函数具有足够的通用性，而且不能支持稀疏矩阵或其他类型的数组类型的容器，那就太遗憾了。为了使它更通用，让我们将函数定义从 Array 转换为 AbstractArray，如下所示：

```
sumprod_6(A::AbstractArray{S,N}, B::AbstractArray{T,N}) where
    {N, S <: Number, T <: Number} = sum(A .* B)
```

签名与选项 5 相同，只是该函数可以使用任何 AbstractArray 容器类型分派。让我们确保函数按预期工作。

```
julia> test_sumprod(sumprod_6)
sumprod_6 #1 success
sumprod_6 #2 success
sumprod_6 #3 success
sumprod_6 #4 success
sumprod_6 #5 success
```

该函数适用于我们现有的情况。让我们再次使用稀疏矩阵类型尝试一下。

```
julia> using SparseArrays

julia> A = sparse([1,10,100], [1,10,100], [1,2,3])
100×100 SparseMatrixCSC{Int64,Int64} with 3 stored entries:
  [1  ,   1]  =  1
  [10 ,  10]  =  2
  [100, 100]  =  3

julia> B = sparse([1,10,100], [1,10,100], [4,5,6])
100×100 SparseMatrixCSC{Int64,Int64} with 3 stored entries:
  [1  ,   1]  =  4
  [10 ,  10]  =  5
  [100, 100]  =  6

julia> sumprod_6(A, B)
32
```

太棒了！即使使用稀疏矩阵类型，它现在也能很好地工作。我们快完成了。让我们看看我们的最后一个选项——鸭子类型。

选项 7——鸭子类型

我们的最后一个选项基本上跳过了函数参数中的类型。这也称为鸭子类型，因为只要提供了两个参数，该函数就会被分派。Julia 将针对参数类型的不同变体设计并编译新版本。该函数的简单定义如下所示：

```
sumprod_7(A, B) = sum(A .* B)
```

为了完整性，我们将再次运行测试。

```
julia> test_sumprod(sumprod_7)
sumprod_7 #1 success
sumprod_7 #2 success
sumprod_7 #3 success
sumprod_7 #4 success
sumprod_7 #5 success
```

这个选项的好处是该函数在签名中没有类型信息，因此看起来非常干净。但是，缺点是该函数可以分派给任何类型，却不能分派给数组或数值。当将垃圾（garbage）传递给函数时，就会传出垃圾，或者当传递的对象未定义 * 运算符函数时，该函数将引发错误。

既然我们已经考虑了所有选项并执行了相应的测试，那么让我们总结一下到目前为止已经完成的工作以及下一步要做的工作。

总结所有选项

现在，让我们总结一下到目前为止我们已经考虑过的所有选项，如表 10-2 所示。

表 10-2

选项	签名	是否通过测试
1	`sumprod(A::Vector{Float64}, B::Vector{Float64})`	否
2	`sumprod(A::Vector{Number}, B::Vector{Number})`	否
3	`sumprod(A::Vector{T}, B::Vector{T}) where T <: Number`	否
4	`sumprod(A::Vector{S}, B::Vector{T}) where {S <: Number, T <: Number}`	否
5	`sumprod(A::Array{S,N}, B::Array{T,N}) where {N, S <: Number, T <: Number}`	是
6	`sumprod(A::AbstractArray{S,N}, B::AbstractArray{T,N}) where {N, S <: Number, T <: Number}`	是
7	`sumprod(A, B)`	是

从技术上讲，选项 5、选项 6 或选项 7 可以适用于所有数组类型。选项 6 和选项 7 支持其他数组容器，例如稀疏矩阵。选项 7 适用于非 `AbstractArray` 类型，只要该类型可以广播相乘并求和即可。

在得出结论之前，让我们从性能角度进行最后测试。你是否想知道让函数接受更多通用类型会不会牺牲性能？知道这一点的唯一方法是通过实际实验对其进行证明。接下来让我们进行实验。

10.3.2 评估性能

当我们使函数的参数接受更通用的类型时，会牺牲性能吗？让我们进行一些性能基准测试，看看它们的性能如何。在这里，我们将使用完全相同的输入（具有 10 000 个元素的 2 个 Float64 向量）来对选项 1、选项 5、选项 6 和选项 7 的函数进行基准测试：

```
using BenchmarkTools

A = rand(10_000);
B = rand(10_000);

@btime sumprod_1($A, $B);
@btime sumprod_5($A, $B);
@btime sumprod_6($A, $B);
@btime sumprod_7($A, $B);
```

测试结果如下所示。

```
julia> @btime sumprod_1($A, $B);
  12.126 μs (2 allocations: 78.20 KiB)

julia> @btime sumprod_5($A, $B);
  11.742 μs (2 allocations: 78.20 KiB)

julia> @btime sumprod_6($A, $B);
  11.925 μs (2 allocations: 78.20 KiB)

julia> @btime sumprod_7($A, $B);
  11.706 μs (2 allocations: 78.20 KiB)
```

如你所见，这些选项之间没有实质性区别。如何指定参数类型并不会影响函数的运行时性能。

总而言之，我们从这种反模式中学到的是，不应不必要地使函数参数变窄。当参数限制变宽时，函数可能会更加有用。可以接受并支持更多输入类型的函数会自动地更具有重用性。

我们的下一个反模式涉及在设计数据类型时应如何选择字段类型。这是一个非常重要的主题，因为它会极大地影响系统性能。

10.4 非具体字段类型反模式

非具体字段类型反模式是结构字段不具体的反模式。字段的非具体类型的主要问题是它们可能会导致严重的性能问题。为了理解其原因，让我们看一下具有非具体类型和具体类型的复合类型的内存模型，然后设计并比较这两种类型。

10.4.1 理解复合数据类型的内存布局

首先，让我们看一个简单的示例，该示例用于跟踪点坐标的复合类型：

```
struct Point
    x
    y
end
```

如果未指定字段类型，则将其隐式解释为 `Any`，即所有类型的超级类型，因此，前面的代码在语法上与下面的代码等效（为避免混淆，我们将类型名称重命名为 `Point2`）：

```
struct Point2
    x::Any
    y::Any
end
```

字段 `x` 和 `y` 具有 `Any` 类型，这意味着它们可以是任何类型：`Int64`、`Float64` 或任何其他数据类型。为了比较内存布局和利用率，创建一个新的点类型是值得的，它使用较小的具体类型（例如 `UInt8`）：

```
struct Point3
    x::UInt8
    y::UInt8
end
```

众所周知，`UInt8` 应该占用 1 个字节的存储空间。同时拥有 `x` 和 `y` 字段应仅占用 2 个字节的存储空间。也许我们应该向自己证明这些，检查以下代码。

```
julia> Point3(0x01, 0x01) |> sizeof
2
```

显然，单个 `Point3` 对象仅占用 2 个字节。让我们对原始 `Point` 对象执行相同操作。

```
julia> Point(0x01, 0x01) |> sizeof
16
```

即使我们只想存储 2 个字节，`Point` 对象也需要 16 个字节。众所周知，`Point` 对象可以在 `x` 和 `y` 字段中采用任何数据类型。现在，让我们对较大的数据类型（例如 `Int128`）进行相同的练习。

```
julia> Point(Int128(1), Int128(1)) |> sizeof
16
```

`Int128` 是 128 位整数，在内存中占用 `16` 个字节。有趣的是，即使我们在 `Point` 中携带 2 个 `Int128` 字段，该对象的大小仍为 `16` 个字节。

为什么？这是因为 `Point` 实际上存储了 2 个 64 位指针，每个指针占用了 8 个字节的存储空间。我们可以如图 10-2 所示显示一个 `Point` 对象的内存。

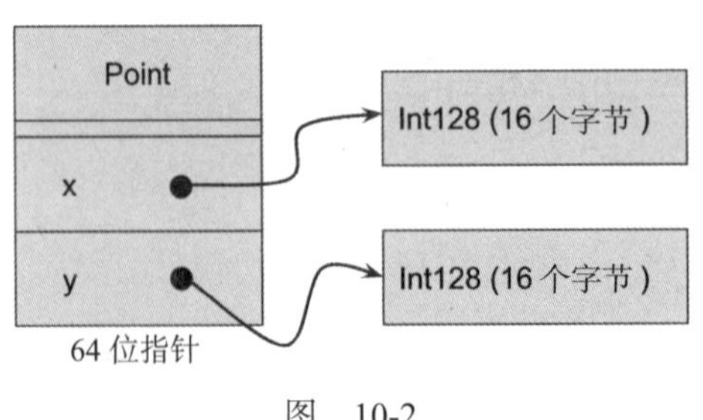

图 10-2

当字段类型是具体的时候，Julia 编译器会确切知道内存布局。有 2 个 `UInt8` 字段时，它用 2 个字节紧凑地表示。有 2 个 Int128 字段时，它将占用 32 个字节。让我们在 REPL 中尝试一下。

```
julia> Point4(Int128(1), Int128(1)) |> sizeof
32
```

Point4 的内存布局紧凑，如图 10-3 所示。

现在我们知道了内存布局的区别，我们可以立即看到使用具体类型的好处。每次我们需要访问 x 或 y 字段时，如果它是具体类型，那么可以很容易找到数据。如果这些字段只是指针，那么我们必须取消对指针的引用才能找到数据。此外，x 和 y 的物理内存位置甚至可能彼此不相邻，这可能会导致硬件高速缓存未命中，从而进一步损害性能。

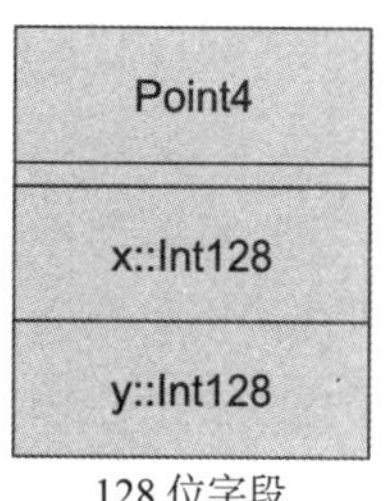

128 位字段

图 10-3

那么，我们是否只遵循在字段定义中直接使用具体类型的规则？其实没有必要。我们还可以考虑其他选项，我们将在之后的小节中进行介绍。

10.4.2 设计复合类型时要考虑具体类型

我们首先在字段中使用抽象类型的原因是为了支持字段中的不同类型的数据。通过上一节中的 Point 类型，我们可以看到该类型在计算机游戏中非常有用，在计算机游戏中，坐标是通过屏幕上的整数像素位置来标识的。我们还认为，相同的类型对于在架构图中存储形状坐标可能很有用，在这种情况下，我们需要浮点值。

如果我们想灵活一点，我们希望支持带有 Real 类型的任何子类型的 Point 字段。从概念上讲，我们想要如下所示的东西：

```
struct Point
    x::Real
    y::Real
end
```

但是，由于 Real 是抽象类型，因此我们预期性能会差一点，就像使用 Any 一样。为了利用具体类型而不牺牲支持其他数字类型的灵活性，我们可以将 Point 转换为参数化类型。让我们重新启动 REPL 并定义新的 Point 类型，如下所示：

```
struct Point{T <: Real}
    x::T
    y::T
end
```

将其设置为参数化类型的好处是会使它变为具体的。我们可以从 REPL 轻松地进行检查。以下是基本的语法实现。

```
julia> p = Point(0x01, 0x01)
Point{UInt8}(0x01, 0x01)
```

```
julia> sizeof(p)
2
```

以下代码显示了另一个示例。

```
julia> p = Point(Int128(1), Int128(1))
Point{Int128}(1, 1)

julia> sizeof(p)
32
```

到目前为止，我们都是在假设，struct 字段中具体类型的性能要优于非具体类型。那现在就让我们尝试了解它们的性能差距。

10.4.3 比较具体字段类型和非具体字段类型的性能

我们可以对这两种不同的类型进行性能测试。基准测试函数将计算数组中所有点的中心点，如下所示：

```
using Statistics: mean

function center(points::AbstractVector{T}) where T
    return T(
        mean(p.x for p in points),
        mean(p.y for p in points))
end
```

此外，我们还将定义一个函数，该函数可用于为所需的任何类型建立点的数组：

```
make_points(T::Type, n) = [T(rand(), rand()) for _ in 1:n]
```

让我们从 PointAny 类型开始。

我们将产生 100 000 个点，并使用 BenchmarkTools 测量时间。

```
julia> points = make_points(PointAny, 100_000);

julia> @btime center($points)
  5.221 ms (200007 allocations: 3.05 MiB)
PointAny(0.5004320956272242, 0.4990790865814426)
```

接下来，我们将对 Point 类型运行性能测试。

```
julia> points = make_points(Point, 100_000);

julia> @btime center($points)
  207.244 μs (2 allocations: 32 bytes)
Point{Float64}(0.4979919250808648, 0.5010439178246113)
```

可以看到，两者之间存在巨大差异。使用参数化 Point 类型比使用 Any 作为字段类型的速度大约快 25 倍。

从非具体字段类型反模式中学到的是，对于复合类型中定义的字段，应使用具体类型。

将我们想要的抽象类型分解为类型参数非常容易。这样做可以使我们从具体类型中获得性能收益，而不会牺牲支持其他数据类型的能力。

10.5 小结

在本章中，我们了解了 Julia 编程中的几种反模式。当我们仔细研究每种反模式的细节时，我们还想出了如何应用替代设计解决方案的方法。

我们从海盗反模式开始，海盗反模式指的是与从第三方模块扩展函数有关的不好的做法。为方便起见，我们将海盗反模式分为三种类型：I 类、II 类和 III 类。每种类型都会导致系统变得不稳定或在将来可能引发问题。

接下来，我们研究了窄参数类型反模式。当函数自变量指定得太狭窄时，它们的可重用性就会降低。因为 Julia 可以将函数特化为各种参数类型，所以利用抽象类型使参数类型尽可能通用更为有益。我们详细介绍了几个设计选项并得出结论，最通用的类型可以在不牺牲性能的情况下使用。

最后，我们回顾了非具体字段类型反模式。论证了因为低效的内存布局，非具体类型会造成性能问题。我们得出结论，通过使用参数化类型，将具体类型指定为类型参数的一部分，可以轻松解决该问题。

在第 11 章中，我们将把注意力转向传统的面向对象的设计模式，并了解如何将其应用于 Julia 编程。请跟随我的步伐，如果你曾经是一名 OOP 开发人员，接下来你的旅程可能会有些颠簸！

10.6 问题

1. I 类海盗有哪些风险和潜在好处？
2. II 类海盗会引起什么问题？
3. III 类海盗如何引起麻烦？
4. 指定函数参数时应该注意什么？
5. 使用抽象函数参数对系统性能有什么影响？
6. 将抽象字段类型用于复合类型对系统性能有什么影响？

Chapter 11 第 11 章

传统的面向对象模式

到目前为止，我们已经了解了成为一名有效的 Julia 开发人员所需了解的许多设计模式。前几章介绍的案例包括各种问题，我们可以通过编写惯用的 Julia 代码来解决。这些年来，有些人可能会问，我已经学习并适应了面向对象编程（OOP）的范式。如何在 Julia 中应用相同的概念？普遍的答案是，你不会以相同的方式解决问题。用 Julia 编写的解决方案看起来会有所不同，反映出不同的编程范式。尽管如此，思考如何在 Julia 中采用某些 OOP 技术仍然是一个有意思的练习。

在本章中，我们将涵盖 GoF 的经典的 *Design Patterns: Elements of Reusable Object-Oriented Software* 一书中的所有 23 种设计模式。我们将在之后的小节中保留传统模式并介绍主题：

- 创建型模式
- 行为型模式
- 结构型模式

在本章的最后，你将了解与 OOP 方法相比，每种模式如何在 Julia 中应用。

11.1 技术要求

示例源代码位于 https://github.com/PacktPublishing/Hands-on-Design-Patterns-and-Best-Practices-with-Julia/tree/master/Chapter11。

该代码在 Julia 1.3.0 环境中进行了测试。

11.2 创建型模式

创建型模式是指构造和实例化对象的各种方式。由于OOP将数据和行为组合在一起，并且一个类可以继承祖先类的结构和行为，因此在构建大型系统时，还涉及其他级别的复杂性。通过设计——不允许字段以抽象类型声明，也不允许从具体类型创建新的子类型，Julia已经避免了许多问题。但是，其中某些模式在某些情况下可能会有所帮助。

创建模式包括工厂方法模式、抽象工厂模式、单例模式、建造者模式和原型模式。我们将在以下各节中详细讨论它们。

11.2.1 工厂方法模式

工厂方法模式的思想是提供一个单一的接口，以创建与接口兼容的不同类型的对象，同时向客户端隐藏实际的实现。这种抽象使客户端与功能提供者的基础实现脱钩。

例如，程序可能需要在输出中格式化一些数字。在Julia中，我们可能要使用`Printf`包来格式化数字，如下所示。

```
julia> using Printf

julia> @sprintf("%d", 1234)
"1234"

julia> @sprintf("%.2f", 1234.567)
"1234.57"
```

也许我们不想与`Printf`包结合使用，因为我们将来希望切换并使用其他格式化包。为了使应用程序更加灵活，我们可以设计一个接口，在该接口中可以根据数字的类型进行格式化。doc字符串中描述了以下接口：

```
"""
 format(::Formatter, x::T) where {T <: Number}

Format a number `x` using the specified formatter.
Returns a string.
"""
function format end
```

`format`函数采用`formatter`和数值`x`，然后返回格式化的字符串。`Formatter`类型定义如下：

```
abstract type Formatter end
struct IntegerFormatter <: Formatter end
struct FloatFormatter <: Formatter end
```

然后，工厂方法基本上会创建用于分派目的的单例类型：

```
formatter(::Type{T}) where {T <: Integer} = IntegerFormatter()
formatter(::Type{T}) where {T <: AbstractFloat} = FloatFormatter()
formatter(::Type{T}) where T = error("No formatter defined for type $T")
```

利用 Printf 包，默认实现如下所示：

```
using Printf
format(nf::IntegerFormatter, x) = @sprintf("%d", x)
format(nf::FloatFormatter, x) = @sprintf("%.2f", x)
```

将所有内容放入 FactoryExample 模块中，我们可以运行以下测试代码：

```
function test()
    nf = formatter(Int)
    println(format(nf, 1234))
    nf = formatter(Float64)
    println(format(nf, 1234))
end
```

输出如下所示。

```
julia> FactoryExample.test()
1234
1234.00
```

如果将来我们想更改格式化程序，我们只需要提供一个新的实现，该实现具有为我们要支持的数字类型定义的格式化功能。当我们有很多数字格式化代码时，这很方便。切换到其他格式化程序实际上涉及两行代码更改（在此示例中）。

接下来让我们看一下抽象工厂模式。

11.2.2 抽象工厂模式

抽象工厂模式用于通过一组工厂方法创建对象，这些方法从具体实现中抽象出来。抽象工厂模式可以看作是一个工厂中的工厂。

我们可以探索一些示例，构建支持 Microsoft Windows 和 macOS 的多平台 GUI 库。当我们要开发跨平台的代码时，我们可以利用这种设计模式。图 11-1 的 UML 图描述了这种设计。

简而言之，我们在这里介绍了两种 GUI 对象：Button 和 Label。它们在 Microsoft Windows 和 macOS 平台的概念相同。客户端不在乎如何实例化这些对象。相反，它要求抽象工厂 GUIFactory 返回工厂（MacOSFactory 或 WindowsFactory），该工厂支持多个工厂方法来创建依赖于平台的 GUI 对象的工厂。

Julia 的实现可以简单地用适当的抽象和具体类型建模。让我们从操作系统级别开始：

```
abstract type OS end
struct MacOS <: OS end
struct Windows <: OS end
```

我们打算在之后将 MacOS 和 Windows 用作单例类型以进行分派。现在，让我们继续并按如下所示定义抽象类型 Button 和 Label。此外，我们分别为每种类型定义了 show 方法：

```
abstract type Button end
Base.show(io::IO, x::Button) =
    print(io, "'$(x.text)' button")

abstract type Label end
Base.show(io::IO, x::Label) =
    print(io, "'$(x.text)' label")
```

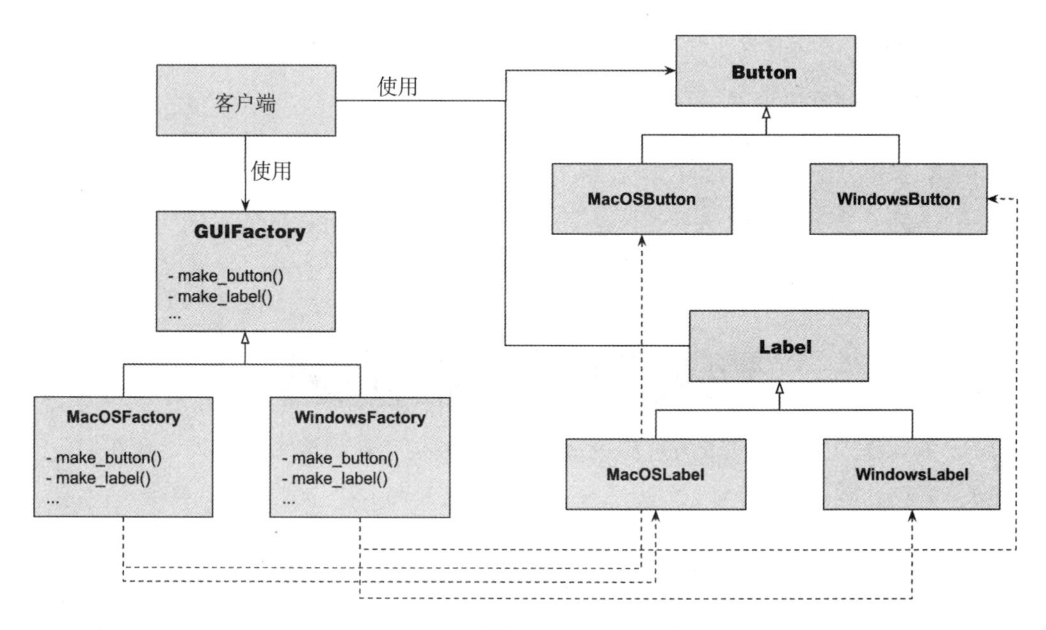

图　11-1

我们确实需要为这些 GUI 对象提供具体的实现。现在定义它们：

```
# Buttons
struct MacOSButton <: Button
    text::String
end

struct WindowsButton <: Button
    text::String
end

# Labels
struct MacOSLabel <: Label
    text::String
end

struct WindowsLabel <: Label
    text::String
end
```

为了简单起见，无论是按钮还是标签，我们仅保留文本字符串。由于工厂方法依赖于平台，因此我们可以利用 OS 特性和多个分派来调用正确的 `make_button` 或 `make_label` 函数：

```
# Generic implementation using traits
current_os() = MacOS() # should get from system
make_button(text::String) = make_button(current_os(), text)
make_label(text::String) = make_label(current_os(), text)
```

为了进行测试，我们对 `current_os` 函数进行了硬编码以返回 `MacOS()`。实际上，此函数应通过检查适合识别平台的任何系统变量来返回 `MacOS()` 或 `Windows()`。最后，我们需要为每个平台实现以下特定函数：

```
# MacOS implementation
make_button(::MacOS, text::String) = MacOSButton(text)
make_label(::MacOS, text::String) = MacOSLabel(text)

# Windows implementation
make_button(::Windows, text::String) = WindowsButton(text)
make_label(::Windows, text::String) = WindowsLabel(text)
```

我们的简单测试仅涉及调用 `make_button` 函数。

```
julia> button = make_button("Click me")
'Click me' button
```

使用多重分派，我们可以通过简单地为特定 OS 定义新函数来轻松扩展到新平台或新 GUI 对象。

接下来，我们将研究单例模式。

11.2.3 单例模式

单例模式用于创建对象的单个实例并在任何地方重用它。通常在应用程序启动时构造一个单例对象，或者可以在首次使用该对象时延迟创建它。对于多线程应用程序，一个有趣的要求出现在单例模式中，因为单例对象的实例化必须仅发生一次。如果从多个线程延迟调用对象创建函数，可能会遇到挑战。

假设我们要创建一个称为 `AppKey` 的单例，该单例用于在应用程序中进行加密：

```
# AppKey contains an app id and encryption key
struct AppKey
    appid::String
    value::UInt128
end
```

最初，我们可能会想使用全局变量。既然我们已经了解了全局变量对性能的影响，就可以应用在第 6 章中学习的全局常量模式。本质上，将 `Ref` 对象创建为占位符，如下所示：

```
# placeholder for AppKey object.
const appkey = Ref{AppKey}()
```

首先创建 `appkey` 全局常量而不为其分配任何值，但是可以在实例化单例时对其进行更新。单例的构造可以如下进行：

```
function construct()
    global appkey
    if !isassigned(appkey)
        ak = AppKey("myapp", rand(UInt128))
        println("constructing $ak")
        appkey[] = ak
    end
    return nothing
end
```

只要有一个线程，此代码就可以正常工作。如果我们使用多个线程对其进行测试，则 **isassigned** 检查是有问题的。例如，两个线程可能会检查是否同时分配了键，并且两个线程都可能认为单例对象需要实例化。在这种情况下，我们最终构造了两次单例。

测试代码如下所示：

```
function test_multithreading()
    println("Number of threads: ", Threads.nthreads())
    global appkey
    Threads.@threads for i in 1:8
        construct()
    end
end
```

我们可以如下演示问题，让我们用四个线程启动 Julia REPL。

```
$ JULIA_NUM_THREADS=4 julia --project=.
               _
   _       _ _(_)_     |  Documentation: https://docs.julialang.org
  (_)     | (_) (_)    |
   _ _   _| |_  __ _   |  Type "?" for help, "]?" for Pkg help.
  | | | | | | |/ _` |  |
  | | |_| | | | (_| |  |  Version 1.3.0 (2019-11-26)
 _/ |\__'_|_|_|\__'_|  |  Official https://julialang.org/ release
|__/                   |

julia> Threads.nthreads()
4
```

然后，我们可以运行测试代码。

```
julia> SingletonExample.test_multithreading()
Number of threads: 4
constructing AppKey("myapp", 0xd04169b66cda2e7ec8d3207357a3e4e9)
constructing AppKey("myapp", 0x345ea51c3f16bf5a5b543aeea2165038)
constructing AppKey("myapp", 0x39d0fcb993802a1d443a8a32468d50f7)
constructing AppKey("myapp", 0xd73f2bf060fa925699b8cfce1fdd9d91)
```

如你所见，构造了两次单例。

那么我们如何解决这个问题呢？我们可以使用锁来同步单例构造逻辑。让我们首先创建另一个全局常量来持有锁：

```
const appkey_lock = Ref(ReentrantLock())
```

要使用锁，我们可以如下修改 **construct** 函数。

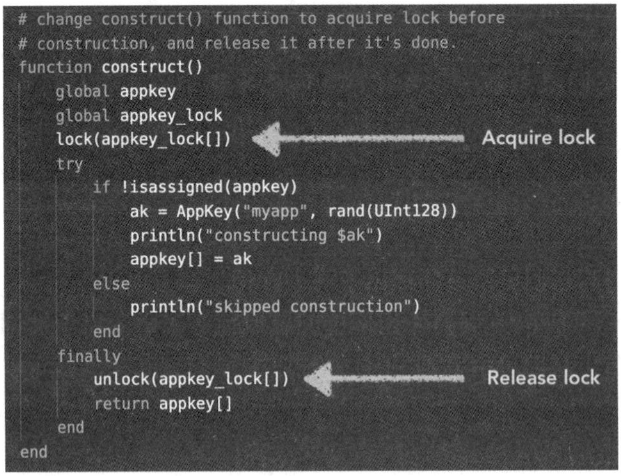

```
# change construct() function to acquire lock before
# construction, and release it after it's done.
function construct()
    global appkey
    global appkey_lock
    lock(appkey_lock[])          <---- Acquire lock
    try
        if !isassigned(appkey)
            ak = AppKey("myapp", rand(UInt128))
            println("constructing $ak")
            appkey[] = ak
        else
            println("skipped construction")
        end
    finally
        unlock(appkey_lock[])    <---- Release lock
        return appkey[]
    end
end
```

在检查是否已分配 `appkey[]` 之前，我们必须首先获取锁。当我们完成构造单例时（或者如果已经创建，则跳过它），我们释放锁。请注意，我们已将代码的关键部分包装在 `try` 块中，并将 `unlock` 函数放在 `finally` 块中。这样做是为了不管单例的构造是否成功，确保释放锁。

我们的新测试表明，单例仅构造一次。

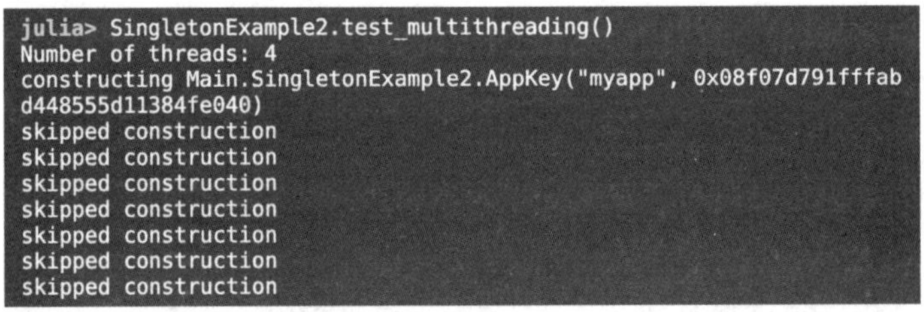

```
julia> SingletonExample2.test_multithreading()
Number of threads: 4
constructing Main.SingletonExample2.AppKey("myapp", 0x08f07d791fffab
d448555d11384fe040)
skipped construction
skipped construction
skipped construction
skipped construction
skipped construction
skipped construction
skipped construction
```

当我们需要保持单个对象时，单例模式非常有用。实际的用例包括数据库连接或其他对外部资源的引用。接下来，我们将看看建造者模式。

11.2.4 建造者模式

建造者模式用于通过逐步构建简单的组件来构建复杂对象。我们可以想象工厂组装线以类似的方式工作。在这种情况下，产品会越来越多地逐步组装在一起，并且在组装线的末端，产品就会完成并准备就绪。

这种模式的一个好处是，建造者代码看起来像线性数据流，并且对于某些人来说更易于阅读。在 Julia 中，我们可能想编写如下代码：

```
car = Car() |>
    add(Engine("4-cylinder 1600cc Engine")) |>
    add(Wheels("4x 20-inch wide wheels")) |>
    add(Chassis("Roadster Chassis"))
```

本质上，这正是第9章中描述的函数管道模式。对于此示例，我们可以开发用于构建每个零件（例如轮子、引擎和底盘）的高阶函数。以下代码说明了如何构建用于创建轮子的柯里化（高阶）函数：

```
function add(wheels::Wheels)
    return function (c::Car)
        c.wheels = wheels
        return c
    end
end
```

`add` 函数仅返回一个匿名函数，该匿名函数将 `Car` 对象作为输入并返回增强的 `Car` 对象。同样，我们可以为 `Engine` 和 `Chassis` 类型开发类似的函数。一旦这些函数准备就绪，我们就可以通过简单地将这些函数调用链接在一起来制造汽车。

接下来，我们将讨论原型模式。

11.2.5 原型模式

原型模式用于通过克隆现有对象或原型对象中的字段来创建新对象。当因为构造有些对象很难或很费时，所以制作该对象的副本并通过进行少量修改将其称为新对象时，原型模式很有用。

由于 Julia 将数据和逻辑分开，因此对象的副本与复制内容实际上是一样的。这听起来很容易，但是我们不应忽视浅拷贝和深拷贝之间的区别。

一个对象的浅拷贝只是一个所有字段都从另一个对象复制而来的对象。通过递归地进入对象的字段并复制其底层字段来创建对象的深拷贝。这样，由于某些数据可以与原始对象共享，因此可能不希望使用浅拷贝。

为了说明这一点，让我们考虑一个银行账户示例的以下结构定义：

```
mutable struct Account
    id::Int
    balance::Float64
end

struct Customer
    name::String
    savingsAccount::Account
    checkingAccount::Account
end
```

现在，假设我们有一个从以下函数返回的 `Customer` 对象数组：

```
function sample_customers()
    a1 = Account(1, 100.0)
    a2 = Account(2, 200.0)
    c1 = Customer("John Doe", a1, a2)
    a3 = Account(3, 300.0)
    a4 = Account(4, 400.0)
    c2 = Customer("Brandon King", a3, a4)

    return [c1, c2]
end
```

sample_customer 函数返回两个客户的数组。为了进行测试，让我们构建一个测试工具来更新第一个客户的余额，如下所示：

```
function test(copy_function::Function)
    println("--- testing ", string(copy_function), " ---")
    customers = sample_customers()
    c = copy_function(customers)
    c[1].checkingAccount.balance += 500
    println("orig: ", customers[1].checkingAccount.balance)
    println("new: ", c[1].checkingAccount.balance)
end
```

如果我们使用内置的 copy 和 deepcopy 对测试工具进行测试，则会得到以下结果。

```
julia> PrototypeExample.test(copy)
--- testing copy ---
orig: 700.0
new:  700.0

julia> PrototypeExample.test(deepcopy)
--- testing deepcopy ---
orig: 200.0
new:  700.0
```

出乎意料的是，我们在 orig 输出中得到了错误的结果，因为我们应该为新客户增加 500 美元。为什么我们对原始客户记录和新客户记录都拥有相同的余额？这是因为使用 copy 函数时，从客户数组中生成了浅拷贝。发生这种情况时，客户记录实际上是在原始数组和新数组之间共享的。这意味着改变新记录也影响了原始记录。

在结果的第二部分中，仅更改了客户记录的新副本。这是因为使用了 deepcopy 函数。根据定义，原型模式需要对副本进行更改。如果应用此模式，则进行深拷贝可能更安全。

我们已经介绍了所有五个创建型模式。这些模式使我们可以有效地构建新对象。

接下来，我们将介绍一组行为型设计模式。

11.3 行为型模式

行为型模式是指对象如何设计为相互协作和通信。OOP 范式中有 11 种 GoF 模式。我们将在这里提供一些有趣的动手示例。

11.3.1 责任链模式

责任链（CoR）模式用于使用请求处理程序链来处理请求，而每个处理程序都有其自己独立的职责。

这种模式在许多应用程序中很常见。例如，Web 服务器通常使用所谓的中间件来处理 HTTP 请求。每个中间件都负责执行特定任务，例如验证请求（authenticating request 和 validating request）、维护 cookie 和执行业务逻辑。有关 CoR 模式的特定要求是，链的任何部分都可以在任何时间断开，从而导致该过程提前退出。在前面的 Web 服务器示例中，身份验证中间件可能已经确定用户尚未经过身份验证，因此，应将用户重定向到单独的网站进行登录。这意味着除非用户通过身份验证步骤，否则将跳过其余中间件。

我们如何在 Julia 中设计类似的东西？让我们看一个简单的例子：

```
mutable struct DepositRequest
    id::Int
    amount::Float64
end
```

`DepositRequest` 对象包含客户想要在其账户中存入的金额。如果存款金额大于 100 000 美元，我们的营销部门希望我们向客户提供感谢信。为了处理这样的请求，我们设计了三个函数，如下所示：

```
@enum Status CONTINUE HANDLED

function update_account_handler(req::DepositRequest)
    println("Deposited $(req.amount) to account $(req.id)")
    return CONTINUE
end

function send_gift_handler(req::DepositRequest)
    req.amount > 100_000 &&
        println("=> Thank you for your business")
    return CONTINUE
end

function notify_customer(req::DepositRequest)
    println("deposit is finished")
    return HANDLED
end
```

这些函数的职责是什么？

- `update_account_handler` 函数负责使用新的存款更新账户。
- `send_gift_handler` 函数负责向客户发送大量存款的感谢信。
- `notify_customer` 函数负责在存款后通知客户。

这些函数还返回一个 `CONTINUE` 或 `HANDLED` 枚举值，以指示在当前请求完成时是否应将请求传递给下一个处理程序。

这些函数以特定顺序运行。特别是，`notify_customer` 函数应在事务结束时运行。因此，我们可以建立函数数组：

```
handlers = [
    update_account_handler,
    send_gift_handler,
    notify_customer
]
```

我们还可以有一个函数来按顺序执行这些处理程序：

```
function apply(req::DepositRequest, handlers::AbstractVector{Function})
```

```
    for f in handlers
        status = f(req)
        status == HANDLED && return nothing
    end
end
```

作为此设计的一部分，如果任何处理程序返回 **HANDLED** 值，则循环将立即结束。我们的测试代码用于测试向主要客户发送感谢信的函数，如下所示：

```
function test()
    println("Test: customer depositing a lot of money")
    amount = 300_000
    apply(DepositRequest(1, amount), handlers)

    println("\nTest: regular customer")
    amount = 1000
    apply(DepositRequest(2, amount), handlers)
end
```

运行测试可以得到以下结果。

```
julia> ChainOfResponsibilityExample.test()
Test: customer depositing a lot of money
Deposited 300000.0 to account 1
=> Thank you for your business
deposit is finished

Test: regular customer
Deposited 1000.0 to account 2
deposit is finished
```

我将把它留作练习，让你在此链中建立另一个函数以执行提前退出。但是现在，让我们继续下一个模式——中介者模式。

11.3.2 中介者模式

中介者模式用于促进应用程序中不同组件之间的通信。这样做的方式是使各个组件彼此分离。在大多数应用程序中，一个组件的更改会影响另一个组件。有时，还有级联效应。中介者可以负责在一个组件发生更改时得到通知，并且可以将事件通知给其他组件，以便进行进一步的下游更新。

作为示例，我们可以考虑图形用户界面（GUI）的用例。假设我们有一个屏幕，其中包含我们喜欢的银行业务应用程序的三个字段：

- ❑ 金额：账户中的当前余额。
- ❑ 利率：当前利率，以百分比表示。
- ❑ 利息金额：利息金额。这是一个只读字段。

它们如何相互影响？如果金额发生变化，则需要更新利息金额。同样，如果利率发生变化，那么利息金额也需要更新。

为了对 GUI 进行建模，我们可以为屏幕上的各个 GUI 对象定义以下类型：

```
abstract type Widget end

mutable struct TextField <: Widget
    id::Symbol
    value::String
end
```

Widget是抽象类型，可以用作所有GUI对象的超类型。此应用程序仅需要文本字段，因此我们仅定义一个TextField小部件。文本字段由id标识，并且包含一个value。为了提取和更新文本字段小部件中的值，我们可以定义以下函数：

```
# extract numeric value from a text field
get_number(t::TextField) = parse(Float64, t.value)

# set text field from a numeric value
function set_number(t::TextField, x::Real)
    println("* ", t.id, " is being updated to ", x)
    t.value = string(x)
    return nothing
end
```

从前面的代码中，我们可以看到get_number函数从文本字段小部件获取值并将其作为浮点数返回。set_number函数使用提供的数值填充文本字段小部件。现在，我们还需要创建应用程序，因此我们可以方便地定义一个结构，如下所示：

```
Base.@kwdef struct App
    amount_field::TextField
    interest_rate_field::TextField
    interest_amount_field::TextField
end
```

对于此示例，我们将实现一个notify函数来模拟一个事件，该事件在用户输入一个值后发送到文本字段小部件。实际上，GUI平台通常执行该函数。让我们将其称为on_change_event，如下所示：

```
function on_change_event(widget::Widget)
    notify(app, widget)
end
```

on_change_event函数不执行任何其他操作，只是向中介者（应用程序）传达此小部件刚刚发生了某些事情。至于应用程式本身，以下是处理通知的方式：

```
# Mediator logic - handling changes to the widget in this app
function notify(app::App, widget::Widget)
    if widget in (app.amount_field, app.interest_rate_field)
        new_interest = get_number(app.amount_field) *
get_number(app.interest_rate_field)/100
        set_number(app.interest_amount_field, new_interest)
    end
end
```

如你所见，它只是检查要更新的小部件是“金额”还是“利率”字段。如果是，则计算新的利息金额，并用新值填充“利息金额”字段。让我们做一个快速测试：

```
function test()
    # Show current state before testing
    print_current_state()

    # double principal amount from 100 to 200
    set_number(app.amount_field, 200)
    on_change_event(app.amount_field)
    print_current_state()
end
```

test 函数显示应用程序的初始状态、更新金额字段，并显示新状态。为简洁起见，此处未显示 print_current_state 函数的源代码，你可以在本书的 GitHub 站点上找到该源代码。测试程序的输出如下所示。

```
julia> using .MediatorExample

julia> MediatorExample.test()
current amount = 100.0
current interest rate = 5.0
current interest amount = 5.0

* amount is being updated to 200
* interest_amount is being updated to 10.0
current amount = 200.0
current interest rate = 5.0
current interest amount = 10.0
```

使用 2 个中介者的好处是，每个对象都可以专注于自己的职责，而不必担心下游影响。一个主要中介者负责组织活动以及处理事件和交流。

接下来，我们将看看备忘录模式。

11.3.3　备忘录模式

备忘录模式是一种状态管理技术，可用于在需要时将工作还原到以前的状态。一个常见的示例是文字处理器应用程序的撤销功能。进行 10 次更改后，我们始终可以撤销之前的操作，并返回到进行这 10 次更改之前的原始状态。同样，应用程序可能会记住最近打开的文件，并提供选择菜单，以便用户可以快速重新打开以前打开的文件。

在 Julia 中实现备忘录模式非常简单。我们可以将以前的状态存储在数组中，进行更改时可以将新状态推入数组。当我们想撤销动作时，我们通过从数组中弹出来恢复以前的状态。为了说明这个想法，让我们考虑博客后期编辑应用程序的情况。我们可以如下定义数据类型：

```
struct Post
    title::String
    content::String
end

struct Blog
    author::String
    posts::Vector{Post}
    date_created::DateTime
end
```

如上所示，Blog 对象包含 Post 对象的数组。按照惯例，数组中的最后一个元素是博客帖子的当前版本。如果数组中有五个帖子，则表示到目前为止已进行了四个更改。创建新博客很容易，如以下代码所示：

```
function Blog(author::String, post::Post)
    return Blog(author, [post], now())
end
```

默认情况下，新博客对象仅包含一个版本。随着用户进行更改，数组将不断扩大。为了方便起见，我们可以提供一个 version_count 函数，该函数返回用户到目前为止所做的修订数量。

```
version_count(blog::Blog) = length(blog.posts)
```

要获取当前帖子，我们可以简单地获取数组的最后一个元素：

```
current_post(blog::Blog) = blog.posts[end]
```

现在，当我们更新博客时，我们必须将新版本推入数组中。以下是我们用来使用新标题或内容更新博客的函数：

```
function update!(blog::Blog;
                 title = nothing,
                 content = nothing)
    post = current_post(blog)
    new_post = Post(
        something(title, post.title),
        something(content, post.content)
    )
    push!(blog.posts, new_post)
    return new_post
end
```

update! 函数接受 Blog 对象，并且可以选择接受更新的 title 和 / 或 content。它将创建一个新的 Post 对象，并将其推入 posts 数组。撤销操作如下所示：

```
function undo!(blog::Blog)
    if version_count(blog) > 1
        pop!(blog.posts)
        return current_post(blog)
    else
        error("Cannot undo... no more previous history.")
    end
end
```

我们可以使用以下 test 函数对其进行测试：

```
function test()
    blog = Blog("Tom", Post("Why is Julia so great?", "Blah blah."))
    update!(blog, content = "The reasons are...")

    println("Number of versions: ", version_count(blog))
    println("Current post")
    println(current_post(blog))
    println("Undo #1")
```

```
    undo!(blog)
    println(current_post(blog))

    println("Undo #2") # expect failure
    undo!(blog)
    println(current_post(blog))
end
```

输出如下所示。

```
julia> MementoExample.test()
Number of versions: 2
Current post
Post: Why is Julia so great? => The reasons are...
Undo #1
Post: Why is Julia so great? => Blah blah.
Undo #2
ERROR: Cannot undo... no more previous history.
```

如上，实现备忘录模式非常容易。接下来，我们将介绍观察者模式。

11.3.4 观察者模式

观察者模式对于将观察者注册到对象非常有用，这样该对象中的所有状态更改都会触发向观察者的通知发送。在支持第一类实体函数的语言（例如 Julia）中，可以通过维护在对象状态改变之前或之后调用的函数列表来轻松实现此类功能。有时，这些函数称为钩子。

Julia 中观察者模式的实现可以包括两个部分：

1）扩展 `setproperty!` 函数用于监控状态变化并通知观察者。

2）维护一个词典，该词典可用于查找要调用的函数。

对于以下演示，我们将再次显示银行账户示例：

```
mutable struct Account
    id::Int
    customer::String
    balance::Float64
end
```

以下是用于维护观察者的数据结构：

```
const OBSERVERS = IdDict{Account,Vector{Function}}();
```

在这里，我们选择使用 `IdDict` 代替常规 `Dict` 对象。`IdDict` 是一种特殊类型，它使用 Julia 的内部对象 ID 作为字典的键。为了注册观察者，我们提供以下函数：

```
function register(a::Account, f::Function)
    fs = get!(OBSERVERS, a, Function[])
    println("Account $(a.id): registered observer function $(Symbol(f))")
    push!(fs, f)
end
```

现在，让我们扩展 `setproperty!` 函数：

```
function Base.setproperty!(a::Account, field::Symbol, value)
    previous_value = getfield(a, field)
```

```
    setfield!(a, field, value)
    fs = get!(OBSERVERS, a, Function[])
    foreach(f -> f(a, field, previous_value, value), fs)
end
```

这个新的 **setproperty!** 函数不仅会更新对象的字段，还会在字段更新后以先前状态和当前状态调用观察者函数。为了进行测试，我们将创建一个观察者函数，如下所示：

```
function test_observer_func(a::Account, field::Symbol, previous_value,
current_value)
    println("Account $(a.id): $field was changed from $previous_value to
$current_value")
end
```

我们的测试函数编写如下：

```
function test()
    a1 = Account(1, "John Doe", 100.00)
    register(a1, test_observer_func)
    a1.balance += 10.00
    a1.customer = "John Doe Jr."
    return nothing
end
```

运行测试程序时，我们得到以下输出。

```
julia> ObserverExample.test()
Account 1: registered observer function test_observer_func
Account 1: balance was changed from 100.0 to 110.0
Account 1: customer was changed from John Doe to John Doe Jr.
```

从输出中，我们可以看到每次更新属性时都会调用 test_observer_func 函数。很容易开发观察者模式。接下来，我们将研究状态模式。

11.3.5 状态模式

状态模式用于对象的行为取决于其内部状态的情况。网络服务就是一个很好的例子。基于网络的服务的典型实现是监听特定的端口号。当远程进程连接到服务时，它将建立一个连接，并且这些进程使用该连接彼此通信直到会话结束。当网络服务当前处于监听状态时，它应允许打开新连接；但是，在打开连接之前，不允许数据传输。然后，在打开连接后，我们应该能够发送数据。相反，如果连接已经关闭，则不应允许任何数据通过网络连接发送。

在 Julia 中，我们可以使用多个分派来实现状态模式。首先，定义对网络连接有意义的以下类型：

```
abstract type AbstractState end

struct ListeningState <: AbstractState end
struct EstablishedState <: AbstractState end
struct ClosedState <: AbstractState end

const LISTENING = ListeningState()
```

```
const ESTABLISHED = EstablishedState()
const CLOSED = ClosedState()
```

在这里，我们利用了单例类型模式。至于网络连接本身，我们可以如下定义类型：

```
struct Connection{T <: AbstractState,S}
    state::T
    conn::S
end
```

现在，让我们开发一个 `send` 函数，该函数用于通过连接发送消息。在我们的实现中，`send` 函数除了收集连接的当前状态并将调用转发到特定于状态的 `send` 函数外，不执行其他任何操作：

```
# Use multiple dispatch
send(c::Connection, msg) = send(c.state, c.conn, msg)

# Implement `send` method for each state
send(::ListeningState, conn, msg) = error("No connection yet")
send(::EstablishedState, conn, msg) = write(conn, msg * "\n")
send(::ClosedState, conn, msg) = error("Connection already closed")
```

你可能会将此视为 Holy Traits 模式。对于单元测试，我们可以开发一个 `test` 函数，以使用指定的消息创建一个新的 `Connection` 并将消息发送到 `Connection` 对象：

```
function test(state, msg)
    c = Connection(state, stdout)
    try
        send(c, msg)
    catch ex
        println("$(ex) for message '$msg'")
    end
    return nothing
end
```

然后，测试代码简单地运行 `test` 函数三次，每种可能的状态测试一次：

```
function test()
    test(LISTENING, "hello world 1")
    test(CLOSED, "hello world 2")
    test(ESTABLISHED, "hello world 3")
end
```

运行测试函数时，我们得到以下输出。

```
julia> StateExample.test()
ErrorException("No connection yet") for message 'hello world 1'
ErrorException("Connection already closed") for message 'hello world 2'
hello world 3
```

因为连接处于 `ESTABLISHED` 状态，所以仅成功发送了第三条消息。现在，让我们看一下策略模式。

11.3.6 策略模式

策略模式使客户端可以选择最佳算法以在运行时使用。除了将客户端与预定义的算法结合之外，可以在必要时为客户端配置特定的算法（策略）。此外，有时无法提前确定算法的选择，因为该决定可能取决于输入数据、环境或其他因素。

在 Julia 中，我们可以使用多重分派解决问题。让我们考虑斐波那契数列生成器的情况。正如我们从第 6 章中学到的那样，第 *n* 个斐波那契数的计算在递归实现时可能很棘手，因此我们的第一个算法（策略）可能是记忆。另外，我们也可以使用迭代算法来解决相同的问题，而无须使用任何递归。

为了支持记忆和迭代算法，让我们创建一些新类型，如下所示：

```
abstract type Algo end
struct Memoized <: Algo end
struct Iterative <: Algo end
```

`Algo` 抽象类型是所有斐波那契算法的超类型。目前，我们只有两种算法可供选择：`Memoized` 或 `Iterative`。现在，我们可以如下定义 `fib` 函数的记忆版本：

```
using Memoize
@memoize function _fib(n)
    n <= 2 ? 1 : _fib(n-1) + _fib(n-2)
end

function fib(::Memoized, n)
    println("Using memoization algorithm")
    _fib(n)
end
```

首先定义一个记忆函数 `_fib`。然后定义包装函数 `fib`，将 `Memoized` 对象作为第一个参数。相应的迭代算法可以如下实现：

```
function fib(algo::Iterative, n)
    n <= 2 && return 1
    prev1, prev2 = 1, 1
    local curr
    for i in 3:n
        curr = prev1 + prev2
        prev1, prev2 = curr, prev1
    end
    return curr
end
```

在此讨论中，算法的实际工作方式并不重要。由于第一个参数是 `Iterative` 对象，因此我们知道将相应地分派此函数。

从客户端的角度来看，它可以根据需要选择记忆版本或迭代版本。由于记忆版本以 O(1) 速度运行，因此当 `n` 越大时速度应该更快。但是，对于较小的 `n` 值，迭代版本会更好。我们可以通过以下方式之一调用 `fib` 函数：

```
fib(Memoized(), 10)
fib(Iterative(), 10)
```

如果客户端选择实现算法选择过程，则可以轻松完成，如下所示：

```
function fib(n)
    algo = n > 50 ? Memoized() : Iterative()
    return fib(algo, n)
end
```

成功的测试结果如下所示。

```
julia> StrategyExample.fib(30)
Using iterative algorithm
832040

julia> StrategyExample.fib(60)
Using memoization algorithm
1548008755920
```

实现策略模式非常容易。多重分派的效果再次拯救了我们！接下来，我们将介绍另一种称为模板方法的行为型模式。

11.3.7 模板方法模式

模板方法模式用于创建可以使用不同种类的算法或操作的明确定义的过程。作为模板，可以使用客户端所需的任何算法或函数对其进行自定义。

在这里，我们将探讨如何在机器学习（ML）管道用例中利用模板方法模式。对于不熟悉 ML 管道的用户，图 11-2 可以作为数据科学家可能做的工作的简化版本。

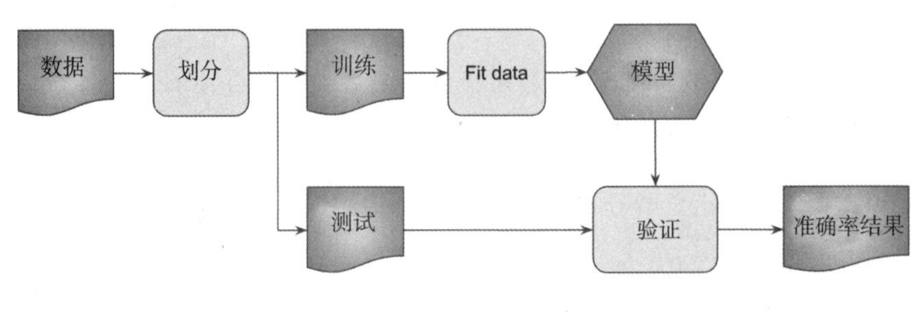

图 11-2

首先将数据集划分为两个单独的数据集以进行训练和测试。训练数据集被输入到将数据拟合为统计模型的过程中。然后，`validate` 函数使用该模型预测测试集中的响应（也称为目标）变量。最后它将预测值与实际值进行比较，并确定模型的准确率。

假设我们已经按照以下步骤建立了管道：

```
function run(data::DataFrame, response::Symbol, predictors::Vector{Symbol})
    train, test = split_data(data, 0.7)
    model = fit(train, response, predictors)
    validate(test, model, response)
end
```

为简洁起见，此处未显示函数 `split_data`、`fit` 和 `validate`。你可以根据需要在本书的 GitHub 站点上查找它们。但是，管道概念在前面的逻辑中得到了证明。让我们快速预测一下波士顿的房价。

```
julia> using RDatasets, GLM

julia> using .MLPipeline

julia> boston = dataset("MASS", "boston");

julia> result, rmse = MLPipeline.run(boston, :MedV, [:Rm, :Tax, :Crim]);

julia> println(rmse)
6.816627880129819
```

在此示例中，响应变量为 **:MedV**，我们将基于 **:Rm**、**:Tax** 和 **:Crim** 建立一个统计模型。

> 波士顿住房数据集包含美国人口普查局收集的有关马萨诸塞州波士顿地区住房的数据。许多统计分析教育文献都广泛使用它。我们在此示例中使用的变量是：
>
> **MedV**：自有住房的中位数价值为 1 000 美元
>
> **Rm**：每个住宅的平均房间数
>
> **Tax**：每 10 000 美元的全额房产税率
>
> **Crim**：按城镇划分的人均犯罪率

模型的准确率记录在 rmse 变量中（意味着均方根误差）。默认实现使用线性回归作为拟合函数。

为了实现模板方法模式，我们应该允许客户端插入过程的任何部分。因此，我们可以使用关键字参数修改函数：

```
function run2(data::DataFrame, response::Symbol,
predictors::Vector{Symbol};
            fit = fit, split_data = split_data, validate = validate)
    train, test = split_data(data, 0.7)
    model = fit(train, response, predictors)
    validate(test, model, response)
end
```

在这里，我们添加了三个关键字参数：**fit**、**split_data** 和 **validate**。为了避免混淆，该函数被命名为 **run2**，因此客户端能够通过传入自定义函数来自定义其中任何一个。为了说明其工作方式，让我们创建一个使用广义线性模型（GLM）的新拟合函数：

```
using GLM

function fit_glm(df::DataFrame, response::Symbol,
predictors::Vector{Symbol})
    formula = Term(response) ~ +(Term.(predictors)...)
    return glm(formula, df, Normal(), IdentityLink())
end
```

现在我们已经自定义了拟合函数，我们可以通过 **fit** 关键字参数传递程序来重新运行该程序。

```
julia> result, rmse = MLPipeline.run2(
           boston, :MedV, [:Rm, :Tax, :Crim],
           fit = fit_glm);

julia> println(rmse)
7.804300451636022
```

客户端只需传递函数即可轻松自定义管道，这是可行的，因为 Julia 支持第一类实体函数。

在下一节中，我们将回顾其他一些传统的行为型模式。

11.3.8 命令模式、解释器模式、迭代器模式和访问者模式

仅在本节中对命令模式、解释器模式和访问者模式进行介绍，因为我们已经在本书前面涵盖了它们的用例。

命令模式用于参数化要执行的动作。在第 9.2 节中，我们探讨了一个用例，其中 GUI 调用不同的命令并对用户请求的特定操作做出反应。通过定义单例类型，我们可以利用 Julia 的多重分派机制来执行适当的函数。我们可以通过简单地添加采用新单例类型的新函数，将其扩展到新命令。

解释器模式用于为特定域模型建模抽象语法树。事实证明，我们已经在 7.5 节中进行了此操作。每个 Julia 表达式都可以建模为抽象语法树，而无须任何其他工作，因此我们可以使用常规的元编程工具（例如宏和生成函数）来开发 DSL。

迭代器模式用于使用标准协议迭代对象的集合。在 Julia 中，已经有一个正式建立的迭代接口，可以由任何集合框架实现。只要为自定义对象定义 `iterate` 函数，就可以将对象中的元素作为任何循环构造的一部分进行迭代。可以从 Julia 官方参考手册中找到更多信息。

最后，访问者模式用于扩展 OOP 范式中现有类的功能。在 Julia 中，可以通过扩展泛型函数轻松地向现有系统添加新函数。例如，Julia 生态系统中有许多类似数组的数据结构包，例如 `OffsetArrays`、`StridedArrays` 和 `NamedArrays`。所有这些都是对现有 `AbstractArray` 框架的扩展。

现在，我们已经完成了行为型模式。让我们继续前进，看看最后一组模式——结构型模式。

11.4 结构型模式

结构型设计模式用于将对象组合在一起以制造更大的东西。随着你继续开发系统并添加功能，其规模和复杂性也在增长。我们不仅要相互集成组件，而且要同时重用尽可能多的组件。通过学习本节中描述的结构型模式，当我们在项目中遇到类似情况时，就有一个模板可以遵循。

在本节中，我们将回顾传统的面向对象的模式，包括适配器模式、桥接模式、组合模式、装饰器模式、外观模式、享元模式和委托模式。让我们从适配器模式开始。

11.4.1 适配器模式

适配器模式用于使一个对象与另一个对象一起工作。假设我们需要集成两个子系统，

但是由于不能满足接口要求，它们无法相互通信。在现实生活中，经常会遇到不同国家电源插头不同的麻烦。

要解决此问题，你通常会带一个通用电源适配器，该适配器可以使设备与国外电源插座配合使用。类似地，可以通过使用适配器使不同的软件相互适配。

只要与子系统一起使用的接口清晰可见，那么创建适配器就可以很简单。在 Julia 中，我们可以使用委托模式包装一个对象，并提供符合所需接口的其他功能。

假设我们正在使用一个执行计算并返回链表的库。链表是一种方便的数据结构，它支持以 O(1) 速度快速插入。现在，假设我们要将数据传递到另一个子系统，该子系统需要我们遵循 `AbstractArray` 接口。在这种情况下，我们不能仅仅通过链表，因为它不合适！

我们如何解决这个问题？首先，让我介绍 `LinkedList` 实现。

```
module LinkedList

export Node, list, prev, next, value

mutable struct Node{T}
    prev::Union{Node,Nothing}
    next::Union{Node,Nothing}
    value::T
end
```

这是一个相当标准的双向链表设计。每个节点都包含一个数据值，但同时也维护对该节点之前和之后的引用。这种链表的典型用法如下所示。

```
julia> using .LinkedList

julia> LL = list(1);

julia> insert!(LL, 2);

julia> insert!(next(LL), 3);

julia> LL
Node: 1
Node: 2
Node: 3
```

通常，我们可以使用 `prev` 和 `next` 函数遍历链表。插入值 3 时需要调用 `next(LL)` 的原因是我们想将其插入到第二个节点后。

因为使用链表不能实现 `AbstractArray` 接口，所以我们不能真正通过索引引用任何元素，也不能弄清楚元素的数量。

```
julia> length(LL)
ERROR: MethodError: no method matching length(::Node{Int64})
Closest candidates are:
  length(::Core.SimpleVector) at essentials.jl:593
  length(::Base.MethodList) at reflection.jl:849
  length(::Core.MethodTable) at reflection.jl:923
  ...
Stacktrace:
 [1] top-level scope at REPL[10]:1

julia> LL[1]
```

```
ERROR: MethodError: no method matching getindex(::Node{Int64}, ::Int64)
Stacktrace:
 [1] top-level scope at REPL[11]:1
```

在这种情况下，我们可以构建一个符合 `AbstractArray` 接口的包装器（或所谓的适配器）。首先，让我们创建一个新类型并将其设为 `AbstractArray` 的子类型：

```
struct MyArray{T} <: AbstractArray{T,1}
    data::Node{T}
end
```

因为我们只需要支持一维数组，所以我们将超类型定义为 `AbstractArray{T,1}`。底层数据只是对链表 `Node` 对象的引用。为了符合 `AbstractArray` 接口，我们应该实现 `Base.size` 和 `Base.getindex` 函数。`size` 函数如下所示：

```
function Base.size(ar::MyArray)
    n = ar.data
    count = 0
    while next(n) !== nothing
        n = next(n)
        count += 1
    end
    return (1 + count, 1)
end
```

该函数通过使用 `next` 函数遍历链表来确定数组的长度。为了支持索引元素，我们可以如下定义 `getindex` 函数：

```
function Base.getindex(ar::MyArray, idx::Int)
    n = ar.data
    for i in 1:(idx-1)
        next_node = next(n)
        next_node === nothing && throw(BoundsError(n.data, idx))
        n = next_node
    end
    return value(n)
end
```

这就是我们要做的所有包装器工作。让我们现在旋转一下。

```
julia> ar = MyArray(LL)
3×1 MyArray{Int64}:
 1
 2
 3

julia> length(ar)
3

julia> ar[1]
1

julia> ar[end]
3
```

现在，我们在链表的顶部有一个可索引的数组，我们可以把它传递给任何将数组作为输入的库。

TIP 在需要对数组进行更改的情况下，我们只需实现 `Base.setindex!` 函数。或者，我们可以将链表转换为数组。数组的性能特征是以 O(1) 速度快速索引，而插入的速度相对较慢。

使用适配器可以使组件之间更轻松地相互通信。接下来，我们将讨论组合模式。

11.4.2　组合模式

组合模式用于对可以分组在一起但仍被视为与单个对象相同的对象进行建模。这种情况并不罕见，例如在绘图应用程序中，我们可能能够绘制各种形状（例如圆形、矩形和三角形）。每个形状都有其位置和大小，因此我们可以确定它们在屏幕上的位置以及大小。当我们将几个形状组合在一起时，我们仍然可以确定大型组合对象的位置和大小。此外，调整大小、旋转和其他变换函数可以应用于单个形状对象以及分组对象。

投资组合管理也会发生类似情况。我有一个由多个共同基金组成的退休投资账户。每个共同基金都可以投资股票、债券或两者都投资。然后，一些基金也可能投资其他共同基金。从会计角度来看，我们总是可以确定股票、债券、股票基金、债券基金和基金的市场价值。在 Julia 中，我们可以通过为不同类型的工具（无论是股票、债券还是基金）实现 `market_value` 函数来解决此问题。现在让我们看一些代码。

假设我们为股票 / 债券持有量定义了以下类型：

```
struct Holding
    symbol::String
    qty::Int
    price::Float64
end
```

Holding 类型包含交易代码、数量和当前价格。我们可以如下定义一个投资组合：

```
struct Portfolio
    symbol::String
    name::String
    stocks::Vector{Holding}
    subportfolios::Vector{Portfolio}
end
```

投资组合由符号（交易代码）、名称、持股组和子投资组合数组标识。为了进行测试，我们可以创建一个样本投资组合：

```
function sample_portfolio()
    large_cap = Portfolio("TOMKA", "Large Cap Portfolio", [
        Holding("AAPL", 100, 275.15),
        Holding("IBM", 200, 134.21),
        Holding("GOOG", 300, 1348.83)])

    small_cap = Portfolio("TOMKB", "Small Cap Portfolio", [
        Holding("ATO", 100, 107.05),
        Holding("BURL", 200, 225.09),
```

```
        Holding("ZBRA", 300, 257.80)])
    p1 = Portfolio("TOMKF", "Fund of Funds Sleeve", [large_cap, small_cap])
    p2 = Portfolio("TOMKG", "Special Fund Sleeve", [Holding("C", 200,
76.39)])
    return Portfolio("TOMZ", "Master Fund", [p1, p2])
end
```

从缩进的输出中可以更清楚地看到结构。

```
Master Fund (TOMZ)
  Fund of Funds Sleeve (TOMKF)
    Large Cap Portfolio (TOMKA)
      Holdings:
        AAPL 100 shares @ $275.15
        IBM 200 shares @ $134.21
        GOOG 300 shares @ $1348.83
    Small Cap Portfolio (TOMKB)
      Holdings:
        ATO 100 shares @ $107.05
        BURL 200 shares @ $225.09
        ZBRA 300 shares @ $257.8
  Special Fund Sleeve (TOMKG)
    Holdings:
      C 200 shares @ $76.39
```

因为我们要支持在任何级别上计算市场价值的能力，所以我们只需要为每种类型定义 **market_value** 函数。最简单的一种是持股：

```
market_value(s::Holding) = s.qty * s.price
```

市场价值不过是数量乘以价格。投资组合的市场价值的计算只复杂一点点：

```
market_value(p::Portfolio) =
    mapreduce(market_value, +, p.stocks, init = 0.0) +
    mapreduce(market_value, +, p.subportfolios, init = 0.0)
```

在这里，我们使用 mapreduce 函数来计算单个股票（或 subportfolios）的市场价值，并将其汇总。由于投资组合可能包含多个持股和多个 subportfolios，因此我们需要对两者进行计算并将它们加在一起。由于每个子投资组合也是一个 portfolio 对象，因此该代码自然会更深地递归到子 subportfolios 中。

组合没有什么花哨的。因为 Julia 支持泛型函数，所以我们可以为单个对象以及分组对象提供实现。

接下来，我们将讨论享元模式。

11.4.3 享元模式

享元模式通过共享相似 / 相同对象的内存来有效地处理大量细粒度对象。

一个很好的例子涉及处理字符串。在数据科学领域，我们经常需要阅读和分析以表格格式表示的大量数据。在许多情况下，某些列可能包含大量只是重复值的字符串。例如，人口调查可能会有一列说明性别的列，因此它将包含 Male 或 Female。

与其他一些编程语言不同，字符串在 Julia 中不被保留。这意味着将重复存储单词 Male 的 10 个副本，它占用单个 Male 字符串使用的存储空间的 10 倍。我们可以从 REPL

轻松看到这种效果，如下所示。

```
julia> s = ["Male" for _ in 1:1_000];

julia> Base.summarysize(s)
8052

julia> s = ["Male" for _ in 1:100_000];

julia> Base.summarysize(s)
800052
```

因此，存储 100 000 个 `Male` 字符串副本将占用大约 800KB 的内存。那真是浪费内存。解决此问题的常用方法是维护池化数组。除了存储 100 000 个字符串，我们还可以对数据进行编码并存储 100 000 个字节，`0x01` 对应于男性，`0x00` 对应于女性。我们可以使用 `s` 将内存占用减少 8 倍，如下所示。

```
julia> s = [0x01 for _ in 1:100_000];

julia> Base.summarysize(s)
100040
```

你可能想知道为什么要报告 40 个额外的字节。这 40 个字节实际上由数组容器使用。现在，考虑到在这种情况下，性别的列是二进制的，我们实际上可以通过存储位而不是字节来进一步压缩它，如下所示。

```
julia> s = BitArray(rand(Bool) for _ in 1:100_000);

julia> Base.summarysize(s)
12568
```

同样，通过使用 `BitArray` 存储性别值，我们将内存使用量减少为$\frac{1}{8}$（从 1 字节变为 1 位）。这是对内存使用的积极优化。但是我们仍然需要将 `Male` 和 `Female` 字符串存储在某个地方，对吗？这是一项容易的任务，因为我们知道可以在任何数据结构（例如字典）中对它们进行跟踪。

```
julia> const gender_map = Dict(true => "Male", false => "Female")
Dict{Bool,String} with 2 entries:
  false => "Female"
  true  => "Male"

julia> Base.summarysize(gender_map)
370
```

综上所述，我们现在能够在 12 568 + 370 = 12 938 字节的内存中存储 100 000 个性别值。与原始的直接存储字符串的简单方式相比，我们节省了 98%以上的内存消耗！我们如何实现如此巨大的节省？因为所有记录共享相同的两个字符串。我们唯一需要维护的数据是对这些字符串的引用数组。

因此，这就是享元模式的概念。在许多地方，一遍又一遍地使用相同的技巧。例如，`CSV.jl` 包使用了一个名为 `CategoricalArrays` 的包，该包提供了基本上相同的内存优化。

接下来，我们将介绍最后几种传统模式——桥接模式、装饰器模式和外观模式。

11.4.4 桥接模式、装饰器模式和外观模式

让我解释一下桥接模式、装饰器模式和外观模式的工作方式。此时，我们将不再为这些模式提供任何代码示例，因为它们相对容易实现，而且你已经掌握了先前设计模式部分中的许多思想。也许并不奇怪，它们与到目前为止你所学到的可用于解决任何类型问题的技巧（委托、单例类型、多重分派、第一类实体函数、抽象类型和接口）的方法相同。

桥接模式用于将抽象与其实现分离，从而使其可以独立发展。在 Julia 中，我们可以建立抽象类型的层次结构，实现者可以针对这些抽象类型开发符合这些接口的软件。

Julia 的数字类型是设计这样一个系统的很好的例子。有许多抽象类型可用，例如 `Integer`、`AbstractFloat` 和 `Real`。然后，由 `Base` 包提供了具体的实现，例如 `Int` 和 `Float64`。设计抽象时，人们可以提供数字的另一种实现方式。例如，`SaferInteger` 包为整数提供了更安全的实现，从而避免了数值溢出。

装饰器模式也很容易实现。它可以用来增强具有新功能的现有对象，因此称为装饰器。假设我们已经购买了第三方库，但是我们对功能并不完全满意。使用装饰器模式，我们可以通过使用新函数包装现有库来增加价值。

使用委托模式自然可以做到这一点。将现有类型包装为新类型，我们可以通过委托给基础对象来重用现有功能。然后，我们可以向新类型添加新函数以获得新功能。我们看到这种模式反复使用。

外观模式用于封装复杂的子系统，并为客户端提供简化的接口。我们如何在 Julia 中做到这一点？到现在为止，我们应该一遍又一遍地看到这种模式。我们需要做的就是创建一个新类型，并提供一个在该新类型上运行的简单 API。我们可以使用委托模式将请求转发到其他封闭类型。

现在，我们已经研究了所有传统的面向对象模式。可能你已经注意到，许多用例都可以通过本书中描述的 Julia 基本功能和模式来解决。这不是巧合，而是在 Julia 中可以轻松解决复杂问题。

11.5 小结

在本章中，我们研究了传统的面向对象中广泛使用的设计模式。我们从一个谦逊的信念开始，即在面向对象编程中使用的设计模式也要在 Julia 中能很好地应用。

我们从创建型设计模式开始，其中包括工厂方法模式、抽象工厂模式、单例模式、建造者模式和原型模式。这些模式涉及各种用于创建对象的技术。在谈到 Julia 时，我们通常可以使用抽象类型、接口和多重分派来解决这些问题。

我们还花费了一些精力来研究行为型设计模式。这些模式用于处理应用程序中组件之

间的协作和通信。我们研究了 11 种模式：责任链模式、中介者模式、备忘录模式、观察者模式、状态模式、策略模式、模板方法模式、命令模式、解释器模式、迭代器模式和访问者模式。可以使用特质、接口、多重分派和第一类实体函数在 Julia 中实现这些模式。

最后，我们回顾了几种结构型设计模式。这些模式用于通过重用现有组件来构造更大的组件，其中包括适配器模式、组合模式、享元模式、桥接模式、装饰器模式和外观模式。在 Julia 中，可以使用抽象类型、接口和委托设计模式来处理它们。

我希望你相信构建软件并不是那么困难的。仅仅因为 OOP 让我们相信我们需要所有这些复杂性来设计软件，但这并不意味着我们必须在 Julia 中做同样的事情。本章介绍的问题解决方案大多需要你在本书中找到的基本软件设计技能和模式。

在第 12 章中，我们将进入有关数据类型和分派的进阶主题。

11.6　问题

1. 我们可以使用什么技术来实现抽象工厂模式？
2. 如何避免单例在多线程应用程序中被多次初始化？
3. Julia 的哪些功能对于实现观察者模式至关重要？
4. 如何使用模板方法模式自定义操作？
5. 如何制作适配器以实现目标接口？
6. 享元模式的好处是什么？我们可以使用什么策略来实现它？
7. 我们可以使用 Julia 的哪些功能来实现策略模式？

第四部分 Part 4

进阶主题

本部分的目的是提供对Julia语言的更深入的分析。了解这些进阶概念将帮助你提出更好的设计。

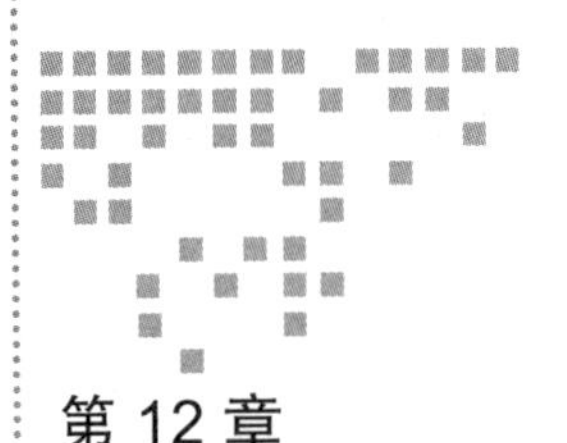

Chapter 12 第 12 章

继承与变体

如果我们必须在学习 Julia 或任何编程语言中选择最重要的东西，那么它必须是数据类型的概念。抽象类型和具体类型一起工作，为开发人员提供了强大的工具来对解决实际问题的解决方案进行建模。多重分派依赖定义明确的数据类型来调用正确的函数。使用参数化类型，以便我们可以使用底层数据的特定物理表示来重用对象的基本结构。在软件工程实践中，对数据类型进行精心设计是至关重要的。

在第 2 章我们了解了抽象类型和具体类型的基础知识，以及如何基于类型之间的继承关系构建类型层次结构。在第 3 章和第 5 章中，我们还涉及了参数化类型和参数化方法的主题。为了有效地利用这些概念和语言功能，我们需要对子类型化的工作方式有一个很好的了解。它听起来可能与继承相似，但是本质上是不同的。

在本章中，我们将更深入地探讨子类型化和相关主题的含义，其中包括以下主题：

- 实现继承和行为子类型化
- 切变（convariance）、逆变（contravariance）和不变（invariance）
- 参数化方法和对角线规则

在本章的最后，你将对 Julia 的子类型化有一个很好的了解。你将有能力设计自己的数据类型层次结构，并更有效地利用多重分派。

12.1 技术要求

示例源代码位于 https://github.com/PacktPublishing/Hands-on-Design-Patterns-and-Best-Practices-with-Julia/tree/master/Chapter12。

该代码在 Julia 1.3.0 环境中进行了测试。

12.2　实现继承和行为子类型化

当我们了解继承时，我们意识到抽象类型可用于描述现实世界的概念。我们可以很自信地说，我们已经知道如何使用继承关系对概念进行分类。有了这些知识，我们就可以围绕这些概念建立类型层次结构。例如，第 2 章中的个人资产类型层次结构如图 12-1 所示。

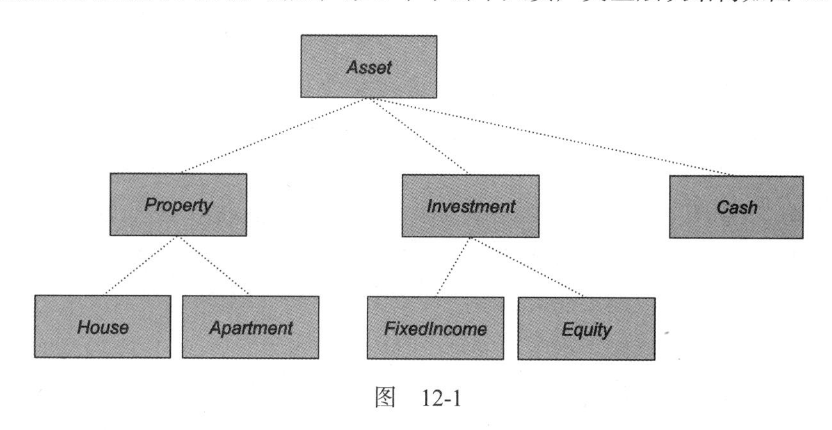

图　12-1

图 12-1 中显示的所有数据类型都是抽象类型。从头开始，我们知道 House 和 Apartment 都是 Property 的子类型，我们知道 Property 和 Investment 都是 Asset 的子类型。这些都是基于我们在日常生活中如何谈论这些概念的合理解释。

我们还讨论了具体类型，它们是抽象概念的物理实现。对于同一示例，我们最终将 `Stock` 作为 `Equity` 的子类型，将 `Bond` 作为 `FixedIncome` 的子类型。你可能还记得，`Stock` 类型可以定义如下：

```
struct Stock <: Equity
    symbol::String
    name::String
end
```

那时，我们没有强调不能在抽象类型内部声明任何字段这一事实，这是某些面向对象的编程（OOP）语言（例如 Java）提供的。如果你来自 OOP 背景，那么你可能会错误地认为这是 Julia 继承体系中的一个巨大限制。Julia 为什么如此设计？在本节中，我们将尝试更深入地分析继承并回答这个问题。

与继承相关的两个重要概念（实现继承和行为子类型化）非常相似，但本质不同。我们将在接下来的几节中进行讨论。让我们从实现继承开始。

12.2.1　理解实现继承

实现继承允许子类从其超类继承字段和方法。由于 Julia 不支持实现继承，因此我们将暂时切换语言，并用 Java 演示以下示例。这是一个提供用于容纳任意数量对象的容器的类：

```
import java.util.ArrayList;

public class Bag
{
    ArrayList<Object> items = new ArrayList<Object>();

    public void add(final Object object) {
        this.items.add(object);
    }

    public void addMany(final Object[] objects) {
        for (Object obj : objects) {
            this.add(obj);
        }
    }
}
```

Bag 类基本上在 items 字段中维护一个对象列表，并提供两个方便的函数 add 和 addMany，用于将单个对象或对象数组添加到包中。

为了演示代码的重用，我们可以开发一个新的 CountingBag 类，该类继承自 Bag 并提供其他函数来跟踪包中存储了多少物品：

```
public class CountingBag extends Bag
{
    int count = 0;

    public void add(Object object) {
        super.add(object);
        this.count += 1;
    }

    public int size() {
        return count;
    }
}
```

在此 CountingBag 类中，我们有一个名为 count 的新字段来跟踪包的大小。每当将新物品添加到包中时，count 变量都会增加。size 函数用于报告包的大小。那么 CountingBag 的情况如何？让我们快速总结一下：

- count 字段按此处定义那样可用。
- items 字段是从 Bag 继承而来的。
- add 方法覆盖父级的实现，但它也通过 super.add 重用了父级的方法。
- addMany 方法是从 Bag 继承而来的。
- size 方法可按此处定义那样可用。

由于字段和方法都被继承，因此称为实现继承。效果几乎与将超类的代码复制到子类中的效果相同。

接下来，让我们讨论行为子类型化。

12.2.2　理解行为子类型化

行为子类型化有时也称为接口继承。为了避免与重载的单词继承混淆，我们将在此处避免使用项接口继承。行为子类型化表示子类型仅从超类型继承行为。

TIP 当我们将语言切换回 Julia 时，我们将引用类型而不是类。

Julia 支持行为子类型化。每个数据类型都继承为其超类型定义的函数。让我们在 Julia REPL 中尝试快速有趣的练习。

```
julia> abstract type Vehicle end

julia> struct Car <: Vehicle end

julia> move(v::Vehicle) = "$v has moved.";

julia> car = Car();

julia> move(car)
"Car() has moved."
```

在这里，抽象类型 `Vehicle` 定义 `Car` 为其子类型。我们还为 `Vehicle` 定义了 `move` 函数。当我们将 `Car` 对象传递给 `move` 函数时，它仍然可以正常工作，因为 `Car` 是 `Vehicle` 的子类型。这与里氏替换原则是一致的，里氏替换原则接受 T 类型的程序也可以接受 T 的任何子类型并继续正常工作而不会产生任何意外结果。

现在，方法的继承可以跨越多个层次。让我们创建另一个抽象级别。

```
julia> abstract type FlyingVehicle <: Vehicle end

julia> liftoff(v::FlyingVehicle) = "$v has lifted off.";

julia> struct Helicopter <: FlyingVehicle end

julia> helicopter = Helicopter();

julia> move(helicopter)
"Helicopter() has moved."

julia> liftoff(helicopter)
"Helicopter() has lifted off."
```

我们刚刚定义了一个新的 `FlyingVehicle` 抽象类型和一个 `Helicopter` 结构。继承自 `Vehicle` 的直升飞机可以使用 `move` 函数，也可以使用继承自 `FlyingVehicle` 的 `liftoff` 函数。

可以为更多具体类型定义其他方法，并且将选择最具体的一种进行分派。这样做基本上与实现继承中的方法重写具有相同的效果。以下是一个例子。

```
julia> liftoff(h::Helicopter) = "$h has lifted off vertically.";

julia> liftoff(helicopter)
"Helicopter() has lifted off vertically."
```

我们已经定义了两种liftoff方法——一种接受`FlyingVehicle`，另一种接受`Helicopter`。将`Helicopter`对象传递给该函数时，会将其分派给为`Helicopter`定义的对象，因为它是适用于`Helicopter`的最具体的方法。

该关系可以概括为如图12-2所示。

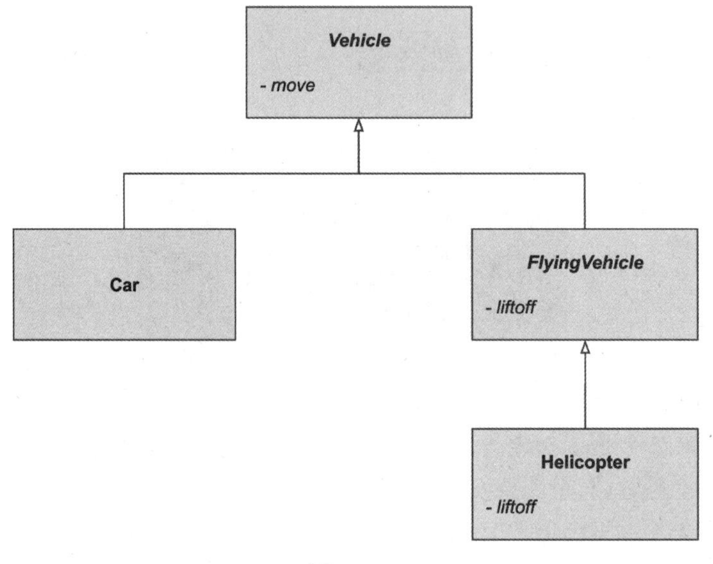

图 12-2

根据行为子类型化，汽车的行为应类似于交通工具，飞行器的行为应类似于交通工具，直升机的行为应类似于飞行器，也应类似于交通工具。行为子类型化使我们可以重用已经为超类型定义的行为。

在Java中，可以使用接口来实现行为子类型化。

既然我们了解了实现继承和行为子类型化，我们可以回顾前面的问题：为什么Julia不支持实现继承？不遵循其他主流OOP语言的原因是什么？为了理解这一点，我们可以回顾一下实现继承中的一些众所周知的问题。让我们从正方形–矩形问题开始。

12.2.3 正方形–矩形问题

Julia不支持实现继承。让我们列出其原因：

• 所有具体类型都是最终的，因此无法从另一个具体类型创建新的子类型。因此，不可能从任何地方继承对象字段。

• 你不能以抽象类型声明任何字段，否则它将是具体而不是抽象的。

Julia编程语言的核心开发人员做出了非常早期的设计决策——出于多种原因避免了实现继承。其中之一是所谓的正方形–矩形问题，有时也称为圆–椭圆问题。

正方形 – 矩形问题为实现继承提出了明确的挑战。如常识所知，每个正方形都是一个矩形，其附加约束是两边的长度相等。为了用基于类的、面向对象的语言对这些概念进行建模，我们可以尝试创建 Rectangle 类和 Square 子类，如图 12-3 所示。

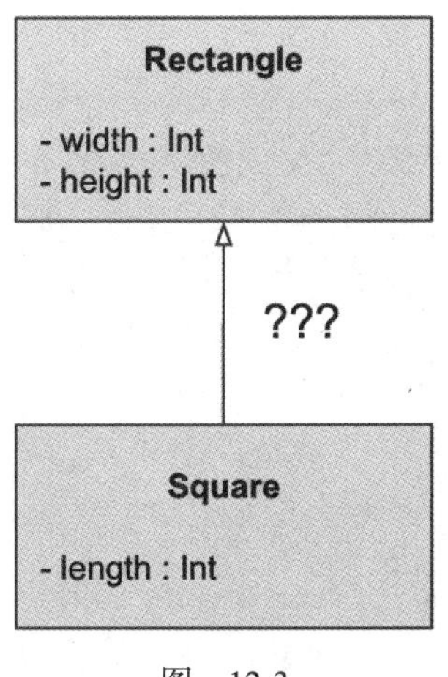

图 12-3

很快我们意识到自己已经陷入困境。如果 Square 必须继承其父类的所有字段，那么它将同时继承 width 和 height。但是，我们确实希望有一个名为 length 的字段。

有时将与正方形 – 矩形完全相同的问题称为圆 – 椭圆问题。在这种情况下，圆是椭圆形，但是只有一个半径而不是有长轴和短轴长度。

我们如何解决这类问题？好吧，一种方法是忽略该问题，并创建一个 Square 子类，而不定义任何字段。然后，当以特定长度实例化 Square 时，width 和 height 字段将填充相同的值。这样够好吗？答案是不。鉴于 Square 也继承了 Rectangle 的方法，我们可能需要为突变方法提供重写方法，例如 setWidth 和 setHeight，以便使两个字段保持相同的值。最后，我们提供了一个在功能上可行，但在性能和内存使用方面很糟糕的解决方案。

但是我们首先是怎么陷入麻烦的呢？要对此进行进一步分析，我们应该认识到，尽管正方形可以归类为矩形，但实际上它是矩形的限制性更强的版本。这听起来似乎已经不合常理了——通常，当我们创建子类时，我们扩展父类并添加更多的字段和函数。我们什么时候要删除子类中的字段或函数？从逻辑上看，它已经落后了。也许我们应该使 Rectangle 成为 Square 的子类？这听起来也不是很合逻辑。

我们最终面临一个难题。一方面，我们希望在代码中正确地建模现实世界的概念。另一方面，在不引起维护或性能问题的情况下，代码实际上并不适合。到目前为止，我们不禁要问自己，我们是否真的想编写代码来解决实现继承问题。我们没有。

也许你还不是 100% 相信实现继承弊大于利。让我们看另一个问题。

12.2.4 脆弱的基类问题

实现继承的另一个问题是对基类（父类）的更改可能会破坏其子类的功能。在较早的Java示例中，我们有一个从Bag类扩展的CountingBag类。让我们看一下完整的源代码，包括main函数。

```
public class CountingBag extends Bag
{
    int count = 0;

    public void add(Object object) {
        super.add(object);
        this.count += 1;
    }

    public int size() {
        return count;
    }

    public String toString() {
        return super.toString();
    }

    public static void main(String[] args) {
        CountingBag cbag = new CountingBag();
        cbag.add("apple");
        cbag.addMany(new Object[] { "banana", "orange"});
        System.out.println(cbag.toString());
        System.out.print("=> has ");
        System.out.print(cbag.size());
        System.out.println(" items.");
    }
}
```

该程序只是创建一个CountingBag对象。然后，它使用add方法添加apple，并使用addMany方法添加banana和orange。最后，它打印出包中的物品和包的大小。输出显示如下代码。

```
$ java CountingBag
Bag: apple,banana,orange
=> has 3 items.
```

目前一切都很好。但可以说，Bag的原始作者意识到可以通过将对象直接添加到items数组列表中来改进addMany方法。

```
public void addMany(final Object[] objects) {        public void addMany(final Object[] objects) {
    for (Object obj : objects) {                         for (Object obj: objects) {
        this.add(obj);       --An improvement-->             this.items.add(obj);
    }                                                    }
}                                                    }
```

不幸的是，父类中看似安全的更改最终导致CountingBag陷入灾难。

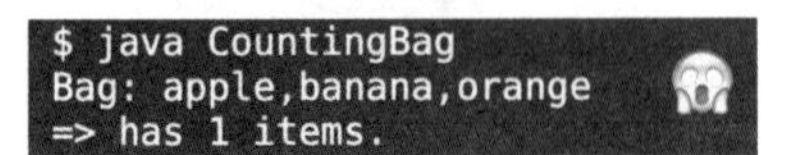

```
$ java CountingBag
Bag: apple,banana,orange
=> has 1 items.
```

发生了什么？在设计 CountingBag 时，假设将新物品添加到包中时始终会调用 add 方法。当 addMany 方法停止调用 add 方法时，该假设不再适用。

这是谁的错呢？Bag 类的设计者无法预见谁将继承该类。addMany 方法的更改未违反任何契约，它提供了相同的功能，但里面的实现方式不同。CountingBag 类的设计者认为跟随并利用 addMany 已经在调用 add 方法这一事实是明智的，因此仅 add 方法需要被覆盖使 counting 工作。

这带来了实现继承的第二个问题。子类开发人员太了解对父类的实现。覆盖父类的 add 方法的能力也违反了封装原理。

OOP 如何解决这个问题？在 Java 中，有多种工具可以防止上述示例中出现的问题：

- 可以使用 final 关键字注释方法，以防止子类覆盖该方法。
- 可以使用 private 关键字注释字段，以防止子类访问该字段。

问题在于，开发人员必须预见将来如何继承类。必须仔细检查方法，以确定允许子类访问或重写是否安全。对于字段也是如此。该问题有充分的理由被称为脆弱的基类问题。

我希望向你展示了实现继承弊大于利的事实。作为参考，在 GoF 设计模式书中，还建议使用组合优先于继承。Julia 采取了更为激进的方法，完全禁止实现继承。

接下来，我们将进一步研究一种称为鸭子类型的行为子类型化。

12.2.5 重温鸭子类型

有两种方法可以实现行为子类型化：名义子类型化和结构子类型化。

- 使用名义子类型化，必须显式定义类型及其超类型之间的关系。Julia 使用名义子类型化，其中类型在函数参数中显式注释。这就是为什么需要构建类型层次结构来表达类型关系的原因。
- 对于结构子类型化，只要子类型实现了父类型所需的函数，就可以隐式派生该关系。当函数使用参数定义且未使用任何类型注释时，Julia 支持结构子类型化。

Julia 支持通过鸭子类型进行结构子类型化。我们在第 3 章中首先提到了鸭子类型。俗话如下：

“如果它走路像鸭子，像鸭子一样嘎嘎叫，那它就是鸭子。”

在动态类型语言中，只要我们得到所需的行为，有时我们就不太关心确切的类型。如果我们只是想听到嘎嘎声，谁在乎我们是否得到青蛙？只要它发出嘎嘎声，我们都会很高兴。

有时，出于充分的理由，我们希望它是鸭子类型。例如，我们通常不将马视为交通工具。但是，请考虑一下过去用马运输的日子。在我们的定义中，任何实现 move 函数的东西都可以被视为交通工具。因此，如果我们有任何需要移动的算法，那么就没有理由不能将 horse 对象传递给算法。

```
julia> abstract type Animal end

julia> struct Horse <: Animal end
```

```
julia> move(h::Horse) = "$h running fast.";

julia> horse = Horse();

julia> move(horse)
"Horse() running fast."
```

对于某些人来说，鸭子类型有点松散，因为它无法轻易确定类型是否支持接口（例如 `move`）。一般的补救方法是使用第 5 章中所述的 Holy Traits 模式。

接下来，我们将看一个重要的概念，称为变体（variance）。

12.3 协变、不变和逆变

事实证明，子类型化的规则不是很直白。当你查看简单的类型层次结构时，可以通过跟踪层次结构中数据类型的关系来立即判断一种类型是否是另一种类型的子类型。当涉及参数化类型时，情况变得更加复杂。在本节中，我们将研究在变体上 Julia 是如何设计的，变体是一个解释参数化类型的子类型关系的概念。

让我们首先回顾一下不同种类的变体。

12.3.1 理解不同种类的变体

如计算机科学文献中所述，有四种不同的变体。我们将首先以正式的方式对它们进行描述，然后再回来进行更多的动手练习以加深我们的理解。

假设 `S` 是 `T` 的子类型，则有四种不同的方法可以推断参数化类型 `P{S}` 和 `P{T}` 之间的关系：

- 协变：`P{S}` 是 `P{T}` 的子类型（covariant 中的 co 在此处表示相同的方向）
- 逆变：`P{T}` 是 `P{S}` 的子类型（contravariant 中的 contra 在此处表示相反的方向）
- 不变：既不是协变也不是逆变
- 双变：既是协变也是逆变

我们何时发现变体有用？也许并不奇怪，每当多重分派生效时，变体是关键因素。基于里氏替换原则，语言运行时必须在分派给方法之前确定要传递的对象是否为方法参数的子类型。

有趣的是，变体是一个通常会在不同的编程语言之间产生分歧的事物。有时这是有历史原因的，有时取决于语言的目标用例。在接下来的几节中，我们将从多个角度探讨该主题。我们将从参数化类型开始。

12.3.2 参数化类型是不变的

出于说明目的，我们将考虑一些 OOP 文献（动物界）所使用的流行类型层次结构！每个人都喜欢猫和狗。包含猫和狗的同时，我在图 12-4 中也包含了鳄鱼来解释相关概念。

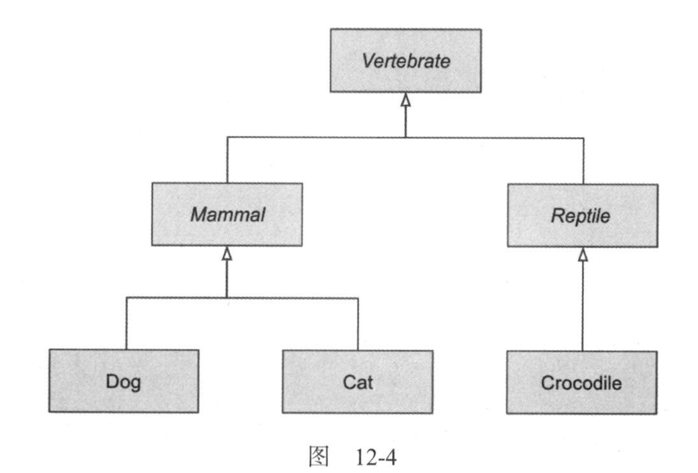

图　12-4

构建这种层次结构的相应代码如下：

```
abstract type Vertebrate end
abstract type Mammal <: Vertebrate end
abstract type Reptile <: Vertebrate end

struct Cat <: Mammal
    name
end

struct Dog <: Mammal
    name
end

struct Crocodile <: Reptile
    name
end
```

为了方便起见，我们还可以为这些新类型定义 show 函数：

```
Base.show(io::IO, cat::Cat) = print(io, "Cat ", cat.name)
Base.show(io::IO, dog::Dog) = print(io, "Dog ", dog.name)
Base.show(io::IO, croc::Crocodile) = print(io, "Crocodile ", croc.name)
```

给定这样的类型层次结构，我们可以验证如何通过以下 adopt 函数来处理子类型。由于没人愿意领养鳄鱼（至少我不会），所以我们将函数参数仅限制为 Mammal 的子类型：

```
function adopt(m::Mammal)
    println(m, " is now adopted.")
    return m
end
```

不出所料，我们只能领养猫和狗，而不能领养鳄鱼。

```
julia> adopt(Cat("Felix"));
Cat Felix is now adopted.

julia> adopt(Dog("Clifford"));
Dog Clifford is now adopted.
```

```
julia> adopt(Crocodile("Solomon"));
ERROR: MethodError: no method matching adopt(::Crocodile)
Closest candidates are:
  adopt(::Mammal) at REPL[12]:3
```

如果我们想同时领养许多宠物怎么办？直观地讲，我们可以定义一个新函数，该函数需要一个哺乳动物数组，如下所示：

```
adopt(ms::Array{Mammal,1}) = "adopted " * string(ms)
```

不幸的是，它在领养 Felix 和 Garfield 的第一个测试中就已经失败了。

```
julia> adopt([Cat("Felix"), Cat("Garfield")])
ERROR: MethodError: no method matching adopt(::Array{Cat,1})
Closest candidates are:
  adopt(::Array{Mammal,1}) at REPL[18]:1
  adopt(::Mammal) at REPL[13]:3
```

到底是怎么回事？我们知道猫是哺乳动物，那么为什么不将猫的数组传递给采用哺乳动物的方法呢？答案很简单，参数化类型是不变的。对于来自 OOP 背景的人来说，这是第一个惊喜，因为对他们来说参数化类型通常是协变的。

由于参数化类型是不变的，即使 `Cat` 是 `Mammal` 的子类型，我们也不能说 `Array{Cat,1}` 是 `Array{Mammal,1}` 的子类型。另外，`Array{Mammal,1}` 实际上表示 `Mammal` 对象的一维数组，其中每个对象都可以是 `Mammal` 的任何子类型。由于每种具体类型可能有不同的内存布局要求，因此该数组必须存储指针而不是实际值。另一种说法是将对象装箱。

为了分派此方法，我们必须创建一个 `Array{Mammal,1}`。这可以通过将 `Mammal` 作为数组构造函数的前缀来实现，如下所示：

```
adopt(Mammal[Cat("Felix"), Cat("Garfield")])
```

实际上，当我们必须处理相同类型的对象数组时，这种情况会经常发生。在 Julia 中，我们可以使用类型表达式 `Array{T,1} where T` 来表示这样的同质数组。这意味着我们可以定义一个新的 `adopt` 方法，只要它们是同一类型的哺乳动物就可以接受它们：

```
function adopt(ms::Array{T,1}) where {T <: Mammal}
    return "accepted same kind:" * string(ms)
end
```

现在让我们测试新的 `adopt` 方法，结果显示在以下代码中。

```
julia> adopt([Cat("Felix"), Cat("Garfield")])
"accepted same kind:Cat[Cat Felix, Cat Garfield]"

julia> adopt([Dog("Clifford"), Dog("Astro")])
"accepted same kind:Dog[Dog Clifford, Dog Astro]"

julia> adopt([Cat("Felix"), Dog("Clifford")])
"adopted Mammal[Cat Felix, Dog Clifford]"
```

如预期的那样，根据数组是否包含 `Mammal` 指针或猫 / 狗的物理值，相应地分派了新的 adopt 方法。

在 Julia 中，出于实际原因，选择使参数化类型不变是一种有意识的设计决策。当数组包含具体类型的对象时，可以分配内存以非常紧凑的方式存储这些对象。另外，当一个数组包含装箱的对象时，对元素的每次引用都将涉及取消对指针的引用以找到该对象，从而导致性能下降。

Julia 确实有一个地方使用协变，即方法参数。接下来我们将讨论这些。

12.3.3　方法参数是协变的

方法参数是协变的，这应该非常直观，因为这就是当今多重分派的工作方式。考虑以下函数：

```
friend(m::Mammal, f::Mammal) = "$m and $f become friends."
```

在 Julia 中，方法参数正式表示为元组。在前面的示例中，方法参数仅为 Tuple{Mammal,Mammal}。

当我们使用分别具有 S 和 T 类型的两个参数调用此函数时，只有在 S <:Mammal 和 T <:Mammal 时才分派该函数。在这种情况下，我们应该能够传递哺乳动物的任何组合——狗 / 狗、狗 / 猫、猫 / 狗和猫 / 猫。以下截图证明了这一点。

```
julia> Tuple{Cat,Cat} <: Tuple{Mammal,Mammal}
true

julia> Tuple{Cat,Dog} <: Tuple{Mammal,Mammal}
true

julia> Tuple{Dog,Cat} <: Tuple{Mammal,Mammal}
true

julia> Tuple{Dog,Dog} <: Tuple{Mammal,Mammal}
true
```

我们还检查一下鳄鱼是否可以加入进去。

```
julia> Tuple{Cat,Crocodile} <: Tuple{Mammal,Mammal}
false
```

不出所料，Tuple{Cat,Crocodile} 不是 Tuple{Mammal,Mammal} 的子类型，因为鳄鱼不是哺乳动物。

接下来，让我们继续一个更复杂的场景。众所周知，函数是 Julia 的第一类实体。我们如何确定一个函数是否在分派过程中是另一个函数的子类型？

12.3.4　剖析函数类型

在 Julia 中，函数是第一类实体。这意味着函数可以作为变量传递，并且可以出现在方法参数中。既然我们已经了解了方法参数的协变属性，那么如何处理将函数作为参数传递的情况？

理解这一点的最好方法是查看函数通常如何传递。让我们从 Base 中选择一个简单的示例。

```
julia> all(
all(x::Tuple{Bool,Bool,Bool}) in Base at tuple.jl:390
all(x::Tuple{Bool,Bool}) in Base at tuple.jl:389
all(x::Tuple{Bool}) in Base at tuple.jl:388
all(x::Tuple{}) in Base at tuple.jl:387
all(B::BitArray) in Base at bitarray.jl:1627
all(a::AbstractArray; dims) in Base at reducedim.jl:664
all(f::Function, a::AbstractArray; dims) in Base at reducedim.jl:665
all(itr) in Base at reduce.jl:642
all(f, itr) in Base at reduce.jl:724
```

`all` 函数可用于检查数组中所有元素的某个条件是否被运算为 `true`。为了使其更加灵活，它可以接受自定义断言函数。例如，我们可以检查数组中所有数字是否都是奇数，如下所示。

```
julia> all(isodd, [1, 2, 3, 4, 5])
false
```

尽管我们知道它是正确分派的，但我们还可以确认 `isodd` 的类型是 `Function` 的子类型，如下所示。

```
julia> typeof(isodd) <: Function
true
```

事实证明，所有 Julia 函数都有其自己的唯一类型，在以下代码中显示为 `typeof(isodd)`，并且它们都具有 `Function` 的超类型。

```
julia> typeof(isodd)
typeof(isodd)

julia> typeof(isodd) |> supertype
Function

julia> isabstracttype(Function)
true
```

因为 `all` 方法已定义为接受任何 `Function` 对象，所以我们实际上可以传递任何函数，Julia 会很乐意将其分派给该方法。不幸的是，这有可能导致不良结果，如以下截图所示。

```
julia> typeof(println) <: Function
true

julia> all(println, [1, 2, 3, 4, 5])
1
ERROR: TypeError: non-boolean (Nothing) used in boolean context
```

我们在这里遇到错误，因为传递给 `all` 函数应该接受一个元素并返回一个布尔值。由于 `println` 始终返回 `nothing`，因此 `all` 函数仅引发异常。

在需要强类型的情况下，可以强制执行特定函数类型。下面是我们如何创建更安全的

all 函数：

```
const SignFunctions = Union{typeof(isodd),typeof(iseven)};
myall(f::SignFunctions, a::AbstractArray) = all(f, a);
```

SignFunctions 常量是 Vnion 类型，仅由 isodd 和 iseven 函数的类型组成。因此，仅在第一个参数为 isodd 或 iseven 时才分派 myall 方法；否则，将引发方法错误，如以下截图所示。

```
julia> myall(isodd, [1, 3, 5])
true

julia> myall(iseven, [2, 4, 6])
true

julia> myall(println, [2, 4, 6])
ERROR: MethodError: no method matching myall(::typeof(println),
::Array{Int64,1})
```

当然，这样做会严重限制该函数的实用性。我们还必须枚举所有可能通过的函数，而这并非总是可行的。因此，处理函数参数的方法受到一定限制。

回到变体的话题，当所有函数都是最终函数并且所有函数只有一个超类型时，实际上没有什么可介绍的。

在设计软件实践中，我们确实关心函数的类型。如前面的示例所示，all 函数只能与带有单个参数并返回布尔值的函数一起使用。那应该是接口契约，但我们如何执行该契约？最终，我们需要更好地了解调用方和被调用方之间的函数和接口契约。契约可以看作是方法参数和返回类型的组合。让我们在下一节中找出是否有更好的方法来解决此问题。

12.3.5　确定函数类型的变体

在本节中，我们将尝试了解如何推断函数类型。尽管 Julia 在形式化函数类型方面没有提供太多帮助，但是它并没有阻止我们自己进行分析。在某些强类型的静态 OOP 语言中，函数类型更正式地定义为方法参数和返回类型的组合。

假设一个函数接受三个参数并返回一个值。然后我们可以用以下符号描述该函数：

$$Tuple\langle T1, T2, T3\rangle \rightarrow T4$$

让我们继续动物界的例子，并定义一些新的变量和函数，如下所示：

```
female_dogs = [Dog("Pinky"), Dog("Pinny"), Dog("Moonie")]
female_cats = [Cat("Minnie"), Cat("Queenie"), Cat("Kittie")]

select(::Type{Dog}) = rand(female_dogs)
select(::Type{Cat}) = rand(female_cats)
```

在这里，我们定义了两个数组——一个用于母狗，另一个用于母猫。select 函数可用于随机选择狗或猫。接下来，让我们考虑以下函数：

```
match(m::Mammal) = select(typeof(m))
```

match 函数接受 Mammal，并返回相同类型的对象。运作方式如下所示。

```
julia> match(Dog("Astro"))
Dog Moonie

julia> match(Cat("Garfield"))
Cat Kittie
```

鉴于 match 函数只能返回 Dog 或 Cat，我们可以按以下方式推断函数类型：

$$Tuple\langle Mammal\rangle \rightarrow Mammal$$

假设我们再定义两个函数，如下所示：

```
# It's ok to kiss mammals :-)
kiss(m::Mammal) = "$m kissed!"

# Meet a partner
function meet_partner(finder::Function, self::Mammal)
    partner = finder(self)
    kiss(partner)
end
```

meet_partner 函数将 finder 函数作为第一个参数。然后，它调用 finder 函数查找伴侣，最后 kiss 伴侣。通过设计，我们将传递前面代码中定义的 match 函数。让我们看看它是如何工作的。

```
julia> meet_partner(match, Cat("Felix"))
"Cat Kittie kissed!"
```

到目前为止，一切都很好。从 meet_partner 函数的角度来看，它期望 finder 函数接受 Mammal 参数并返回 Mammal 对象。这正是 match 函数的设计方式。现在，让我们看看是否可以通过定义不返回哺乳动物的函数将其弄乱：

```
neighbor(m::Mammal) = Crocodile("Solomon")
```

尽管 neighbor 函数可以将哺乳动物作为参数，但它返回的是鳄鱼，而不是哺乳动物。如果我们尝试将其传递给 meet_partner 函数，则会遇到灾难。

```
julia> meet_partner(neighbor, Cat("Felix"))
ERROR: MethodError: no method matching kiss(::Crocodile)
Closest candidates are:
  kiss(::Mammal) at REPL[37]:2
```

我们刚刚的证明是非常直观的。由于 finder 函数的返回类型预计是 Mammal，因此返回 Mammal 的任意子类型的任何其他 finder 函数也将起作用。因此，函数类型的返回类型是协变的。

现在，函数类型的参数如何呢？同样，meet_partner 函数有望将任何哺乳动物传递给 finder 函数。finder 函数必须能够接受 dog 或 cat 对象。如果 finder 函数只接受猫或狗，则将无法使用。让我们看看如果我们有一个更严格的 finder 函数会发生什么：

```
buddy(cat::Cat) = rand([Dog("Astro"), Dog("Goofy"), Cat("Lucifer")])
```

在这里，buddy 函数接受猫并返回哺乳动物。如果我们将其传递给 met_partner 函数，那么当我们想为我们的狗（Chef）查找伴侣时，它将不起作用：

```
julia> meet_partner(buddy, Cat("Felix"))
"Cat Lucifer kissed!"

julia> meet_partner(buddy, Dog("Chef"))
ERROR: MethodError: no method matching buddy(::Dog)
Closest candidates are:
  buddy(::Cat) at REPL[67]:14
```

因此，函数类型的参数不是协变的。它会是逆变的吗？好吧，如果要成为逆变的，finder 函数必须接受 Mammal 的超类型。在我们的动物界中，唯一的超类型是 Vertebrate。但是，Vertebrate 是抽象类型，无法构造。如果我们实例化任何其他具体类型是 Vertebrate 的子类型，那么它就不会是哺乳动物（否则，它已经被认为是哺乳动物）。因此，函数参数是不变的。

更正式的表述如下所示：

$$f : Tuple\langle Mammal\rangle \rightarrow Mammal$$

$$g : Tuple\langle T\rangle \rightarrow S \ where \ T = Mammal, \ S <: Mammal$$

只要 T 是 Mammal，而 S 是 Mammal 的子类型，则函数 g 是函数 f 的子类型。有这样的说法，“在接受的东西上保持自由，在生产的东西上保持保守”。

进行这种分析虽然很有趣，但考虑到 Julia 运行时不支持我们所看到的那样精细的函数类型，我们可以获得任何好处吗？看来我们自己可以模拟类型检查效果，这是下一节的主题。

12.3.6　实现自己的函数类型分派

如之前所述，Julia 为每个函数创建一个唯一的函数类型，它们都是 Function 抽象类型的子类型。我们似乎错过了多重分派的机会。以 Base 中的 all 函数为例，如果我们可以设计一个表示断言函数的类型，而不是在传递不兼容的函数时让它们都失败，那该多好啊。

为了解决此限制，让我们定义一个称为 PredicateFunction 的参数化类型，如下所示：

```
struct PredicateFunction{T,S}
    f::Function
end
```

PredicateFunction 参数化类型仅包装函数 f。类型参数 T 和 S 用于表示函数参数的类型并分别返回 f 的类型。例如，iseven 函数可以如下包装，因为我们知道该函数可以接受数字并返回布尔值：

```
PredicateFunction{Number,Bool}(iseven)
```

由于 Julia 支持可调用的结构，因此我们可以很方便地做到这一点，从而可以像调用函数本身一样调用 `PredicateFunction` 结构。为此，我们可以定义以下函数：

```
(pred::PredicateFunction{T,S})(x::T; kwargs...) where {T,S} =
    pred.f(x; kwargs...)
```

此函数仅将调用转发给 `pred.f` 包装的函数。定义好之后，我们可以做一些小实验来看看它是如何工作的。

```
julia> PredicateFunction{Number,Bool}(iseven)(1)
false

julia> PredicateFunction{Number,Bool}(iseven)(2)
true
```

让我们定义自己的 `all` 函数的安全版本，如下所示：

```
function safe_all(pred::PredicateFunction{T,S}, a::AbstractArray) where
        {T <: Any, S <: Bool}
    all(pred, a)
end
```

`safe_all` 函数将 `PredicteFunction{T,S}` 作为第一个参数，其约束条件为 `T` 是 `Any` 的子类型，而 `S` 是 `Bool` 的子类型。这正是我们希望断言函数使用的函数类型签名。知道 `Number <:Any` 和 `Bool <:Bool` 之后，我们肯定可以将 `iseven` 函数传递给 `safe_all`。现在测试一下。

```
julia> safe_all(PredicateFunction{Number,Bool}(iseven), [2,4,6])
true

julia> safe_all(PredicateFunction{Number,Bool}(iseven), [2,4,6,7])
false
```

太棒了！我们已经创建了 `all` 函数的安全版本。第一个参数必须是一个接受任何内容并返回布尔值的断言函数。现在，我们可以采用严格的类型匹配并参与多重分派，而不是采用普通的 `Function` 参数。关于变体就到这里了。接下来，我们将继续并再谈参数化方法分派的规则。

12.4 再谈参数化方法

基于子类型关系分派到各种方法的能力是 Julia 语言的一个关键功能。我们最初在第 3 章中介绍了参数化方法的概念。在本节中，我们将更深入地研究一些关于如何选择分派方法的细微情况。

让我们从基础开始：如何为参数化方法指定类型变量？

12.4.1 指定类型变量

定义参数化方法时，我们使用 where 子句引入类型变量。

让我们来看一个简单的例子：

```
triple(x::Array{T,1}) where {T <: Real} = 3x
```

triple 函数接受 Array{T}，其中 T 是 Real 的任何子类型。这段代码的可读性强，它是大多数 Julia 开发人员选择用于指定类型参数的格式。那么 T 的值是多少？可以是具体类型、抽象类型，还是两者都可以？

为了回答这个问题，我们可以从 REPL 中对其进行测试。

```
julia> triple([1,2,3])
3-element Array{Int64,1}:
 3
 6
 9

julia> triple(Real[1,2,3.0])
3-element Array{Real,1}:
 3
 6
 9.0
```

因此，该方法确实在抽象类型（Real）和具体类型（Int64）上分派。值得一提的是，where 子句也可以放在方法参数旁边：

```
triple(x::Array{T,1} where {T <: Real}) = 3x
```

从功能的角度来看，无论 where 子句放在内部还是外部，都与以前相同。但是，有一些细微的差异。将 where 子句放在外部时，你会获得另外两个好处：

- 在方法主体内部可以访问类型变量 T。
- 如果类型变量 T 用于多个方法参数，则 T 可用于强制执行相同的值。

事实证明，第二点导致了 Julia 的分派系统中一个有趣的功能。接下来，我们将继续进行讨论。

12.4.2 匹配类型变量

每当类型变量在方法签名中多次出现时，它将用于强制在发生该变量的所有位置确定相同的类型。考虑以下函数：

```
add(a::Array{T,1}, x::T) where {T <: Real} = (T, a .+ x)
```

add 函数采用 Array{T} 和类型 T 的值。它返回 T 的元组以及将值添加到数组的结果。我们希望类型 T 在两个参数之间保持一致。换句话说，当函数被调用时，我们希望函数专用于 T 的每个实现。显然，当类型一致时，该函数可以很好地工作。

```
julia> add([1,2,3], 1)
(Int64, [2, 3, 4])
```

```
julia> add([1.0,2.0,3.0], 1.0)
(Float64, [2.0, 3.0, 4.0])
```

在第一种情况下，T 被确定为 Int64，在第二种情况下，T 被确定为 Float64。也许并不奇怪，当类型不匹配时，我们可能会遇到方法错误。

```
julia> add([1,2,3], 1.0)
ERROR: MethodError: no method matching add(::Array{Int64,1}, ::Float64)
Closest candidates are:
  add(::Array{T,1}, ::T) where T<:Real at REPL[19]:1
```

既然我们说过 T 可以是抽象类型，因为 T 可以视为 Real，我们可以分派给该方法吗？答案是否定的，因为参数类型是不变的！ Real 数组与 Int64 值数组不同。更准确地说，Array{Int} 不是 Array{Real} 的子类型。

当 T 是数组中的抽象类型时，它会变得更加有趣。让我们尝试一下。

```
julia> add(Signed[1,2,3], Int8(1))
(Signed, [2, 3, 4])
```

在这里，T 明确地设置为 Signed，并且由于 Int8 是 Signed 的子类型，因此可以正确地分派该方法。

接下来，我们将研究另一个独特的按类型归类的功能，被称为对角线规则。

12.4.3 理解对角线规则

正如我们先前所学的，能够匹配类型变量并使它们在方法参数之间保持一致是一个很好的功能。实际上，在某些情况下，我们希望为每个类型变量确定正确的类型时能更加具体。

请看以下函数：

```
diagonal(x::T, y::T) where {T <: Number} = T
```

diagonal 函数采用两个具有相同类型的参数，其中类型 T 必须是 Number 的子类型。类型变量 T 仅返回给调用方。

当 T 是具体类型时，很容易推断出类型是一致的。例如，我们可以将一对 Int64 值或一对 Float64 值传递给该函数，并希望看到返回的各个具体类型。

```
julia> diagonal(1, 2)
Int64

julia> diagonal(1.0, 2.0)
Float64
```

我们直觉上觉得当类型不一致时会失败。

```
julia> diagonal(1, 2.0)
ERROR: MethodError: no method matching diagonal(::Int64, ::Float64)
Closest candidates are:
  diagonal(::T, ::T) where T<:Number at REPL[5]:1
```

尽管它看起来很直观，但是我们可以认为类型变量 `T` 是抽象类型，如 `Real`。由于 `1` 的值是 `Int64` 并且 `Int64` 是 `Real` 的子类型，而 `2.0` 的值是 `Float64` 并且 `Float64` 是 `Real` 的子类型，因此该方法是否仍然应该分派？为了使这一点更加清楚，我们甚至可以在调用函数时对参数进行注释。

```
julia> diagonal(1::Real, 2.0::Real)
ERROR: MethodError: no method matching diagonal(::Int64, ::Float64)
Closest candidates are:
  diagonal(::T, ::T) where T<:Number at REPL[5]:1
```

事实证明，Julia 旨在给我们带来更直观的行为。这也是引入对角线规则的原因。对角线规则表示，当类型变量在协变位置（即方法参数）多次出现时，则类型变量将被限制为仅与具体类型匹配。

在这种情况下，类型变量 `T` 被视为对角线变量，因此 `T` 必须为具体类型。但是，对角线规则有一个例外，接下来我们将讨论它。

12.4.4 对角线规则的例外

对角线规则表示，当类型变量在协变位置（即方法参数）多次出现时，则类型变量将被限制为仅与具体类型匹配。但是，该规则有一个例外——当类型变量是明确确定在一个不变的位置时，则允许它是抽象类型而不是具体类型。

看下面的例子：

```
not_diagonal(A::Array{T,1}, x::T, y::T) where {T <: Number} = T
```

与上一节的 `diagonal` 函数不同，此函数允许 `T` 为抽象类型。我们可以如下证明。

```
julia> not_diagonal([1,2,3], 4, 5)
Int64

julia> not_diagonal(Signed[1,2,3], 4, 5)
Signed
```

原因是 `T` 以参数化类型出现在第一个参数中。我们知道参数化类型是不变的，因此我们已经确定 `T` 是 `Signed`。由于 `Int64` 是 `Signed` 的子类型，因此所有内容都匹配。

在下一节中，我们将介绍类型变量的可用性。

12.4.5 类型变量的可用性

参数化方法的一个重要特征是 `where` 子句中指定的类型变量也可以从方法主体访问。这可能与你想的相反，但它并不总是正确的。在这里，我们将介绍类型变量在运行时不可用的情况。

考虑以下函数：

```
mytypes1(a::Array{T,1}, x::S) where {S <: Number, T <: S} = T
mytypes2(a::Array{T,1}, x::S) where {S <: Number, T <: S} = S
```

我们可以使用 `mytypes1` 和 `mytypes2` 函数来试验 Julia 运行时派生的类型变量。让我们从成功的情况开始。

```
julia> mytypes1([1,2,3], 4)
Int64

julia> mytypes2([1,2,3], 4)
Int64
```

但是，情况并不总是乐观的。在其他情况下，它可能无法 100% 地工作。以下是一个例子。

```
julia> mytypes1(Signed[1,2,3], 4)
Signed

julia> mytypes2(Signed[1,2,3], 4)
ERROR: UndefVarError: S not defined
```

为什么在这里未定义 `S`？首先，我们已经知道 `T` 是 `Signed`，因为参数化类型是不变的。作为 `where` 子句的一部分，我们还知道 `T` 是 `S` 的子类型。因此，`S` 可以是 `Integer`、`Real`、`Number` 甚至是任意类型。由于可能的答案太多，因此 `Julia` 运行时决定不向 `S` 分配任何值。

结论就是不要假设类型变量总是定义的，并且可以从方法中访问类型变量，尤其是对于像这样的更复杂的情况。

12.5 小结

在本章中，我们学习了与子类型化、变体，以及分派有关的各种主题。这些概念是创建更大、更复杂的应用程序的基础。

我们首先讨论了实现继承和行为子类型化及其之间的区别。由于各种问题，我们认识到实现继承不是一个好的设计模式。我们了解到 Julia 的类型系统旨在避免我们在其他编程语言中看到的缺陷。

然后，我们回顾了不同类型的变体，这些变体不过是解释参数化类型之间的子类型关系的方法。我们非常详细地介绍了参数化类型如何不变、方法参数如何协变。我们甚至还进一步讨论了函数类型的变体以及如何构建自己的数据类型，该数据类型包装用于分派的函数。

最后，我们回顾了参数化方法，并研究了在分派过程中如何指定和匹配类型变量。我们了解了对角线规则，这是 Julia 语言的一项核心设计功能，它使我们能够跨方法以一种直观的方式强制执行类型一致性。

现在，我们即将结束本章和本书。感谢你的阅读！

12.6 问题

1. 实现继承与行为子类型化有何不同？
2. 实现继承有哪些主要问题？
3. 什么是鸭子类型？
4. 方法参数的变体是什么？为什么？
5. 为什么在 Julia 中参数化类型不变？
6. 对角线规则何时适用？

问题答案

第1章

1. 使用设计模式有什么好处？

设计模式可帮助开发人员将已经证明的方法应用于常见问题。在实现次优的解决方案之后，寻找适当的解决方案或解决设计问题所花费的时间将更少。反模式为避免常见的设计缺陷提供了额外的指导。

2. 列举一些关键的设计原则。

关键设计原则包括 SOLID、DRY、KISS、POLA、YAGNI 和 POLP。这些原则已被广泛认为是面向对象编程的良好指导，但它们同样可以在其他编程范式中很好地应用。

3. 开放 / 关闭原则解决了什么问题？

开放 / 关闭原则鼓励开发人员设计易于扩展的系统，而无须修改正在扩展的组件。它可以提高软件组件的可重用性。

4. 为什么接口隔离原则对软件可重用性很重要？

接口隔离促进了接口的简约设计，因此软件组件可以更轻松地实现各个接口。大型、复杂的接口难以实现，并且使组件的可重用性降低。

5. 开发可维护软件的最简单方法是什么？

最简单的方法是遵守通用设计原则，例如 KISS、DRY、POLA 和 SOLID。

6. 有哪些好的实践可以避免过度设计和膨胀的软件？

避免过度设计和膨胀软件的最佳方法是根据 YAGNI 原则仅实现绝对必要的功能。另外，请保持简单（KISS），并避免重复代码（DRY）。

7. 内存使用情况如何影响系统性能？

当系统分配更多内存时，它还会更频繁地触发垃圾收集器（GC）。垃圾收集是一项相对昂贵的操作，因此它可能会降低系统速度。避免过度分配内存通常是优化应用程序性能的最佳方法之一。

第 2 章

1. 如何创建一个新的命名空间？

使用模块的块创建命名空间。通常，模块被定义为 Julia 包的一部分。

2. 如何将模块的函数暴露？

可以使用暴露语句暴露模块中定义的函数和其他对象。

3. 从不同的包中暴露相同的函数名称时，我们如何引用适当的函数？

我们可以在函数名称前加上包名称。作为替代方案，我们可以对一个包使用 `using` 语句，对另一个包使用 `import` 语句，以便我们可以将函数名称直接用于第一个包，而将前缀语法用于另一个包。

4. 什么时候将代码分成多个模块？

是时候考虑当代码变得太大且难以管理时，将代码分为模块了。我们期望进行一些重构以确保模块之间的适当耦合级别。

5. 为什么语义版本控制在管理包依赖关系中很重要？

语义版本控制定义了关于何时在新版本中引入重大更改的明确约定。如果正确、一致地使用它时，它可以帮助开发人员确定所做的更改是否与现有软件兼容以及是否需要进行其他测试。

6. 为抽象类型定义函数行为有何用处？

定义抽象类型的函数行为很有用，因为可以将相同的行为应用于各个子类型。

7. 应该什么时候使类型可变？

当希望更改数据类型的某些部分时，使类型可变是合适的。当出于性能原因需要减少内存分配时，它也很有用。

8. 参数化类型有何用处？

参数化类型允许在不对字段类型进行硬编码的情况下定义具体类型，因此同一类型可用于为不同的目的生成新变体。

第3章

1. 位置参数与关键字参数有何不同?

位置参数必须按照在函数签名中定义的顺序传递。它们通常是强制性的，但在提供默认值时可以使其成为可选的。关键字参数可以按其写入的任何顺序传递，并且在未提供默认值的情况下它们是可选的。

2. splatting和slurping之间有什么区别?

splatting和slurping具有相同的语法，但在不同的上下文中表示不同的含义。splatting是指从元组或数组自动分配函数参数。slurping指的是传递多个函数参数的过程，变成了可以从函数主体访问单个元组变量。

3. 使用do语法的目的是什么?

do语法是格式化代码块的一种简便方法，该代码块需要包装为匿名函数并传递给另一个函数。它使代码更具可读性。

4. 哪些工具可用于检测与多重分派相关的方法歧义?

`Test`包中的`detect_ambiguities`函数可用于检测单个模块内或多个模块之间的方法歧义。

5. 如何确保在参数化方法中将相同的具体类型传递给函数?

确保为函数的参数传递相同的具体类型的便捷方法是将这些参数指定为类型参数（例如`T`）。请注意，只要将类型参数用作独立类型而不是参数化类型的一部分（例如`AbstractVector{T}`），此方法就起作用。

6. 没有任何正式语言语法的接口如何实现?

即使在Julia中没有用于指定接口的正式语法，也可以根据接口设计者的约定来实现接口。

7. 如何实现特质？特质如何起到作用?

可以通过采用特定数据类型并返回标志的函数来实现特质。通常，将特质定义为返回一个布尔值，即该特质是否存在。但是，也可以将其设计为返回多个值来表示各种特质。如果开发人员需要以编程方式确定数据类型（或数据类型的组合）是否表现出特定的行为，则特质很有用。

第4章

1. 引用表达式以便以后可以对代码进行操作的两种方式是什么？

一种方式是用 :（和）括住表达式。另一种方法是将代码放在 quote 和 end 关键字之间。通常，引号块用于多行表达式。

2. eval 函数在什么范围内执行代码？

eval 函数在全局范围内计算代码。如果从模块内部的函数中使用它，则所计算的代码将在模块的范围内。

3. 如何将物理符号插入到带引号的表达式中，以免将其误解为源代码？

要将符号插入到带引号的表达式中，请创建 QuoteNode 对象并正常插入该对象。

4. 定义非标准字符串字面量的宏的命名约定是什么？

非标准字符串字面量被定义为名称以 _str 结尾的宏。例如，当为 IP 地址定义 ip_str 宏时，可以将其写为 :ip"192.168.1.1"。

5. 何时使用 esc 函数？

确保在调用站点（可以在函数的局部范围内）上对引用的表达式进行求值时需要使用 esc 函数。

6. 生成函数与宏有何不同？

生成函数可以访问参数的类型。根据定义，它们是函数，因此与宏不同，它们无权访问源代码。宏在语法级别运行，没有任何运行时信息。生成函数和宏都应返回表达式。

7. 我们如何调试宏？

调试宏可能具有挑战性。这可以归结为确保返回的表达式正确。我们可以使用 @macroexpand 宏（或相应的 macroexpand 函数）来验证结果。同样，由于宏或生成函数是使用常规 Julia 代码定义的，因此可以使用相同的调试技术，例如 println。

第5章

1. 委托模式如何工作？

可以通过将父对象包装在新对象中来实现委托模式。可以将新对象的函数转发（或委托）给父对象。

2. 特质的目的是什么？

特质的目的是正式定义某些对象的行为。定义特质后，我们可以以编程方式检查对象是否具有该特质。

3. 特质总是二元的吗？

特性通常是二元的，但没有强制性要求。只要特质是互斥的就可以了。Julia 的 `Base.IteratorSize` 特质是多值特质的一个很好的例子。

4. 特质可以用于来自不同类型层次结构的对象吗？

是的，特质不受抽象类型层次结构定义方式的限制。可以将同一特质分配给来自不同类型层次结构的对象。

5. 参数化类型的好处是什么？

参数化类型使我们可以为数据类型定义模板。可以通过填写参数以编程方式创建新的数据类型。参数化类型的主要好处是代码变得更短，因为我们不需要拼写出每种可能的具体类型。

6. 如何存储具有参数化类型的信息？

附加信息可以作为参数存储在类型本身中。访问此类数据非常方便，因为它是第一类实体，并且在使用参数化类型参数的函数中可用。

第 6 章

1. 为什么使用全局变量会影响性能？

全局变量没有类型化。无论何时使用，编译器都必须生成处理其可能遇到的任何可能数据类型的代码，因此编译器无法生成高度优化的代码。

2. 当无法用常量代替全局变量时，有什么比使用全局变量更好的选择呢？

我们可以将类型化的全局常量定义为占位符。`Ref` 类型也可以用于为变量保留单个值。由于 `Ref` 包含数据类型，因此编译器可以生成更多优化的代码。

3. 为什么数组结构体比结构数组要好？

现代 CPU 可以并行执行许多数值计算。当内存对齐并像数组排列在一起时，硬件缓存可以快速查找它们。结构数组可能会使对象分散在内存中，这会影响性能。

4. `SharedArray` 的局限性是什么？

`SharedArray` 仅支持位类型。如果需要并行处理非位类型的数据，则不能使用 `SharedArrays`。

5. 用什么可以替代多核计算而不是使用并行处理？

一种替代方法是使用多线程工具。Julia 1.3 版本实现了一个最新的多线程调度程序，该调度程序支持多个级别的并行性。

6. 使用记忆模式时必须注意什么?

记忆模式是用空间换时间。缓存的使用需要更多的存储空间。根据函数结果，它可能会或可能不会影响应用程序的内存占用。如果内存已在系统中受到限制，则它可能不是最佳选择。

7. 闸函数提高性能的魔力是什么?

使用闸函数时，编译器可以根据传递给函数的参数类型来使函数专用化。即使参数的类型不稳定，当遇到新类型时，也会自动编译新的专用函数。

第7章

1. 传入耦合与传出耦合有什么区别?

传入耦合表示有多少外部组件取决于当前组件。相比之下，传出耦合表示有多少当前组件依赖于外部组件。这些测量对于确定当前组件与其他组件的耦合程度非常有用。

2. 为什么从可维护性的角度来看双向依赖不好?

双向依存往往会引入混乱的意大利面条式代码。要理解单个组件，开发人员必须研究并理解它所使用和依赖的其他组件。

3. 即时生成代码的简便方法是什么?

`@eval` 宏可用于生成代码。例如，可以在 `for` 循环内使用它，以便可以将变量插值到函数的定义中。结果是定义了多个函数，并且它们在代码结构和逻辑方面都相似。

4. 代码生成的替代方法是什么?

有时并不需要代码生成。相反，开发人员可以选择使用函数式编程技术（例如闭包）来重用现有逻辑。代码生成可能会增加程序占用空间，并使程序更难以调试。因此，对于开发人员来说，在使用代码生成技术之前考虑其他选项是明智的。

5. 何时以及为什么应该考虑构建 DSL ?

DSL 通常用于编写对于该特定领域的人们而言干净且易于理解的代码。例如 `DifferentialEquations` 包允许开发人员以与相应的数学方程式非常相似的语法编写代码。因为语法是用户友好的，所以它使开发人员可以专注于数学建模而不是编码。

6. 有哪些工具可用于开发 DSL ?

`MacroTools` 包提供了几个方便的宏，这些宏对于编写宏特别是 DSL 非常有帮助。`@capture` 宏允许用户执行模式匹配和解析源代码。利用 `prewalk` 和 `postwalk` 函数，我们可以如手术般替换抽象语法树中的表达式。`@capture` 和 `prewalk/postwalk` 的组合使其成为开发 DSL 的非常强大的工具。

第8章

1. 开发访问器函数有什么好处?

访问器函数是为特定对象的用户提供正式 API 的一种很好的方法。因此，底层实现与接口分离。如果对实现有任何更改，只要访问器函数的约定不变，则对对象的用户的影响将为零。

2. 阻止对象内部字段使用的简便方法是什么?

阻止使用对象内部字段的最简单方法是具有特殊的命名约定。常用的约定是使用下划线作为字段名称的前缀。如果开发人员尝试使用该字段，则会提醒他们该字段应为私有。

3. 哪些函数可以作为属性接口的一部分进行扩展?

`Base` 包中的三个函数可以扩展，以为字段访问的点符号提供特定的函数。这些函数是 `getproperty`、`setproperty!` 和 `propertynames`。要记住的重要一点是，一旦定义了这些函数，所有直接字段访问都必须更改为 `getfield` 和 `setfield!` 来避免递归问题。

4. 捕获异常后，如何从 catch 块捕获栈跟踪?

一旦捕获到异常，我们就可以在捕获异常之前使用 `catch_backtrace` 函数捕获栈帧。然后，我们可以将结果传递给 `stacktrace` 函数以检索 `StackFrame` 对象的数组。

5. 对于需要最佳性能的系统，避免 try-catch 块对性能产生影响的最佳方法是什么?

避免 try-catch 块对性能产生影响的最佳方法是根本不使用它。我们应该找到其他处理异常的方法。例如，我们可以检查任何可能导致后续函数失败的条件。在这种情况下，我们可以主动处理这种情况。另一种选择是在循环外捕获异常。因此，我们将在更高层次上处理该异常。

6. 使用 `retry` 函数有什么好处?

`retry` 函数是自动重复可能失败的操作的好方法。这样做可以确保重要任务得到保证，并禁止其他类型的不可恢复的异常。

7. 我们如何隐藏模块内部使用的全局变量和函数?

我们可以使用 let 块，以便将全局变量绑定为 let 块的一部分，而不暴露于模块的全局范围。当需要将它们暴露给模块时，可以将 let 块内定义的函数声明为全局函数。

第9章

1. 可以使用哪种预定义的数据类型来方便地创建新的单例类型?

内置的 `Val` 类型可用于轻松创建新的单例类型。`Val` 构造函数可以接受任何位类型的值，并返回类型为 `Val{X}` 的单例，其中 `X` 是要传递给构造函数的值。

2. 使用单例类型分派有什么好处？

使用单例类型分派，我们可以消除依赖于数据类型的条件语句。它还允许我们通过定义新函数来添加新功能，而不必修改现有函数。由于 Julia 是本地进行分派的，因此无须为分派创建任何自定义函数。

3. 为什么要创建打桩？

打桩在自动化测试中确实非常有用。首先，如果某个函数需要连接到远程 Web 服务，那么始终连接到实时服务可能会带来不便，甚至代价很高。在这种情况下，可以使用打桩替换服务。其次，可以将打桩设计为适用于所有积极和消极的情况，以便可以在自动化测试过程中包含所需的测试。

4. 模拟和打桩有什么区别？

打桩专注于状态验证，也就是使用打桩后从 FUT 中得出的结果。另外，模拟的重点是行为验证，即 FUT 如何使用模拟函数。通常，模拟也像打桩一样包含状态验证。

5. 可组合性意味什么？

可组合性意味着可以轻松组合函数以创建更大的函数。可组合函数允许通过重用现有代码来构建应用程序。由于函数在 Julia 中是第一类实体，因此只要函数仅接受单个参数，就可以轻松组合它们。

6. 使用函数管道的主要限制是什么？

函数管道的主要限制是参与管道的函数只能接受一个参数。需要多个参数的函数可以转换为 curried 函数，以便高阶函数可以参与管道。

7. 函数管道有何用处？

函数管道可用于数据处理管道，尤其是在过程本质上是线性的情况下。该语法对于某些人来说很容易理解。

第 10 章

1. Ⅰ类海盗有哪些风险和潜在好处？

I 类海盗是指使用自定义实现重新定义第三方函数的情况。风险是自定义实现可能不符合第三方模块期望的约定。如果编码错误，系统可能会变得不稳定并崩溃。

2. Ⅱ类海盗会引起什么问题？

II 类海盗是指在函数参数中不使用自己的类型的情况下扩展了第三方函数的情况。这可能会引起问题，因为无法保证另一个依赖包也可以实现 II 类海盗，从而与你的海盗函数发生冲突。结果可能是造成系统不稳定。

3. Ⅲ类海盗如何引起麻烦？

III类海盗是指第三方函数使用你自己的类型扩展但出于不同目的而扩展的情况。虽然在参数中使用自定义类型定义了函数，但不能保证第三方模块不会由于使用鸭子类型而最终使用你自己的函数。因此，你的海盗函数会泄漏到第三方模块中并导致意外结果。

4. 指定函数参数时应该注意什么？

指定函数参数时，应避免使参数类型过窄。过窄的参数限制了该函数的可重用性。

5. 使用抽象函数参数对系统性能有什么影响？

使用抽象类型指定函数参数时，系统性能不会受到影响。Julia始终根据传递给函数的类型来指定函数。因此，没有运行时开销。

6. 将抽象字段类型用于复合类型对系统性能有什么影响？

当抽象类型用于复合类型的字段时，系统性能受到负面影响。Julia编译器必须在这些对象的内存中存储指针，因为它必须支持与这些字段相关的任何数据类型。因为必须取消引用指针才能获取数据，所以系统性能可能会大大降低。

第11章

1. 我们可以使用什么技术来实现抽象工厂模式？

为了实现抽象工厂模式，我们可以创建抽象类型的层次结构。然后，我们可以实现在参数中采用单例类型的具体函数。通过多重分派，我们应该能够为合适的平台或环境调用正确的函数。

2. 如何避免单例在多线程应用程序中被多次初始化？

为了避免单例的多次初始化，我们可以使用可重入锁来同步线程。第一个线程能够获取锁并初始化单例，而其他线程应等待直到初始化完成。该锁必须在初始化结束时释放。

3. Julia的哪些功能对于实现观察者模式至关重要？

我们可以实现`setproperty!`函数，以便可以监控对象字段的所有更新并触发其他操作。

4. 如何使用模板方法模式自定义操作？

我们可以设计模板函数，以通过关键字参数接受自定义函数。关键字参数可以默认为标准实现，同时调用者可以传递自定义函数。该函数的预期接口应该被清晰地记录。

5. 如何制作适配器以实现目标接口？

我们可以通过创建一个包装原始类型的新类型来制作适配器。然后，我们可以在新类型上实现预期的接口。使用委托模式，新类型可以通过将特定函数转发到原始类型来重用现有功能。

6. 享元模式的好处是什么？我们可以使用什么策略来实现它？

使用享元模式时，由于对象是共享的，因此可以潜在地节省大量内存空间。常用的技术是维护参考表，该参考表使用更紧凑的数据元素作为查找键。该键用于查找占用更多内存的对象。

7. 我们可以使用 Julia 的哪些功能来实现策略模式？

我们可以使用单例类型作为函数参数来实现策略模式。具有适当算法（策略）的函数会在运行时通过多重分派自动选择。

第 12 章

1. 实现继承与行为子类型化有何不同？

实现继承允许子类从超类继承字段和方法。行为子类型化允许子类型继承为超类型定义的方法。

2. 实现继承有哪些主要问题？

实现继承是有问题的，因为有时子类可能不希望从超类继承字段，即使在逻辑上定义父子关系时也是如此。从正方形 – 矩形问题所证明的，子类可能更具限制性，并且会删除功能，而不是在超类之上添加新功能。其次，实现继承遭受脆弱的基类问题的困扰，对于它的超类更改可能会无意间修改子类的行为。

3. 什么是鸭子类型？

鸭子类型是一项动态特征，可以在不进行强类型检查的情况下分派方法。只要遵守预期的接口契约，就可以分派某个函数。

4. 方法参数的变体是什么？为什么？

方法参数是协变的，因为它们与里氏替换原则一致，该原则指出，定义为接受 S 类型的函数应该能够使用 S 的任何子类型。

5. 为什么在 Julia 中参数化类型不变？

由于非常实际的原因，参数化类型在 Julia 中是不变的。类型参数明确地确定了基础容器的内存布局。当它不变时，就有机会通过连续压缩存储数据而不必取消引用指针来实现高性能。

6. 对角线规则何时适用？

每当类型变量在协变位置出现多次时，将应用对角线规则。该规则会有例外，就是当从不变位置（如参数化类型）中明确确定相同类型的变量时。

推荐阅读

数值分析：基于Julia

作者：Giray Okten ISBN：978-7-111-67956-1 定价：79.00元

本书包含美国大学“数值分析”课程第一学期的基本内容。它源于作者为三年级大学生讲授数值分析的讲课笔记，并用编程语言Julia给出了算法实现。

本书特色

- ○ 在理论和方法的介绍中融入编码与计算，紧跟时代前沿。
- ○ 通过丰富的例子说明数值误差分析的重要性与必要性。
- ○ 通过直观图示或简单例子引入方法，透彻讲解方法的思路并给出几何解释。
- ○ 每章包含一个大学生的学习故事，以提高学生对数值分析课程的兴趣。

推荐阅读

设计模式：可复用面向对象软件的基础（英文版·典藏版）

作者：Erich Gamma 等 ISBN：978-7-111-67954-7 定价：79.00元

设计模式：可复用面向对象软件的基础（典藏版）

作者：Erich Gamma 等 ISBN：978-7-111-61833-1 定价：79.00元

本书是引导读者走出软件设计迷宫的指路明灯，凝聚了软件开发界几十年的设计经验。四位顶尖的面向对象领域专家精心选取了颇具价值的设计实践，加以分类整理和命名，并用简洁而易于复用的形式表达出来。本书已经成为面向对象技术人员的圣经和词典，书中定义的23个模式逐渐成为开发界技术交流所必备的基础知识和词汇。